"十四五"新工科应用型教材建设项目成果

21世纪技能创新型人才培养系列教材 计算机系列

SQL Server数据库

主　编／朱文龙　黄德海
副主编／杨双双　崔连和　刘　明
参　编／张春才　王淑波　高　洁　于淑秋

中国人民大学出版社
·北京·

F O R E W O R D

前言

SQL Server是微软公司推出的一款主流数据库软件，具有安全性、健壮性、可扩展性、便于管理和使用等特点，自问世以来就受到广大数据库程序设计和使用人员的青睐，该软件也是各高校计算机及相关专业数据库教学的首选平台之一。SQL Server 2017作为目前SQL Server系列中应用较广的版本，相比之前的版本增加了更高级的数据服务和分析功能，包括AI功能以及对R和Python的支持等。

本书以“案例驱动”的模式编写，通过具体的任务对SQL Server 2017数据库的基本概念、基本理论和基本技术进行讲解，内容由浅入深，先基础后专业，先实践后理论。本书具有以下特点：

（1）任务引领。全书共设置了46个任务，每个任务都配有详细的操作步骤和说明，涵盖了SQL Server 2017的全部知识点以及SQL Server 2017在工作岗位上的实际应用。每个任务均具有实用性，实现了理论知识和企业需求的双边驱动。

（2）图文导航。全书配图多达300余幅，每幅图片均与讲解内容密切配合，既清晰易懂，又简洁明了，读者对照书本即可独立完成操作。

（3）通俗简洁。本书在语言上力求通俗化、简洁化，以达到内容一看即懂、实例一练就会的目的，既便于学生领会，也便于计算机爱好者自学使用。

（4）配套资源多样化。本书充分考虑到学生学习、教师备课的需要，本着方便师生的原则，在配套资源上进行了综合设计，包括教学课件、题库、教学大纲、教学计划、教案等，还特别为重点实例配套了微课。

本书既适合本科、高职院校学生使用，也可作为职业技术培训教材，还可供编程爱好者学习和参考。本书由齐齐哈尔大学朱文龙、黄德海担任主编，杨双双、崔连和、刘明担任副主编。具体编写分工如下：项目1由齐齐哈尔信息工程职业技术学校张春才编写，项目2和项目3由黄德海编写，项目4和项目6由朱文龙编写，项目5由崔连和编写，项目7和项目9由杨双双编写，项目8和项目10由刘明编写，项目11由齐齐哈尔信息工程职业技术学校王淑波编写，项目12由齐齐哈尔信息工程职业技术学校高洁、黑龙江省克东县实验小学于淑秋编写。齐齐哈尔大学在读研究生黄洋、江南大学崔越杭、齐齐哈尔大学姜海洋、张春郛、许家臣为本书编写提供了帮助，在此一并致谢！

由于时间紧迫，加之编者水平有限，书中疏漏之处在所难免，恳请广大读者批评指正。

编者

C O N T E N T S

目录

项目 1

初识数据库

项目导读

数据库技术已经成为信息化时代的核心技术，而基于数据库技术而产生的数据库系统也已经被广泛地应用于各行各业。数据库技术是管理数据最有效的手段，在很大程度上促进了计算机应用技术的发展。数据库的主要作用是存储和管理数据，可以将其看作存储数据的“仓库”。本项目将系统地讲解数据库的基础理论、基础技术、基本方法以及组成等，并简单介绍本书的实例数据库 student。

学习目标

1. 掌握数据库的基本概念。
2. 了解 SQL Server 数据库技术。
3. 熟悉数据库对象。

思政目标

通过了解数据库的发展历程，感受数据库技术的巨大应用价值，深刻理解科学技术就是第一生产力，激发投身我国计算机事业的决心。

任务 1.1　了解数据和数据库

信息化社会，数据库技术发展极为迅速，应用越来越广泛。SQL Server 是目前优秀的数据库管理系统之一，它采用了可视化的、面向对象的程序设计方法，大大简化了应用系统的开发过程。

1.1.1 数据

数据、信息、数据处理是学习数据库需要了解的 3 个基本概念。在最原始的数据中提炼出有用的信息就是一个完整的数据处理过程。

1. 数据

数据是记录和反映客观事物并能鉴别它们的符号。语言、文字、声音、图像等均可称为数据。通常所说的数据是广义的，分为数值型数据和非数值型数据。例如：反映一个人的基本情况，可用身高、体重、年龄等数值型数据，也可用姓名、性别、文化程度等非数值型数据。

2. 信息

信息是被认为在一般意义上有一定含义的、经过加工处理的、对决策有价值的数据。例如：某班学生期末考试一共考了语文、数学、英语 3 科，将每名同学的 3 科成绩相加求出总分，便可排出名次，从而得到有用的信息。

可见，所有的信息本身都是数据。而数据只有经过提炼和抽象之后，具有了使用价值才能被称为信息。经过加工得到的信息仍以数据的形式表现，此时的数据便是人们认识信息的一种媒介。

3. 数据处理

数据处理（或称信息处理）是指对各种类型的数据进行收集、存储、分类、计算、加工、检索及传输的过程。数据处理的目的是得到有用的信息。

1.1.2 数据管理

数据处理的核心问题是数据管理。数据管理是指对数据进行分类、组织、编码、储存、检索和维护等。在计算机软硬件技术发展的基础上，在应用需求的推动下，数据管理技术得到了很大的发展，它经历了人工管理、文件系统和数据库管理 3 个阶段。

1. 人工管理阶段（20 世纪 50 年代中期以前）

这一阶段的特征是数据和程序一一对应，即一组数据对应一个程序，数据面向应用，用户必须掌握数据在计算机内部的存储地点和方式，不同的应用程序之间不能共享数据。

人工管理数据有两个缺点：一是应用程序与数据之间依赖性太强，不独立；二是数据组和数据组之间可能有许多重复数据，造成数据冗余，数据结构性差。

2. 文件系统阶段（20 世纪 50 年代后期至 60 年代中期）

这一阶段的特征是把数据组织在一个个独立的数据文件中，实现了“按文件名进行访问、按记录进行存取”的管理技术。在文件系统中，按一定的规则将数据组织成一个文件，应用程序通过数据库对文件中的数据进行存取加工。至今，文件系统仍是一般高级语言普遍采用的数据管理方式。文件系统对数据的管理，实际上是通过应用程序和数据之间的一种接口实现的。

3. 数据库管理阶段（20 世纪 60 年代后期至今）

在 20 世纪 60 年代后期，计算机性能得到很大提高，人们为了解决文件系统的不足，开发了一种软件系统，称之为数据库管理系统。由此将传统的数据管理技术推向一个新的阶段，即数据库管理阶段。

一般而言，数据库系统由计算机软硬件资源组成。它实现了有组织地动态存储大量关联数据，并且方便多用户访问。它与文件系统的重要区别是充分共享数据、交叉访问数据、应用程序独立性高。通俗地讲，数据库系统可把日常的一些表格、卡片等数据有组织地集合在一起，然后通过计算机进行处理，再按一定要求输出结果。

1.1.3 数据库系统的组成

数据库系统（Database System，DBS）实际上是一个应用系统，它是在计算机软硬件系统支持下，由存储设备上的数据、数据库管理系统、数据库应用程序和用户构成的数据处理系统。

（1）数据。这里的数据是指数据库系统中存储在存储设备上的数据，它是数据库系统操作的主要对象。存储在数据库中的数据具有集中性和共享性。

（2）数据库管理系统。数据库管理系统是指负责数据库存取、维护和管理的软件系统，它对数据库中的数据资源进行统一管理和控制，在用户程序和数据库数据之间起相互隔离的作用。数据库管理系统是数据库系统的核心，其功能强弱是衡量数据库系统性能优劣的主要因素。数据库管理系统一般由计算机软件公司提供。

（3）应用程序。应用程序是指为满足用户需求、适应用户操作而编写的数据库前台应用程序。

（4）用户。用户是指使用数据库的人员。数据库系统中的用户主要有终端用户、应用程序员和数据库管理员 3 类。终端用户是指计算机知识掌握不多的工程技术人员及管理人员，他们只能通过数据库系统所提供的命令语言、表格语言以及菜单等交互对话工具使用数据库中的数据。应用程序员是指为终端用户编写应用程序的软件设计人员，他们设计应用程序的目的是方便用户使用和维护数据库。数据库管理员（Database Administrator，DBA）是指全面负责数据库系统正常运转的高级技术人员，他们负责对数据库系统本身进行深入研究。

1.1.4 数据库的分类

从数据库的发展过程看，数据库主要分为层次数据库、网状数据库、关系数据库、面向对象数据库四类。

1. 层次数据库

层次数据库将数据通过一对多或父结点对子结点的方式组织起来。一个层次数据库中，根表（又称父表）位于一个类似于树形结构的最上方，它的子表中包含相关数据。层次数据库的结构就像一棵倒转的树，其优点主要是可实现快速的数据查询和便于维护数据的完整性；缺点主要是用户必须十分熟悉数据库结构，需要存储较多的冗余数据。

2. 网状数据库

现实世界中，事物之间的联系大多是非层次的，用层次数据库表示这种联系很不直观，应用网状数据库便可解决这一难题，能清晰地表示非层次关系。网状数据库采用连接指令或指针来组织数据，数据间是多对多的关系。矢量数据多采用这种数据结构来描述。其优点主要是可实现快速的数据访问，用户可以从任意表开始访问其他表中的数据，便于开发更复杂的查询来检索数据；缺点主要是不便于数据库结构的修改，数据库结构的修改将直接影响访问数据库的应用程序，要求用户必须掌握数据库结构。

3. 关系数据库

关系数据库是建立在数学基础上的数据库结构，相比于层次数据库和网状数据库，关系数据库是更重要的数据库，也是目前最流行的数据库结构之一。数据存储的主要载体是表或相关数据组。主要有一对一、一对多、多对多 3 种表关系。表关联是通过引用完整性定义的，这是通过主码和外码（主键或外键）约束条件实现的。其优点主要是数据访问快，便于修改数据库结构，逻辑化表示数据，容易设计复杂的数据查询来检索数据，容易实现数据完整性，数据通常具有更高的准确性，支持标准 SQL 语言。

4. 面向对象数据库

面向对象数据库允许用对象的概念来定义与关系数据库的交互。值得注意的是，面向对象数据库的设计思想与面向对象数据库的管理系统理论不能混为一谈，前者是数据库用户定义数据库模式的思路，后者是数据库管理程序的思路。

面向对象数据库中有两个基本的结构：对象和字面量。对象是一种具有标识的数据结构，这些数据结构可以用来标识对象之间的相互关系。字面量是与对象相关的值，它没有标识符。

1.1.5 关系数据库的基本概念

1. 字段（field）

字段是指表中存储特定类型的数据的位置，通常为事物的一个属性。例如，EMPLOYEE-RECORD 可以包含用于存储 Last-Name、First-Name、Address、City、State、Zip-Code、Hire-Date、Current-Salary、Title、Department 等内容的字段。单个字段以其最大长度和其中可放置的数据类型（如字母、数字或财务）为特征。用于创建这些规范的语句，通常包含在数据定义语言（DDL）中。在关系数据库管理系统（RDMS）中，字段称为列。一个字段占表中的一个位置。

2. 列（column）

列在 RDMS 中作为特性的名称。形成特定实体描述的列值集合称为元组或行。列等同于非关系文件系统中记录的字段。

3. 记录（record）

记录是字段（元素）集合形式的数据结构，每个字段都有自己的名称和类型。一条记录为一组横跨一行的字段。

4. 表（table）

在 RDMS 中，数据结构以行和列为特征，数据存储于行列交集形成的每个单元格中。表是基本的关系结构，一个表为一组行和列的集合。

5. 关键字（keyword）

为了确定一条具体的记录，通常使用一种称为关键字的术语来描述，关键字就是能够唯一确定记录的字段或字段的集合。有了关键字就可以方便地使用指定的记录。

6. 关系数据库

关系数据库就是由若干个表组成的集合。也就是说，关系数据库至少要有一个表，这样才能称为数据库。现实中，关系数据库由若干个表有机地组合在一起，以满足某类应用系统的需要。在关系数据库系统中，关系模式是相对稳定的，而关系数据是随时间不断变化的，因为数据库中的数据在不断更新。

7. 关系组成与性质

一个关系实际上就是一个表，表是由不同的行和列组合而成的，见表 1－1。

表 1－1　学生信息

学号	姓名	身份证号	班级	性别	出生日期
20200101	崔伟	230228200010101111	计应 201	女	2000-10-10
20200102	栾琪	231229200111112222	计应 201	女	2001-11-11
20200103	刘双	230221200001163333	计应 202	男	2000-01-16
20200104	张龙	221203200012124444	计应 201	女	2000-12-12
20200105	任龙	222111200008085555	计应 202	男	2000-08-08

从表 1－1 中可以看出，学生关系是由表结构和表记录组成的一个表。在这个表中有 6 列，即 6 个字段；有 5 行，即 5 条记录。表结构部分表示字段名、字段类型和字段宽度，如姓名字段，其名为“姓名”、类型为 C（字符型）、宽度为 8。表记录部分表示为一条一条的记录值。

8. 关系映射

（1）一对一。一对一关系是两个表之间一对一关联，其中，主表中每条记录的主键值对应相关表中一个且仅一个记录的匹配字段中的值。

（2）一对多。一对多关系很普遍，就是一个主对象下可以有多个相关对象，而某个相关对象只能属于某个主对象。

（3）多对多。多对多关系是两组参数之间的复杂关联，其中，每组参数的很多参数可以与第二组参数中的很多参数相关。

（4）父 / 子关系。父 / 子关系是树数据结构中节点之间的关系，其中，父比子距离根更近一步，即更高一级。

任务 1.2　了解 SQL Server 数据库技术

1.2.1　常用数据库管理系统

常用的数据库管理系统主要有 Access、SQL Server、Oracle、MySQL、FoxPro 和 Sybase 等。其中 Access 属于小型桌面数据库管理系统，功能较简单，主要在开发单机版软件中用到；SQL Server 和 Oracle 属于中大型数据库，应用十分广泛；随着 Linux 操作系统的流行，开源理念深入人心，MySQL 作为免费的数据库越来越受到程序员的青睐；FoxPro 曾盛极一时，目前正逐渐退出人们的视线；Sybase 是 1987 年推出的大型关系型数据库管理系统。

1. Access

Access 是在 Windows 操作系统下工作的关系型数据库管理系统。它采用了 Windows 程序设计理念，以 Windows 特有的技术设计查询、用户界面、报表等数据对象，内嵌了 VBA（Visual Basic for Applications）程序设计语言，具有集成的开发环境。Access 提供图形化的查询工具、屏幕和报表生成器。用户建立复杂的报表、界面时无须编程也不必了解 SQL 语言，因为 Access 会自动生成 SQL 代码。Access 被集成到 Office 中，具有 Office 系列软件的一般特点，如菜单、工具栏等。与其他数据库管理系统软件相比，Access 更加简单易学，一个没有程序语言基础的计算机用户仍然可以快速地掌握和使用它。最重要的一点是，Access 的功能比较强大，足以应付一般的数据管理及处理需要，适用于中小型企业数据管理。当然，在数据定义、数据可靠性、数据可控性等方面，比主流数据库产品要逊色不少。

2. SQL Server

SQL 是 Structured Query Language 的简称，即结构化查询语言。SQL Server 最早出现在 1988 年，当时只能在 OS/2 操作系统上运行。2000 年 12 月微软发布了 SQL Server 2000，该软件可以运行于 Windows NT/2000/XP 等多种操作系统之上，是支持客户机/服务器结构的数据库管理系统，它可以帮助各种规模的企业管理数据。随着用户群的不断壮大，SQL Server 在易用性、可靠性、可收缩性、支持数据仓库、系统集成等方面日趋完美，特别是 SQL Server 的数据库搜索引擎，可以在绝大多数操作系统之上运行，并针对海量数据的查询进行了优化。目前，SQL Server 已经成为应用最广泛的数据库产品之一。

3. Oracle

Oracle 是 1983 年推出的世界上第一个开放式商品化关系型数据库管理系统。它采用标准的 SQL 结构化查询语言，支持多种数据类型，提供面向对象存储的数据支持，具有第四代语言开发工具，支持 Unix、Windows NT、OS/2、Novell 等平台。除此之外，它还具有很好的并行处理功能。Oracle 产品主要由 Oracle 服务器产品、Oracle 开发工具、Oracle 应用软件组成，也有基于微机的数据库产品。主要用于银行、金融、保险等企业、事业单位开发大型数据库。

4. MySQL

MySQL 是一个小型关系型数据库管理系统，开发者为瑞典 MySQL AB 公司。该公司在 2008 年被 Sun 公司收购，后来 Sun 公司又被 Oracle 公司收购。目前 MySQL 被广泛地应用在 Internet 上的中小型网站中。由于其体积小、速度快、总体拥有成本低，尤其是开放源码这一特点，使得许多中小型网站为了降低网站总体成本而选择其作为网站数据库。

5. FoxPro

FoxPro 是美国 Fox Software 公司在 1984 年推出的数据库产品。FoxPro 在 DOS 上运行，与 FoxBASE 系列相兼容。1992 年 Fox Software 被微软收购。Visual FoxPro 是在 dBASE 和 FoxBASE 系统的基础上发展而成的。20 世纪 80 年代初期，dBASE 是 PC 机上最流行的数据库管理系统之一，当时大多数管理信息系统采用了 dBASE 作为系统开发平台。后来出现的 FoxBASE 几乎完全支持了 dBASE 的所有功能。

6. Sybase

1987 年推出的大型关系型数据库管理系统 Sybase 能运行于 OS/2、Unix、Windows NT 等平台，它支持标准的关系型数据库语言 SQL，使用客户机/服务器模式，采用开放体系结构，能实现网络环境下各节点上服务器的数据库互访操作。Sybase 技术先进、性能优良，是开发大中型数据库的工具。Sybase 产品主要由服务器产品 Sybase SQL Server、客户产品 Sybase SQL Toolset 和接口软件 Sybase Client/Server Interface 组成。

1.2.2 本书知识体系

目前，SQL Server 数据库管理系统为应用最广的数据库管理系统之一。本书从实际需求出发，以数据库为核心，介绍了数据库操作、表操作、SQL 语言等多个知识点，全书围绕一个综合应用实例 STSystem 数据库展开。本书讲解的 SQL Server 知识体系如图 1-1 所示。

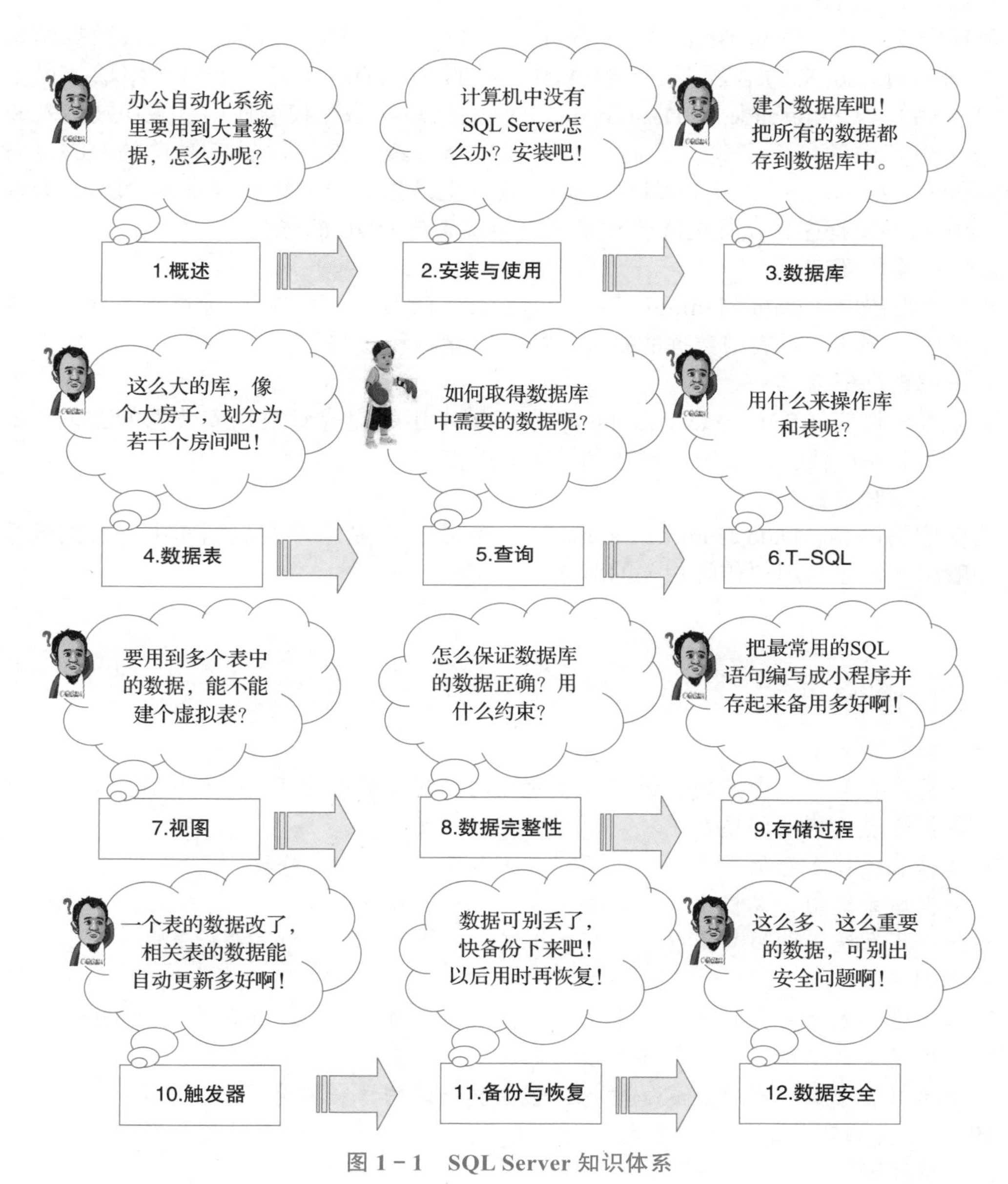

图 1-1 SQL Server 知识体系

1.2.3 SQL 语言简介

SQL 最早是由 IBM 的圣约瑟研究实验室为其关系数据库管理系统 System R 开发的

一种查询语言，它的前身是 Square 语言。由于 SQL 语言具有结构简洁、功能强大、简单易学的特点，因此自 1981 年推出以来，得到了广泛的应用。如今，无论是 Oracle、Sybase、DB2、Informix、SQL Server 这些大型的数据库管理系统，还是 Visual FoxPro、PowerBuilder 这些 PC 上常用的数据库开发系统，都支持 SQL 语言作为查询语言。SQL 语言主要分为以下 4 个部分：

1. 数据定义语言

数据定义语言（Data Definition Language，DDL）是 SQL 语言集中负责数据结构定义与数据库对象定义的语言，由 CREATE、ALTER 与 DROP 这 3 个语法组成，最早是由 CODASYL（Conference on Data Systems Languages）数据模型使用，现在被纳入 SQL 指令中作为其中的一个子集。目前，大多数 DBMS 都支持对数据库对象的 DDL 操作，部分数据库（如 Postgre SQL）可以把 DDL 放在交易指令中。较新版本的 DBMS 会加入 DDL 专用的触发程序，让数据库管理员可以追踪来自 DDL 的修改。

2. 数据操作语言

数据操作语言（Data Manipulation Language，DML），用户可以通过它实现对数据库的基本操作。例如，对表中数据的查询、插入、删除和修改。

3. 数据查询语言

数据查询语言（Data Query Language，DQL）用于完成对数据库数据的查询，即用 SELECT 命令完成数据的查询、筛选和排序等操作。

4. 数据控制语言

数据控制语言（Data Control Language，DCL），控制用户在数据库中进行的数据访问，一般用于创建与用户访问相关的对象。

技能检测

一、填空题

1. 信息是指有一定含义的、经过加工处理的、对决策有价值的（　　）。
2. 数据处理的核心问题是（　　　　　　　　　　　　）。
3. 数据管理技术经历了（　　）、（　　）和（　　）3 个阶段。
4. 数据库系统由计算机（　　）和（　　）资源组成。
5. 数据库系统中的用户主要有（　　）、（　　）和（　　）3 类。
6. DBS 是指（　　　　　　　　　　　　　　　　）。
7. 为了唯一确定一条具体的记录，通常使用一种称为（　　）的术语来描述。
8. 数据定义语言由（　　）、（　　）与（　　）3 个语法所组成。
9. 用于对表中数据进行查询、插入、删除和修改的语言称为（　　）。
10. 一个关系实际上就是一个表，表是由不同的（　　）和（　　）组合而成的。

二、选择题

1. 人工管理阶段的特征是（　　）。

　A. 数据和程序一一对应　　B. 数据和程序多一对应

　C. 数据和程序一多对应　　D. 以上都不对

2. 下列哪项不是数据库系统的组成部分？(　　)

A. 数据　　B. 用户　　C. 应用程序　　D. 操作系统

3. 数据存储的主要载体是表或相关数据组，对它们的关系映射的表述，错误的选项是(　　)。

A. 一对一　　B. 一对多　　C. 多对一　　D. 多对多

4. 在 RDMS 中，作为特性的名称的是(　　)。

A. 记录　　B. 表　　C. 列　　D. 字段

5. SQL Server 属于(　　)型数据库。

A. 大　　B. 中　　C. 小　　D. 以上都不对

6. 以下哪项是小型的数据库系统？(　　)

A. MySQL　　B. FoxPro　　C. Oracle　　D. Access

7. 新建的数据库与原数据库备份文件的名称(　　)。

A. 一致　　B. 可以不一致　　C. 一定不一致　　D. 不一定

8. 关系数据库至少有(　　)表，才能称为数据库。

A. 一个　　B. 两个　　C. 多个　　D. 都不对

9. 在数据操作语言 DML 中，不是应用程序对数据库的 DML 操作的是(　　)。

A. 修改　　B. 排序　　C. 检索　　D. 查询

三、判断题

1. 数据是人们用来反映客观世界事物而记录下来的可以鉴别的符号。(　　)

2. 信息在意义上被认为是有一定含义的、经过加工处理的、对决策有价值的数据。(　　)

3. 数据管理指的是对数据的分类、组织、编码、储存、检索和维护等。(　　)

4. 文件系统阶段的特征是把数据组织在一个个独立的数据文件中，实现了“按文件名进行访问、按记录进行存取”的管理技术。(　　)

5. 应用程序员是指为终端用户编写应用程序的软件人员，他们设计应用程序的目的是方便用户使用和维护数据库。(　　)

6. 字段是在记录中存储特定类型的数据的位置。(　　)

7. 关键字就是能够唯一确定记录的字段或字段的集合。(　　)

8. 用户可以通过数据操纵语言（DML）实现对数据库的基本操作。(　　)

9. 在 RDMS 中，作为特性的名称的是记录。(　　)

10. 关系数据库就是由若干个表组成的集合。(　　)

四、简答题

1. 什么是数据处理？

2. 什么是数据库管理阶段？什么是数据库系统阶段？

3. 数据库的 4 个主要分类分别是什么？

4. 常用数据库管理系统实现了哪些主要功能？

项目 2

SQL Server 2017 的安装与使用

项目导读

SQL Server 2017 是微软公司于 2017 年向全球发布的关系型数据库管理系统，是一个全面的、集成的、端到端的数据解决方案，它为企业提供了一个可靠、安全、高效的数据平台。相比于 SQL Server 早期的版本，SQL Server 2017 在可扩展性、可靠性、可用性和安全性方面均增加了一些功能，有效地提高了系统和开发人员的工作效率。SQL Server 2017 的安装界面亲切，安装过程简单，对于初学者来说，需要理解安装过程中涉及的“参数”以及“功能选项”。本项目主要讲解 SQL Server 2017 标准版的安装过程以及配置和使用方法。

学习目标

1. 会安装 SQL Server 2017。
2. 掌握登录 SQL Server 2017 的具体方法。
3. 掌握 SQL Server 2017 的基本操作。
4. 了解附加数据库的过程。

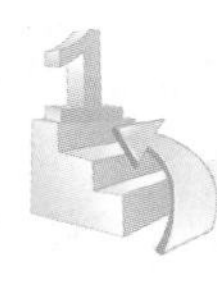

思政目标

通过解决在数据库安装过程中遇到的问题和困难，养成认真负责的工作态度和求真务实的科学精神。

任务 2.1 安装 SQL Server 2017

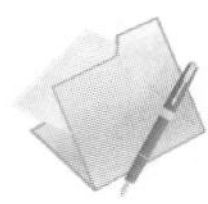

任务描述

本任务要求在计算机上安装 SQL Server 2017 标准版，并跟随安装向导了解 SQL Server 2017 的基本功能。

001 安装 SQL Server 2017

002 启动 SQL Server 2017

任务分析

SQL Server 2017 的安装方法与 Windows 操作系统下的其他软件的安装方法大同小异，难点主要在设置用户角色、功能、服务以及用户选项等方面。如果设置不当，有可能使安装不能正常进行，甚至导致安装失败。

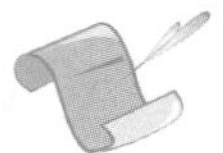

任务实现

安装 SQL Server 2017，首先要获得安装文件，可以到微软官方网站下载。可以仅下载免费试用版来练习。

安装过程如下：

步骤 1：执行安装文件，启动安装程序，如图 2－1 所示。

图 2－1　执行安装文件

步骤 2：在 3 种安装类型中选择适合自己的。为了能够根据需要选择安装内容，这里选择“自定义（C)”，如图 2－2 所示。

步骤 3：指定 SQL Server 下载的目标位置，一般默认即可，如图 2－3 所示。

步骤 4：安装包下载。操作界面将显示下载进度，如图 2－4 所示。

步骤 5：进入“SQL Server 安装中心”，在界面左侧选择“安装”选项卡，在右侧窗口中选择“全新 SQL Server 独立安装或向现有安装添加功能”选项，如图 2－5 所示。

图 2－2　选择安装类型

图 2－3　指定 SQL Server 下载的目标位置

图 2－4　安装包下载

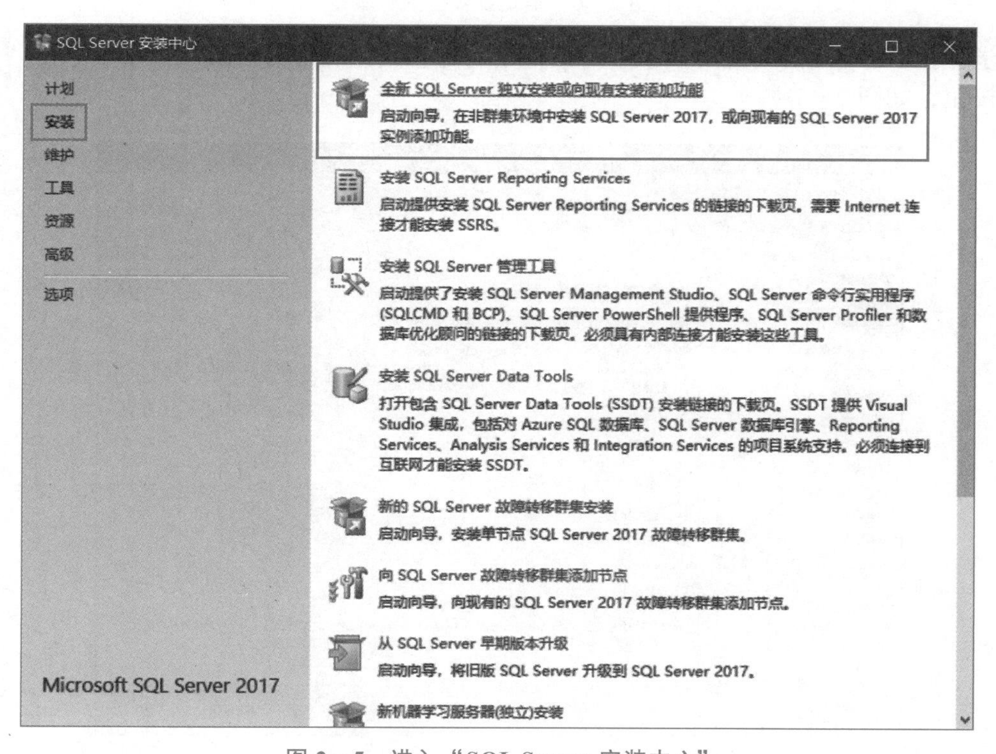

图 2－5　进入“SQL Server 安装中心”

步骤 6：在弹出的“产品密钥”对话框选择“Developer”版本，单击“下一步”按钮，如图 2-6 所示。

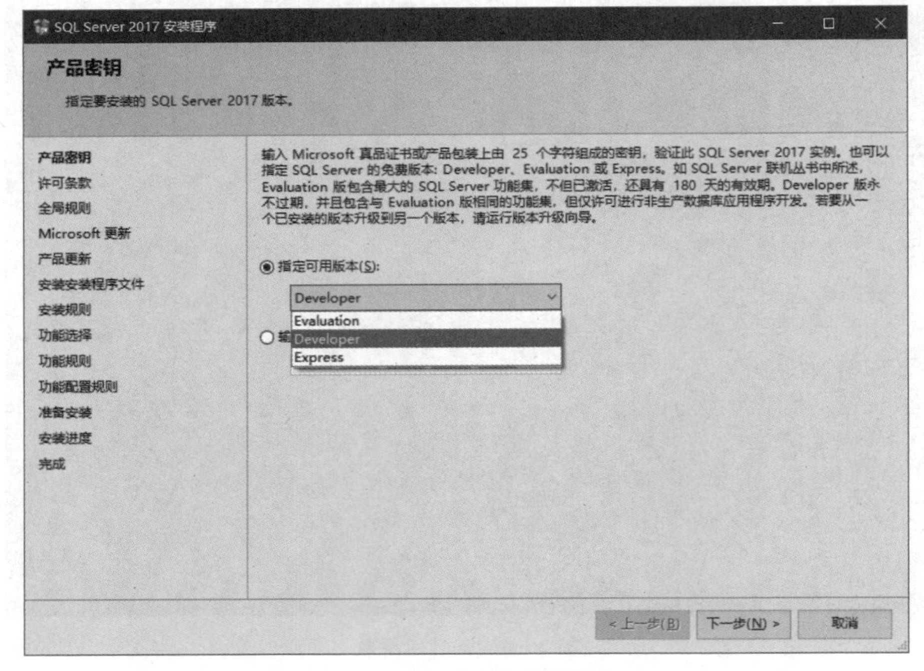

图 2-6　指定要安装的版本

步骤 7：在弹出的“许可条款”对话框中勾选“我接受许可条款”选项，单击“下一步”按钮，如图 2-7 所示。

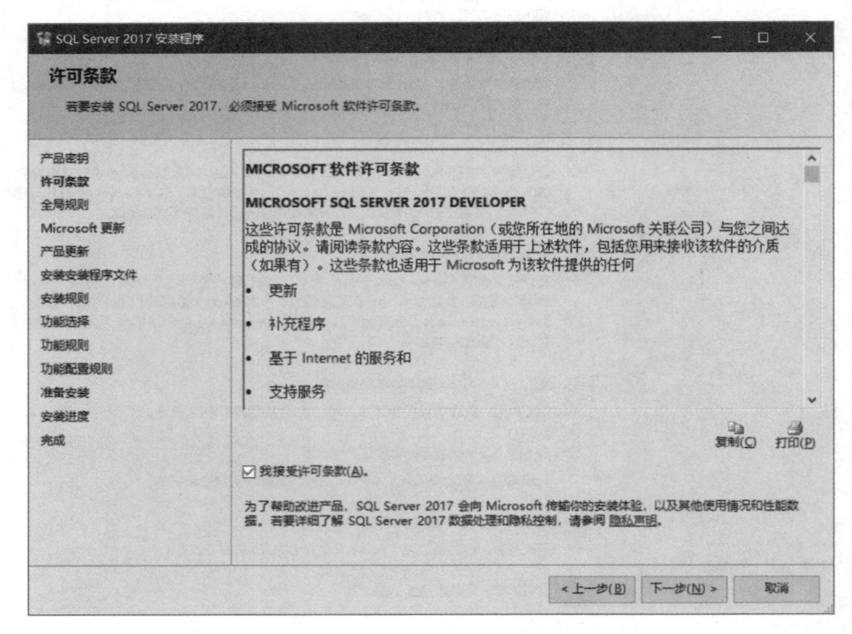

图 2-7　许可条款

步骤 8：弹出的“安装规则”对话框列出了安装支持文件时可能发生的问题，若所有检查都通过，则单击“下一步”按钮，如图 2－8 所示。

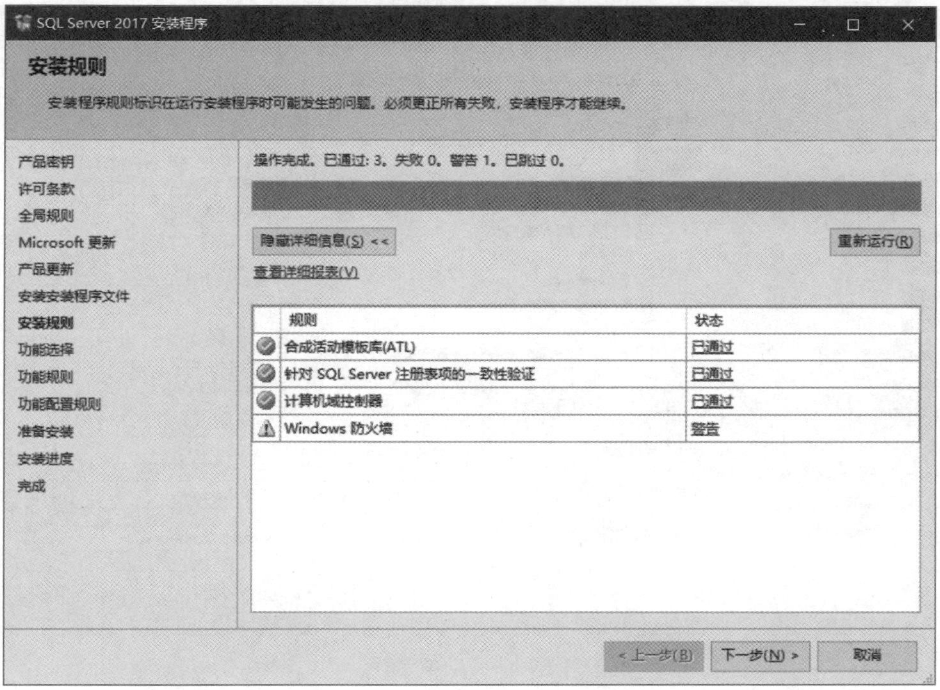

图 2－8　安装规则

步骤 9：在弹出的“功能选择”对话框中选择需要安装的功能组件及共享功能目录。多数程序员习惯选择除“R”和“Python”之外的全部选项，可单击“全选”按钮后，取消勾选“R”和“Python”选项。设置结束后，单击“下一步”按钮，如图 2－9 所示。

步骤 10：在弹出的“实例配置”对话框设置 SQL Server 的实例名称。一般来讲，实例是指系统中的服务名，使用当前机器名称作为默认的实例名。如果只安装一个实例，不需要在安装时指定实例名称，使用默认名称即可。这里选择“默认实例”并设置实例安装的路径，单击“下一步”按钮，如图 2－10 所示。

步骤 11：PolyBase 配置用于指定 PolyBase 扩大选项和端口范围。借助 PolyBase，SQL Server 实例可处理从 Hadoop 中读取数据的 Transact-SQL 查询。这个选项一般不需要更改，默认即可，如图 2－11 所示。

步骤 12：数据库引擎配置。身份验证模式选择“混合模式”，密码可随意设置。管理员名字默认为 sa，当前用户为当前计算机用户，如图 2－12 所示。

步骤 13：Analysis Services 配置。这一选项有多维和数据挖掘模式、表格模式、PowerPivot 模式 3 种，这里选择“表格模式”并且添加当前用户，要同步骤 12 添加的当前用户一致，如图 2－13 所示。

步骤 14：主节点配置默认即可，如图 2－14 所示。

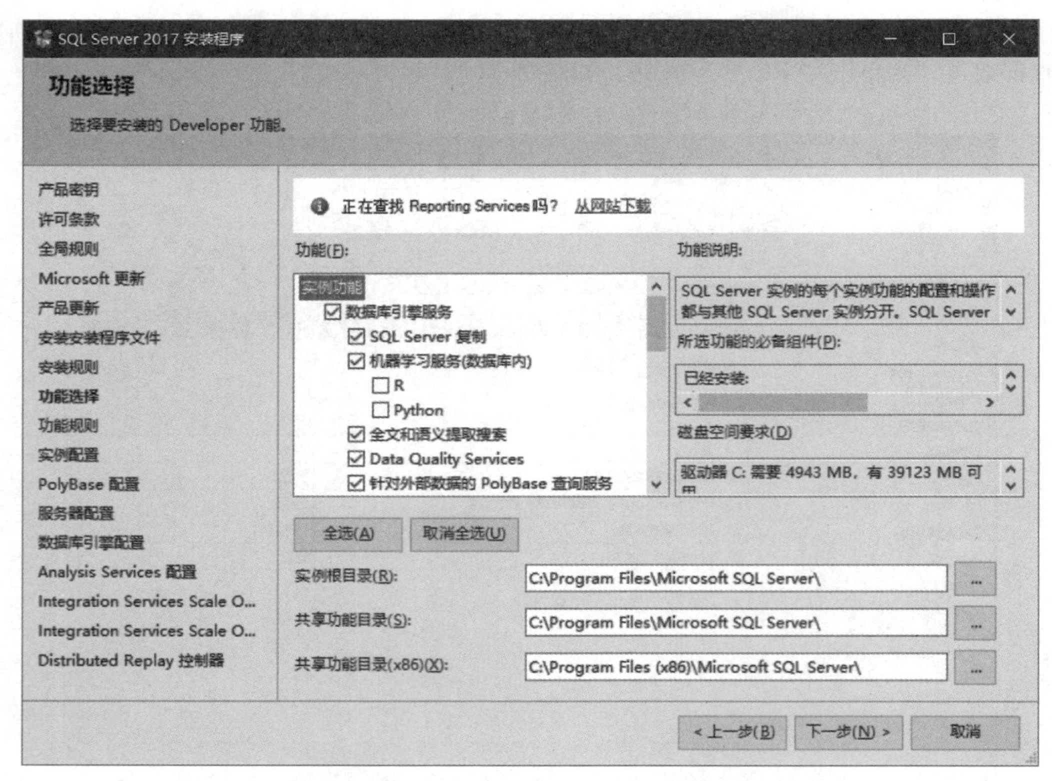

图 2-9　功能选择

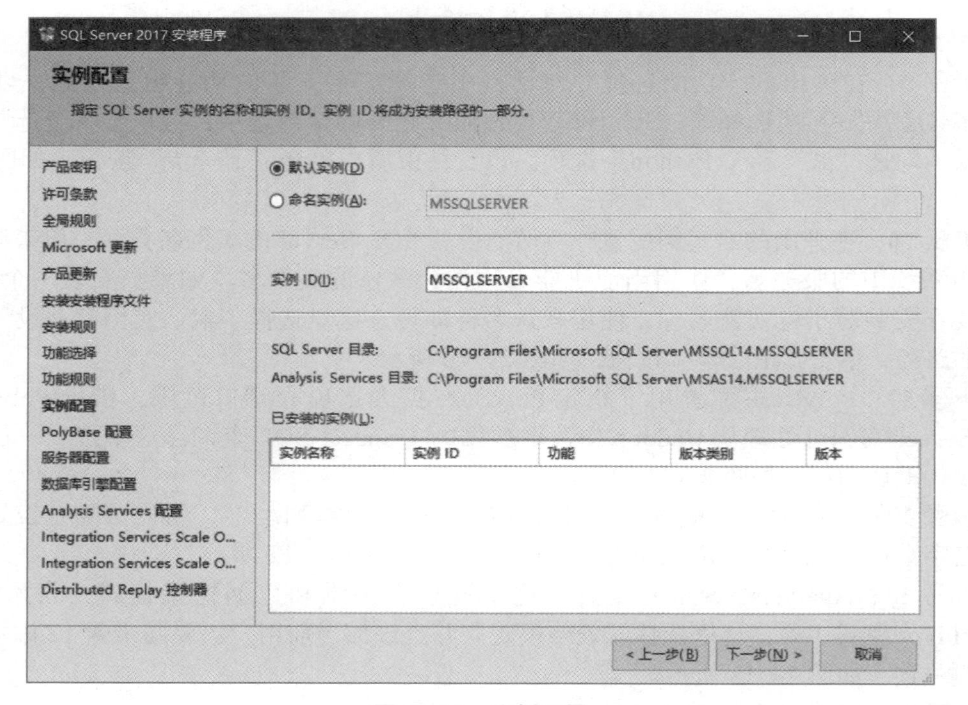

图 2-10　实例配置

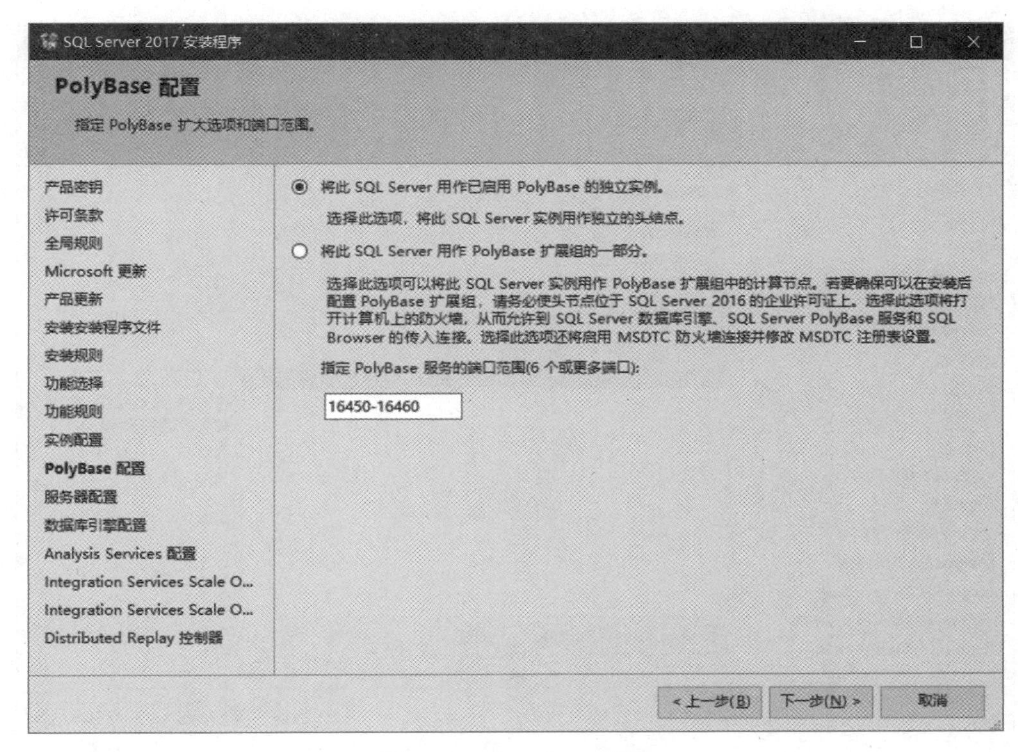

图 2－11　PolyBase 配置

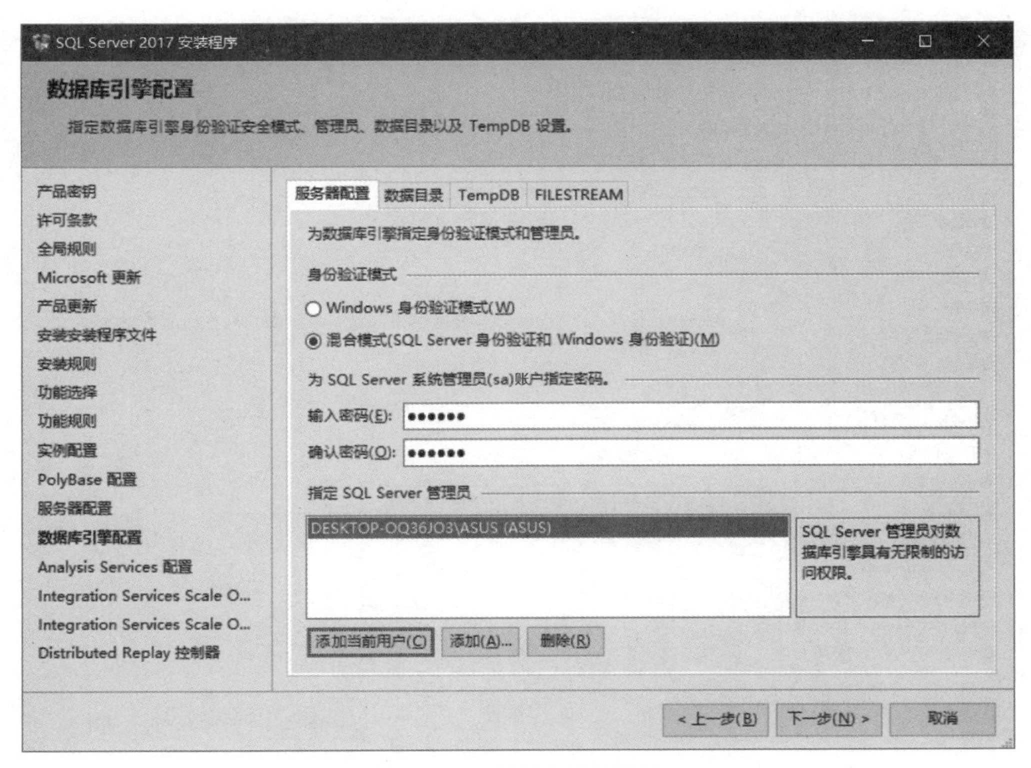

图 2－12　数据库引擎配置

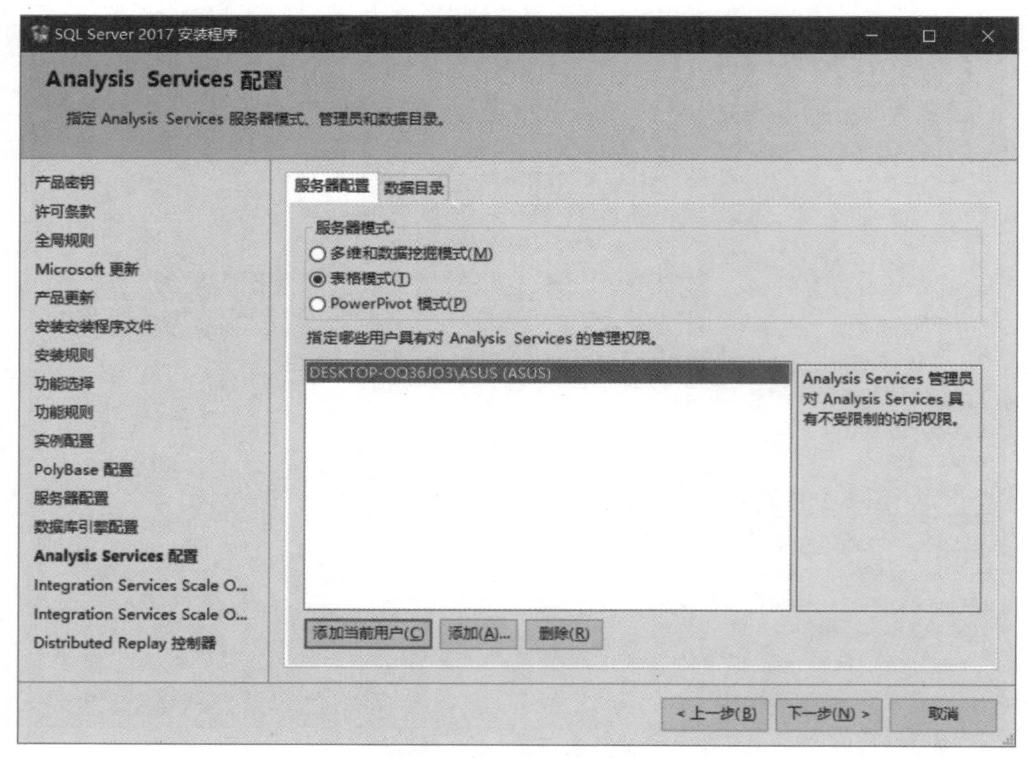

图 2－13　Analysis Services 配置

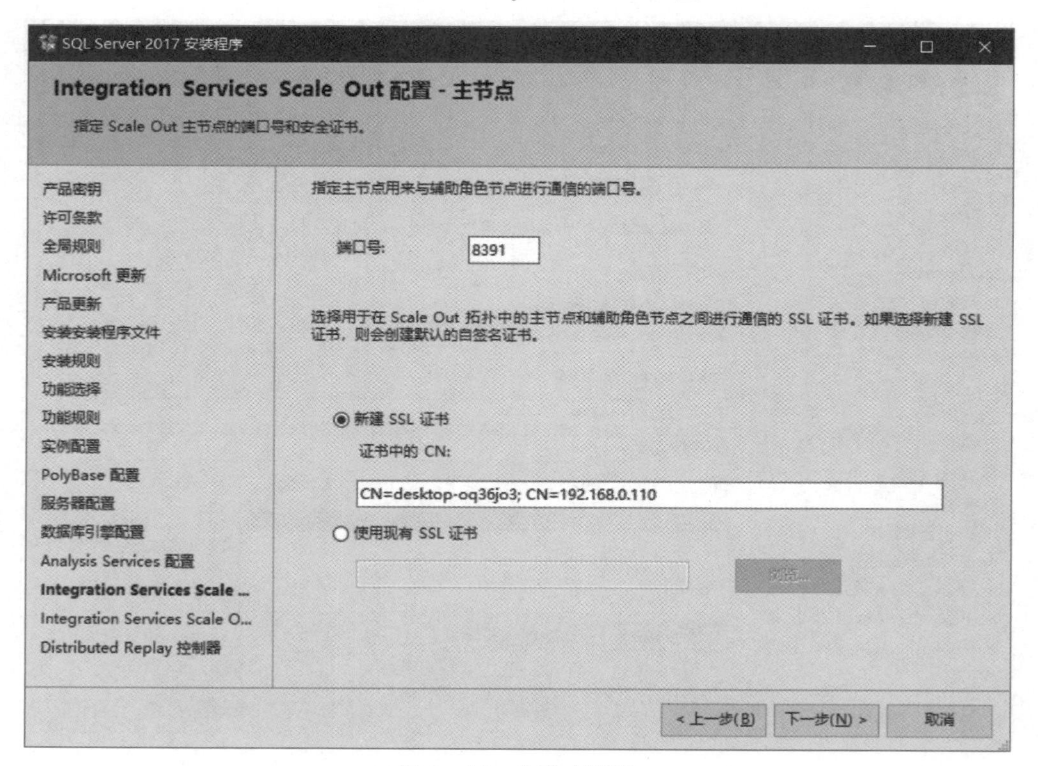

图 2－14　主节点配置

步骤 15：辅助角色节点配置默认即可，如图 2－15 所示。

SQL Server 2017 安装程序
Integration Services Scale Out 配置 - 辅助角色节点
指定 Scale Out 辅助角色节点所使用的主节点端点和安全证书。
产品密钥
许可条款
全局规则
Microsoft 更新
产品更新
安装安装程序文件
安装规则
功能选择
功能规则
实例配置
PolyBase 配置
服务器配置
数据库引擎配置
Analysis Services 配置
Integration Services Scale O...
Integration Services Scale ...
Distributed Replay 控制器
提供辅助角色节点需要进行连接的主节点端点(例如，https://[MasterNodeMachineName]:[Port]):
https://desktop-oq36jo3:8391
在此计算机上配置要信任的主节点的 SSL 证书。需要在此辅助角色节点上信任主节点的 SSL 证书，以在辅助角色节点和主节点之间建立连接。如果已信任主证书，例如，在该计算机上由受信任的 CA (证书颁发机构)颁发了该证书，或在同一计算机上安装了主证书，则可以选择该操作。否则，请提供主节点的客户端 SSL 证书，例如，该证书由本人创建和自签名，且主证书不在同一计算机上。
浏览...
< 上一步(B)
下一步(N) >
取消

图 2－15　辅助角色节点配置

步骤 16：Distributed Replay 控制器设置。添加的当前用户要同步骤 12 添加的当前用户一致，如图 2－16 所示。

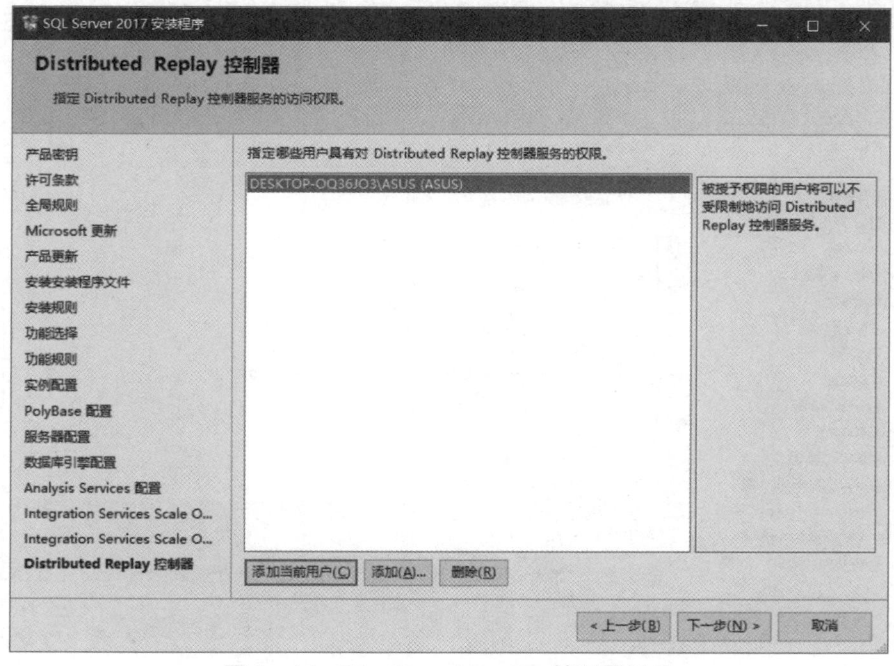

图 2－16　Distributed Replay 控制器设置

步骤 17：Distributed Replay 客户端配置默认即可，如图 2－17 所示。

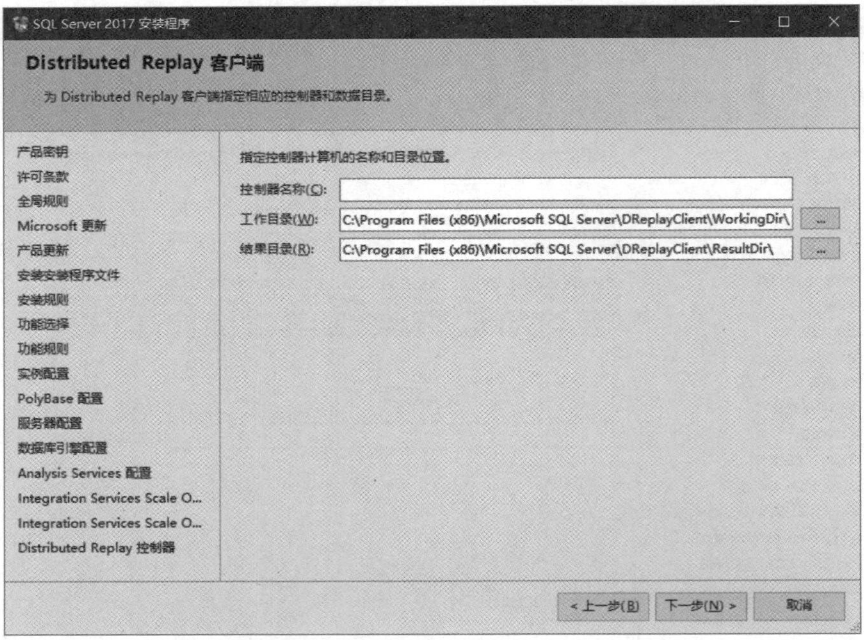

SQL Server 2017 安装程序
Distributed Replay 客户端
为 Distributed Replay 客户端指定相应的控制器和数据目录。
产品密钥
许可条款
全局规则
Microsoft 更新
产品更新
安装安装程序文件
安装规则
功能选择
功能规则
实例配置
PolyBase 配置
服务器配置
数据库引擎配置
Analysis Services 配置
Integration Services Scale O...
Integration Services Scale O...
Distributed Replay 控制器
指定控制器计算机的名称和目录位置。
控制器名称(C):
工作目录(W):
C:\Program Files (x86)\Microsoft SQL Server\DReplayClient\WorkingDir\
结果目录(R):
C:\Program Files (x86)\Microsoft SQL Server\DReplayClient\ResultDir\
< 上一步(B)
下一步(N) >
取消

图 2－17　Distributed Replay 客户端配置

步骤 18：“准备安装”对话框汇总了之前操作步骤中的各项设置，如图 2－18 所示。确认设置无误，单击“安装”按钮开始安装。

SQL Server 2017 安装程序
准备安装
验证要安装的 SQL Server 2017 功能。
产品密钥
许可条款
全局规则
Microsoft 更新
产品更新
安装安装程序文件
安装规则
功能选择
功能规则
实例配置
PolyBase 配置
服务器配置
数据库引擎配置
Analysis Services 配置
Integration Services Scale O...
Integration Services Scale O...
Distributed Replay 控制器
可以安装 SQL Server 2017:
摘要
版本类别: Developer
操作: Install (产品更新)
必备组件
已经安装:
Microsoft Visual C++ 2015 Redistributable
Windows PowerShell 3.0 或更高版本
Microsoft .NET Framework 4.6
要从介质安装:
Microsoft Visual Studio Tools for Applications 2015
Microsoft MPI v7
常规配置
功能
数据库引擎服务
SQL Server 复制
配置文件路径:
C:\Program Files\Microsoft SQL Server\140\Setup Bootstrap\Log\20200731_080542\ConfigurationI
< 上一步(B)
安装(I)
取消

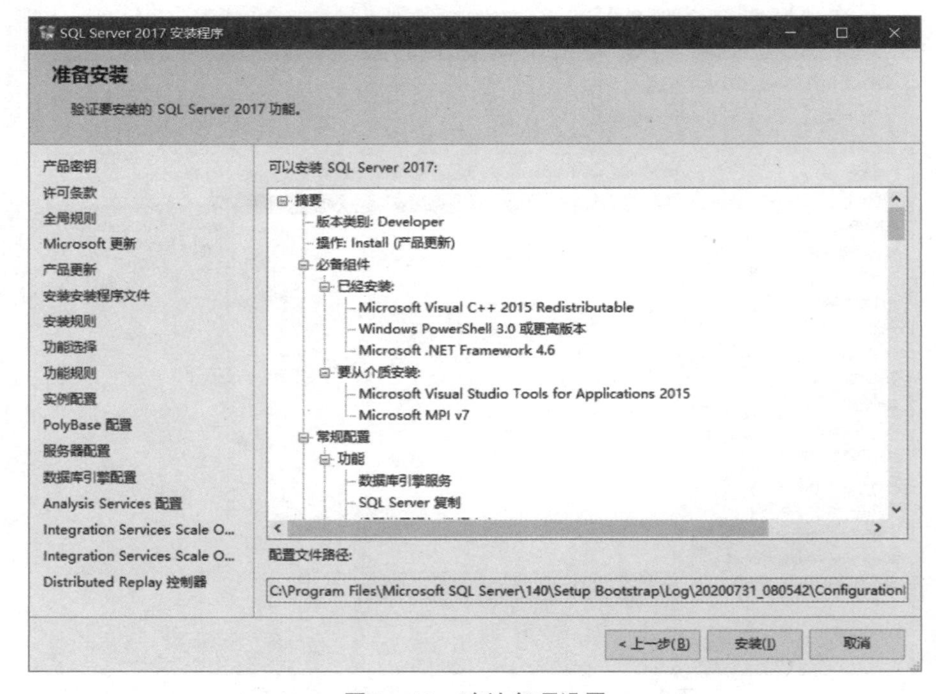

图 2－18　确认各项设置

步骤 19：安装完成后弹出“完成”对话框，显示安装的相关信息，单击“关闭”按钮完成安装，如图 2-19 所示。

SQL Server 2017 安装程序

完成

SQL Server 2017 安装已成功完成 产品更新。

产品密钥
许可条款
全局规则
Microsoft 更新
产品更新
安装安装程序文件
安装规则
功能选择
功能规则
实例配置
PolyBase 配置
服务器配置
数据库引擎配置
Analysis Services 配置
Integration Services Scale O...
Integration Services Scale O...
Distributed Replay 控制器

关于安装程序操作或可能的后续步骤的信息(I):

功能	状态
Master Data Services	成功
针对外部数据的 PolyBase 查询服务	成功
Data Quality Services	成功
全文和语义提取搜索	成功
机器学习服务(数据库内)	成功

详细信息(D):

已将摘要日志文件保存到以下位置:

C:\Program Files\Microsoft SQL Server\140\Setup Bootstrap\Log\20200731_080542\Summary_DESKTOP-OQ36JO3_20200731_080542.txt

关闭

图 2-19 安装完成

步骤 20：从微软官网下载 SQL Server Management Studio（简称 SSMS）并进行安装，如图 2-20 所示。

图 2-20 SSMS 安装

步骤 21：安装完毕后重启计算机，如图 2－21 所示。

图 2－21　安装完毕

步骤 22：重启完成后桌面会出现一个软件图标，如图 2－22 所示。

图 2－22　软件图标

步骤 23：双击该图标打开软件，弹出“连接到服务器”对话框，服务器类型、服务器名称、身份验证默认即可，注意登录名为 sa，密码为步骤 12 中数据库引擎配置的密码，单击“连接”按钮，如图 2－23 所示。

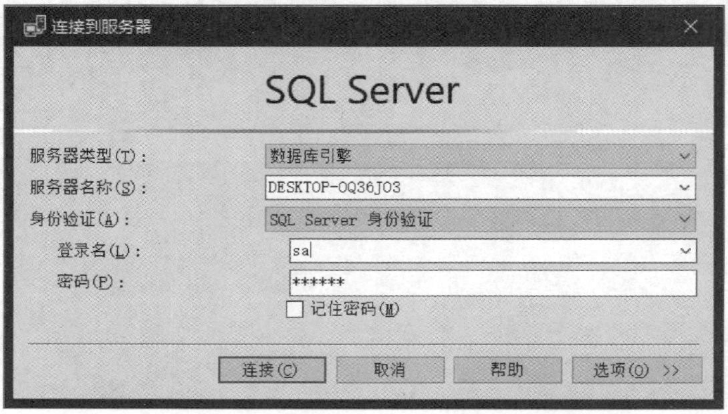

图 2－23　连接到服务器

步骤 24：连接成功后显示的界面如图 2－24 所示。

图 2－24　服务器连接成功

综上步骤，SQL Server 2017 安装完成，下面将讲解 SQL Server 2017 数据库管理系统的登录、服务器的连接、主界面及功能等内容。

相关知识

1. 安装 SQL Server 2017 的系统要求

（1）操作系统。32 位：Windows 7 SP1；Windows 8 或更高版本的 Windows 系统；带 SP1 或更高版本的 Windows Server 2008；Windows Server 2012。64 位：Windows 7 SP1 64 位；Windows 8 或更高版本的 64 位 Windows 系统；带 SP1 或更高版本的 Windows Server 2008 x64 版本；Windows Server 2012 x64 版本。

（2）处理器。32 位：最低要求 1GHz 处理器，建议使用 2GHz 或速度更快的处理器。64 位：最低要求 1.4GHz 处理器，建议使用 2GHz AMD Opteron、AMD Athlon 64、具有 Intel EM64T 支持的 Intel Xeon、具有 Intel EM64T 支持的 Intel Pentium IV 处理器或速度更快的处理器。

（3）内存。1GB 或更多；建议使用 4GB 且应该随着数据库大小的增加而增加，以便确保最佳的性能。

（4）硬盘。至少 6GB 的磁盘空间，磁盘空间要求随所安装的 SQL Server 2017 组件不同而发生变化。例如：至少 345MB 用于 Analysis Services 和数据文件；至少 304 MB 用于 Reporting Services；至少 591MB 用于 Integration Services；至少 811 MB 用于数据库引擎和数据文件、复制以及全文搜索；至少 1823MB 用于客户端组件。

（5）显示。SQL Server 图形工具要求 VGA（800 × 600）或更高分辨率。

2. SQL Server 2017 常用版本

（1）SQL Server 2017 服务器版本。

Enterprise（x86 和 x64）：SQL Server 2017 Enterprise 版提供了全面的高端数据中心功能，性能极为快捷、虚拟化不受限制，还具有端到端的商业智能，可为关键任务工作负荷提供较高服务级别，支持最终用户访问深层数据。

Business Intelligence（x86 和 x64）：SQL Server 2017 Business Intelligence 版提供了综合性平台，可支持组织构建和部署安全、可扩展且易于管理的 BI 解决方案。它提供了令人兴奋的功能，如数据浏览和可视化效果等。

Standard（x86 和 x64）：SQL Server 2017 Standard 版提供了基本数据管理和商业智能数据库，使部门和小型组织能够顺利运行其应用程序，支持将常用开发工具用于内部部署和云部署，有助于以最少的 IT 资源实现高效的数据库管理。

（2）SQL Server 2017 扩展版本。

SQL Server Web（x86 和 x64）：SQL Server 2017 Web 面向不同的业务工作负荷，对于为不同规模 Web 资产提供可伸缩性、经济性和可管理性的 Web 宿主和 Web VAP 来说，SQL Server 2017 Web 版本是一项总拥有成本较低的选择。

SQL Server Developer（x86 和 x64）：SQL Server 2017 Developer 版支持开发人员构建基于 SQL Server 的任一种类型的应用程序。它包括 SQL Server Datacenter 的所有功能，但有许可限制，只能用作开发和测试系统，而不能用作生产服务器。SQL Server 2017 Developer 是构建和测试应用程序的人员的理想之选。

SQL Server Express（x86 和 x64）：SQL Server 2017 Express 版是入门级的免费数据库。SQL Server 2017 Express 与 Visual Studio 集成，使开发人员可以轻松开发功能丰富、存储安全且部署快速的数据驱动应用程序。SQL Server 2017 Express 是学习和构建桌面及小型服务器应用程序的理想选择，也是独立软件供应商、非专业开发人员和热衷于构建客户端应用程序的人员的最佳选择。

任务 2.2　登录 SQL Server 2017

003 登录 SQL Server 2017

任务描述

完成了 SQL Server 2017 的安装之后，便可启动 SQL Server 2017。启动 SQL Server 2017 的第一步是登录。本任务需要完成 SQL Server 2017 的登录，并进一步学习 SQL Server 2017 的有关知识。

任务分析

只有成功登录才能正常使用 SQL Server 2017。对于用户而言，以不同的身份登录，其功能权限是不完全相同的。本任务将以“SQL Server 身份验证”方式为线索进行全面讲解。

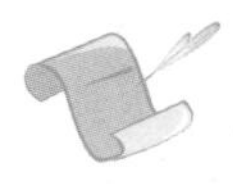

任务实现

步骤 1：在“开始”菜单中依次选择“Microsoft SQL Server 2017”|“SQL Server 2017 Management Studio”，进入 SSMS 登录对话框。

步骤 2：SSMS 登录对话框如图 2-25 所示。服务器类型应选择“数据库引擎”；服务器名称应选择本机的计算机名称；身份验证方式分为两种：一种是以“Windows 身份验证”方式登录 SQL Server 2017，另一种是以“SQL Server 身份验证”方式登录 SQL Server 2017，这里使用第二种方式登录。

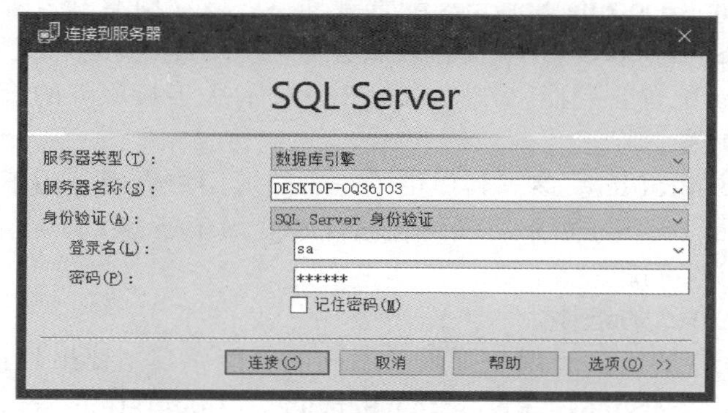

图 2-25 “连接到服务器”对话框

步骤 3：在“登录名”文本框中输入系统管理员账号“sa”，在“密码”文本框中输入安装 SQL Server 2017 时为“sa”设置的密码，然后单击“连接”按钮，即可打开 SQL Server 2017 主界面，如图 2-26 所示。

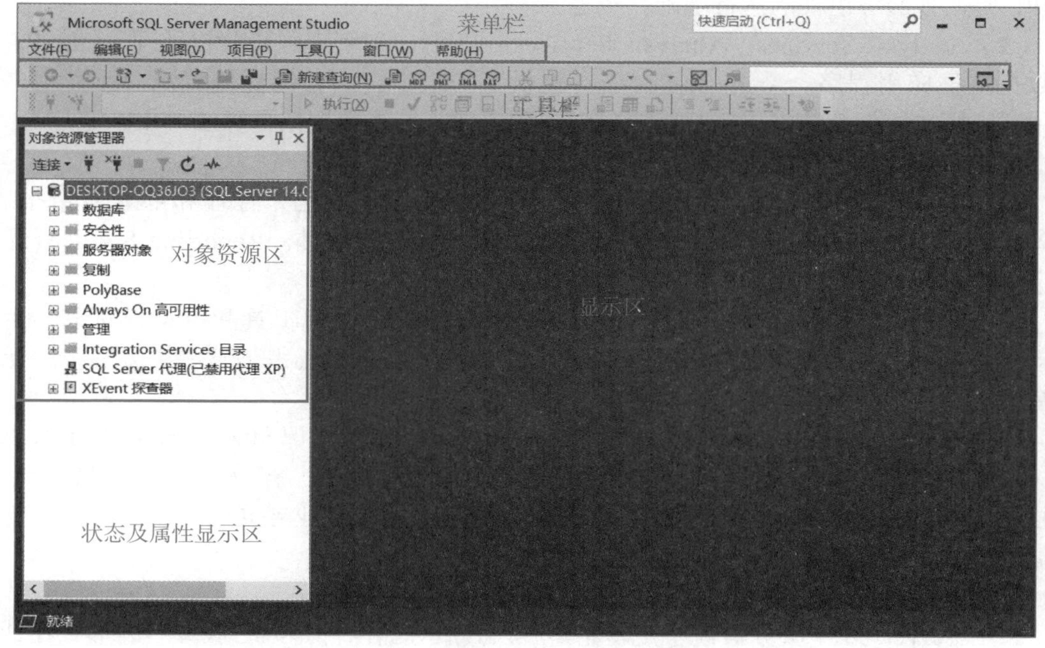

图 2-26 SQL Server 2017 主界面

相关知识

1. SQL Server 2017 的管理工具

SQL Server 2017 安装完成后，在 Windows 操作系统的“开始”|“所有程序”|“Microsoft SQL Server 2017”菜单下可以看到很多 SQL Server 图形化的管理工具。下面介绍几种常用的 SQL Server 管理工具。

（1）SQL Server Management Studio 企业管理器。简称 SSMS，是 SQL Server 2017 中最重要的管理工具，提供了用于对数据库管理的图形化工具和丰富的开发环境。

（2）SQL Server Reporting Services 配置管理器。该管理器就是所谓的报表服务，其作用是配置和管理 SQL Server 2017 的报表服务器。

（3）SQL Server 配置管理器。作为 SQL Server 有关连接服务的管理工具，用于客户端到服务器的连接配置。

（4）SQL Server Profiler。该工具提供了一个图形用户界面，用于监视数据库引擎实例。通过 SQL Server Profiler 可解决图形化监视 SQL Server 查询、在后台收集查询信息、分析性能、诊断死锁等问题。

2. SQL Server 2017 的组件

SQL Server 2017 的组件为用户提供了不同的功能，其主要组件包括 SQL Server 数据库引擎、Analysis Services、Reporting Services、Integration Services、Master Data Services。

（1）SQL Server 数据库引擎。该引擎包括数据库引擎（用于存储、处理和保护数据安全的核心服务）、复制工具、全文搜索工具、用于管理关系数据和 XML 数据的工具以及“数据库引擎服务”(DQS) 服务器。SQL Server 数据库引擎是 SQL Server 2017 的核心组件，是其他服务组件的运行基础。

（2）Analysis Services。Analysis Services 用于创建和管理联机分析处理（OLAP）以及数据挖掘应用程序。Analysis Services 提供了一组丰富的数据挖掘算法，业务用户可使用这组算法挖掘其数据以查找特定的模式和走向。这些数据挖掘算法可用于通过 UDM 或直接基于物理数据存储区对数据进行分析。

（3）Reporting Services。Reporting Services 包括用于创建、管理和部署表格报表、矩阵报表、图形报表以及自由格式报表的服务器和客户端组件。Reporting Services 还是一个可用于开发报表应用程序的可扩展平台。

（4）Integration Services。Integration Services 是一组图形工具和可编程对象，用于移动、复制和转换数据。通过使用可以图形化的集成服务工具来创建解决方案，而无须编写代码。

（5）Master Data Services。Master Data Services（MDS）是针对主数据管理的 SQL Server 解决方案，可以通过配置 MDS 来管理任何领域（产品、客户、账户）。MDS 中可包括层次结构、各种级别的安全性、事务、数据版本控制和业务规则，以及可用于管理数据的外接程序。

3. 服务器类型

SQL Server 2017 服务器程序安装完毕后，其服务器组件是以“服务”的形式在计算机操作系统中运行的。“服务”是一种在计算机操作系统后台中运行的应用程序。常见的服务有事件日志服务、打印服务以及 Web 服务等。正在运行的服务可以不在操作系统桌面上显示，而是在系统后台默默地完成其要完成的工作。

与数据库相关的服务中最重要的是 SQL Server 服务，该服务是 SQL Server 2017 的数据引擎，也就是 SQL Server 2017 的核心部分。启动 SQL Server 2017 数据库引擎，也就是启动 SQL Server 服务。只有 SQL Server 服务启动以后，用户才能与数据库引擎服务器建立连接，才能向数据库发出 SQL 语句，执行查询、修改、插入以及删除等数据操作，并完成事务处理、数据库维护和数据库安全等管理操作。

在 Windows 操作系统的“服务”窗口中可以查看已安装的 SQL Server 2017 服务组件，如图 2-27 所示。

图 2-27　SQL Server 2017 的服务组件

4. 身份验证模式

SQL Server 支持两种身份验证模式：Windows 身份验证模式和混合验证模式。

（1）Windows 身份验证模式。用户不需要指定 SQL Server 2017 的登录账号，系统自动使用当前操作系统账号登录。这是 SQL Server 2017 的默认身份验证模式。

（2）混合验证模式。登录时，用户需要提供 SQL Server 2017 登录账号及密码。

友情提醒：数据库实际上是 SQL Server 服务。SQL Server Management Studio 不是数据库，而是一个针对 SQL Server 数据库开发的应用程序，我们可以通过 SQL Server Management Studio 以图形化的方式来对数据库进行定义、操作和管理。

任务 2.3 使用 SQL Server 2017

任务描述

本任务将讲解 SQL Server 2017 的基本使用方法，实现与 SQL Server 2017 的第一次互动，尝试将本书所提供的数据库范例运行起来。

任务分析

登录之后，就可以通过 SQL Server 2017 管理与应用数据库了，这也是学习 SQL Server 2017 的目的。SQL Server 2017 的功能十分强大，本书将围绕具体案例的操作来讲解 SQL Server 2017 的相关知识。

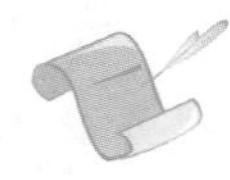

任务实现

1. 熟悉 SQL Server Management Studio 界面

步骤 1：在“开始”菜单中单击“SQL Server Management Studio”，启动 SSMS。

步骤 2：在“连接到服务器”对话框中选择正确的登录方式，并输入账号及密码进行登录。

步骤 3：打开 SSMS 主界面，如图 2－28 所示。

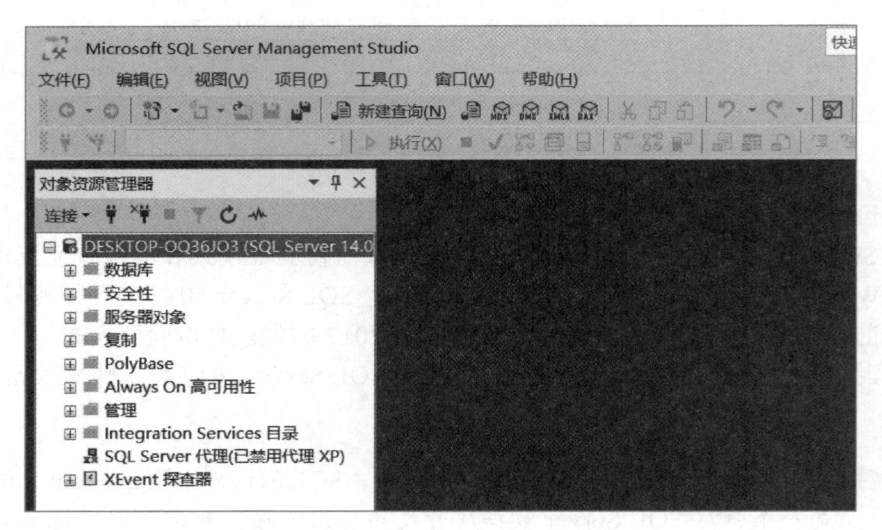

图 2－28 SSMS 主界面

步骤 4：创建查询。单击工具栏中的“新建查询”按钮，SSMS 会打开一个新的查询编辑器，用户可在其中输入 SQL 语句，如图 2－29 所示。值得一提的是，SQL 语句并不区分大小写。

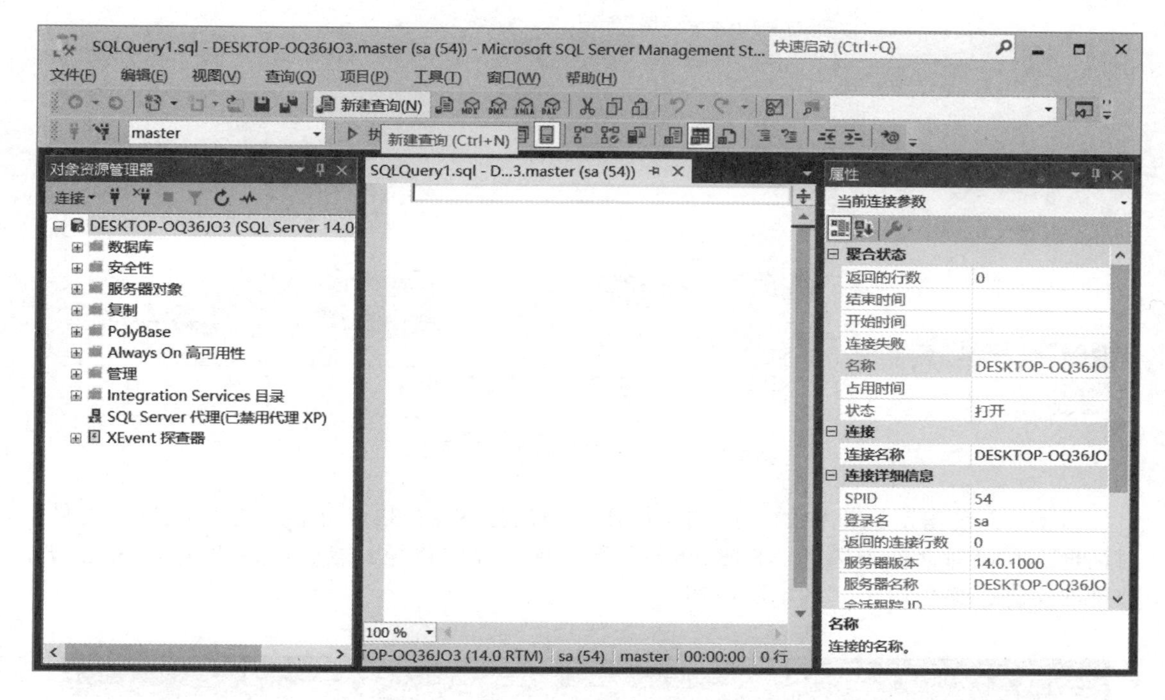

图 2－29　创建查询

2. 实例数据库“STSystem”的附加

步骤 1：启动 SSMS，在“对象资源管理器”中展开树形目录，右击“数据库”节点，在弹出的快捷菜单中选择“附加”，如图 2－30 所示。

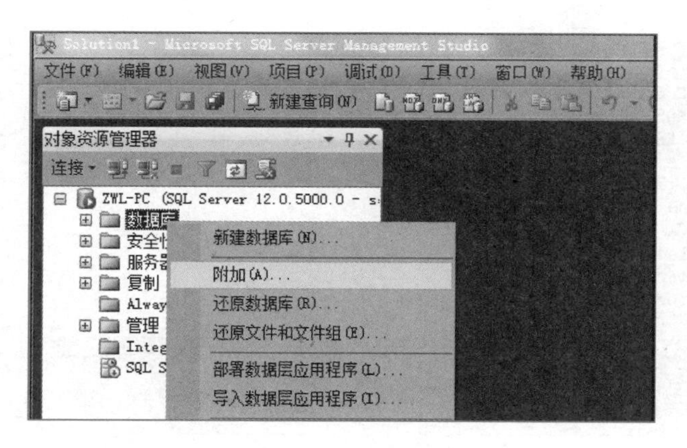

图 2－30　附加数据库

步骤 2：弹出的“附加数据库”对话框如图 2－31 所示，此时“要附加的数据库”列表中无任何内容，这是因为还没有选择要附加的数据库文件。

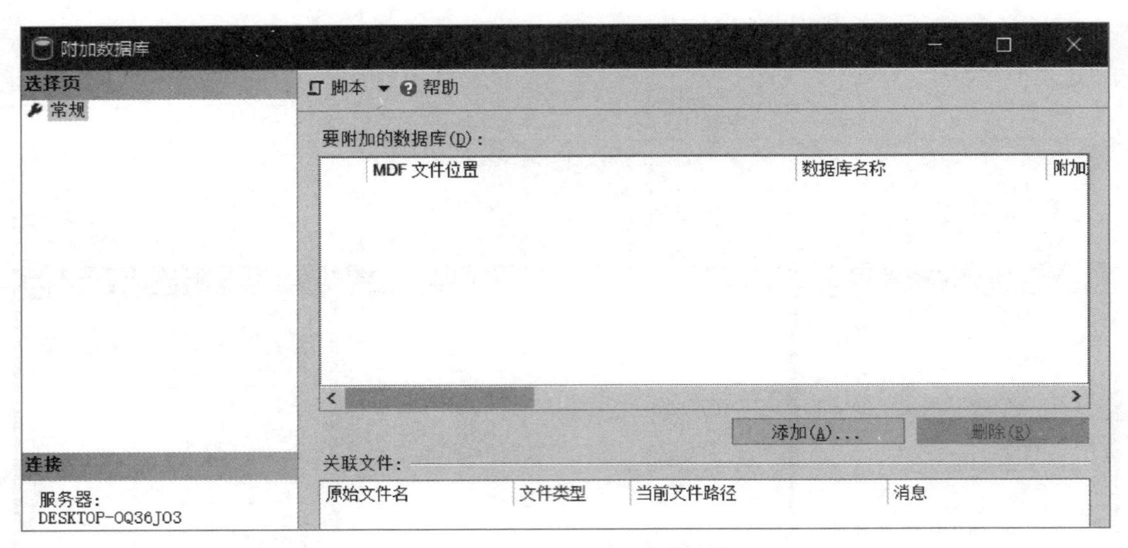

图 2－31 “附加数据库”对话框

步骤 3：单击对话框中的“添加”按钮，弹出如图 2－32 所示的“定位数据库文件”对话框。在该对话框中选择“STSystem”数据库的存储路径，然后选择“stsystem.mdf”数据库文件，最后单击“确定”按钮。

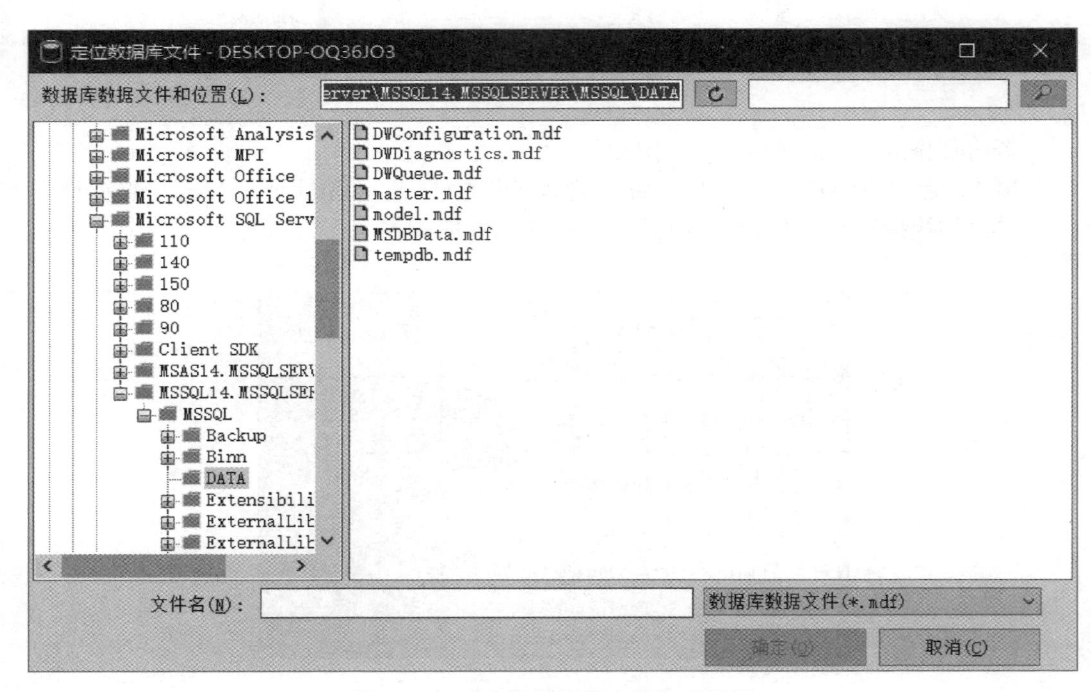

图 2－32 “定位数据库文件”对话框

这样，本书的实例数据库就附加到 SQL Server 2017 中了，以后的内容都将围绕此数据库进行分析和讲解。

相关知识

1. SQL Server 2017 的新特性

相较于早期版本，SQL Server 2017 跨出了重要的一步，它力求通过将 SQL Server 的强大功能引入 Linux，基于 Linux 的 Docker 容器和 Windows，使用户可以在 SQL Server 平台上选择开发语言、数据类型，并实现本地开发、云端开发和操作系统开发。

2. SQL Server 2017 的新增功能

SQL Server 2017 相较于上一版本增加了多达 50 项新功能，在此只对部分新功能进行介绍。

（1）可将 CLR 程序集添加到受信任的程序集列表，作为 CTP 2.0 中的 clr strict security 功能的变通方法。添加 sp_add_trusted_assembly、sp_drop_trusted_assembly 和 sys.trusted_asssemblies 以支持受信任的程序集列表（RC1）。

（2）可恢复的联机索引重新生成。可从发生故障（例如到副本的故障转移或磁盘空间不足）后联机索引重新生成操作停止处恢复该操作，或暂停并稍后恢复联机索引重新生成操作。可参阅 ALTER INDEX 和联机索引操作准则（CTP 2.0）。

（3）如果服务器意外重启或故障转移到辅助服务器，ALTER DATABASE SCOPED CONFIGURATION 的“IDENTITY_CACHE”选项可使用户避免标识列值的差值。可参阅 ALTER DATABASE SCOPED CONFIGURATION（CTP 2.0）。

（4）新一代的查询处理改进功能，将对应用程序工作负荷的运行时状况采用优化策略。对于这款适应性查询处理功能系列初版，系统进行了 3 项改进：批处理模式自适应连接、批处理模式内存授予反馈，以及针对多语句表值函数的交错执行。可参阅 SQL 数据库中的智能查询处理。

（5）自动数据库优化。提供对潜在查询性能问题的深入了解，提出建议解决方案并自动解决已标识的问题。

3. SQL Server Management Studio 的功能

SSMS 是一个功能强大且灵活的工具，其采用 Visual Studio 2010 的一个版本作为 shell，用于访问、配置、控制、管理和开发 SQL Server 的所有组件。在默认情况下，SSMS 主要显示对象资源管理器窗口组件，“对象资源管理器”窗口在 SSMS 窗口的左侧，系统使用它连接数据库引擎实例、Analysis Services、Integration Services 和 Reporting Services。它提供了服务器中所有数据库对象的树视图，并具有可用于管理这些对象的用户窗口。用户可以使用该窗口可视化地操作数据库，如创建各种数据库对象、查询数据、设置系统安全、备份与恢复数据等。另外，SMSS 还具有以下比较重要的功能：

（1）对象资源管理器详细信息。该窗口以合并 GUI 的形式提供了非常丰富的信息。可通过两种方式打开该窗口：一种是在“视图”菜单中单击“对象资源管理器详细信息”菜单，另一种是按 F7 快捷键。根据用户操作，它可以呈现为“查询编辑器”窗口，也可以呈现为“浏览器”窗口，默认情况下是“对象资源管理器详细信息”文档窗口，用来显示当前选中的对象资源管理器节点的信息。

（2）集成报表。SQL Server 2017 对于服务器实例、数据库都提供了标准报表，服务器级报表提供了 SQL Server 实例和操作系统的信息。数据库级报表提供了每个数据库的详细信息。对于要运行报表的数据库，必须要有访问权限。可在 SSMS 的“对象资源管理器”窗口中右击 SQL Server 实例并选择“报表”菜单打开服务器报表。数据库报表的打开方式与服务器报表类似，可在 SSMS 的“对象资源管理器”窗口中右击数据库名并选择“报表”菜单打开。

（3）配置 SQL Server。可在 SSMS 的“对象资源管理器”窗口中右击 SQL Server 实例并选择“属性”菜单对实例属性进行配置，配置项目包括常规页、内存页、处理器页、安全性页、连接页、数据库设置页、高级页和权限页。需要注意的是更改实例的配置要非常小心，因为调整其中的设置有可能影响实例的性能或安全性。

（4）活动监视器。可以通过在 SSMS 的“对象资源管理器”窗口中右击 SQL Server 实例并选择“活动和监视器”菜单打开活动监视器。该工具提供了实例中当前连接的视图，通过该视图可全面查看谁连接了你的机器和他们在做什么。

（5）错误日志。可以通过在 SSMS 的“对象资源管理器”窗口中右击“管理”菜单下的“SQL Server 日志”，并选择“视图”菜单下的“SQL Server 和 Windows 日志”打开日志文件查看器。该工具提供了 SQL Server 实例和 Windows 事件的日志记录，帮助用户快速定位故障，查找问题根源。

技能检测

一、填空题

1. SQL Server Developer 支持开发人员构建基于 SQL Server 的任意一种类型的（　　）。

2. 登录 SQL Server 2017 数据库时的身份验证有两种：一种是（　　），另一种是（　　）。

3. SQL Server Management Studio 是 SQL Server 2017 中最重要的管理工具，提供了用于对（　　）的图形化工具和丰富的开发环境。

4. SQL Server 2017 的（　　）版是免费版本，具有 SQL Server 的全部功能，且已经激活。

二、选择题

1. SQL Server 2017 与 .NET 框架的关系是（　　）。

A. SQL Server 2017 必须在安装有 .NET 框架的电脑上才能安装

B. 安装 SQL Server 2017 时电脑上不必有 .NET 框架

C. .NET 框架与 SQL Server 2017 没有任何关系

D. 以上都不对

2. SQL Server 安装的默认实例是（　　）。

A. 机器名　　B. sa　　C. SQL　　D. Evaluation

3.（　　）作为 SQL Server 有关连接服务的管理工具，用于客户端到服务器的连接配置。

A. SQL Server 配置管理器

B. SQL Server Management Studio 企业管理器

C. Reporting Services 配置管理器

D. 以上都不对

4.（　　）是 SQL Server 2017 的核心部分。

A. SQL Server 服务　B. T-SQL 语句　　C. 查询分析器　　D. 日志服务

5. 输入 SQL Server 脚本命令的入口是（　　）。

A. 登录对话框　　B. 添加记录　　C. 新建数据库　　D. 新建查询

三、判断题

1. 镜像文件的安装只能刻录到光盘上进行。（　　）

2. SQL Server Workgroup 是运行分支位置数据库的理想选择，包括安全的远程同步和管理功能。（　　）

3. SQL Server Express 数据库平台基于 SQL Server，可用于替换 Microsoft Desktop Engine（MSDE）。（　　）

4. 进入 SQL Server 2017 登录对话框，服务器类型应选择“数据库引擎”。（　　）

5. SQL Server Express 与 Visual Studio 集成，使开发人员可以轻松开发功能丰富、存储安全且部署快速的数据驱动应用程序。（　　）

6. Reporting Services 配置管理器就是所谓的报表服务，作用是配置和管理 SQL Server 2017 的报表服务器。（　　）

7. 安装 SQL Server 2017 时，输入密钥不可自动识别版本。（　　）

8. 只有 SQL Server 服务启动以后，用户才能与数据库引擎服务器建立连接。（　　）

四、简答题

1. 简述 SQL Server 的身份验证模式。

2. 简述附加数据库的过程。

五、实操题

在计算机上安装 SQL Server 2017。

项目 3

数据库操作

项目导读

建立数据库是数据库操作的前提，也是 SQL Server 2017 最基本的操作之一。SQL Server 2017 提供了图形和命令行这两种创建数据库的方式。除创建数据库外，数据库常用操作还包括查看数据库信息、修改数据库、删除数据库、分离数据库、附加数据库。本项目将全面讲解数据库创建和使用的基本知识。

学习目标

1. 会通过图形方式创建数据库。
2. 会通过命令方式创建数据库。
3. 掌握分离和附加数据库的方法。
4. 掌握创建查询的方法。

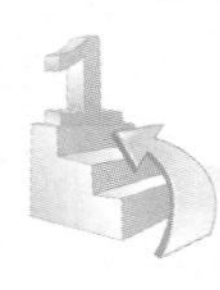

思政目标

在学习的过程中注重对比和分析，加强自身科学素养的提升，掌握科学的世界观和方法论。

任务 3.1 通过图形方式创建数据库

004 通过图形方式创建数据库

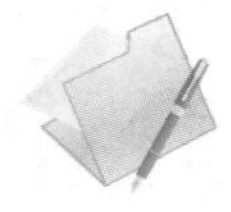

任务描述

本书所采用的实例是一个学生管理系统所使用的数据库，该数据库名称为 STSystem，因此，学习本书的前提就是建立一个数据库 STSystem，然后再对该数据库开展一系列的操作。

任务分析

做任何事情都有规可循，管理电脑中的数据库与管理现实生活中的仓库、储物间的思路基本相似。完成该任务需要做到以下几点：

（1）给数据库起一个名字。

（2）设立数据库的初始大小，并指定自动增长的方式。所谓自动增长方式，就是当数据库中的数据不断增多时，其数据库的容量以什么样的方式增长，既可以按百分比的方式增长，也可以按指定数量增长。

（3）设定数据库在磁盘中的存储位置，即指定数据库的存储路径。

任务实现

步骤 1：在 Windows 的“开始”菜单中单击“ SQL Server Management Studio”，打开 SQL Server 2017 登录对话框，根据提示连接到服务器，如图 3－1 所示。

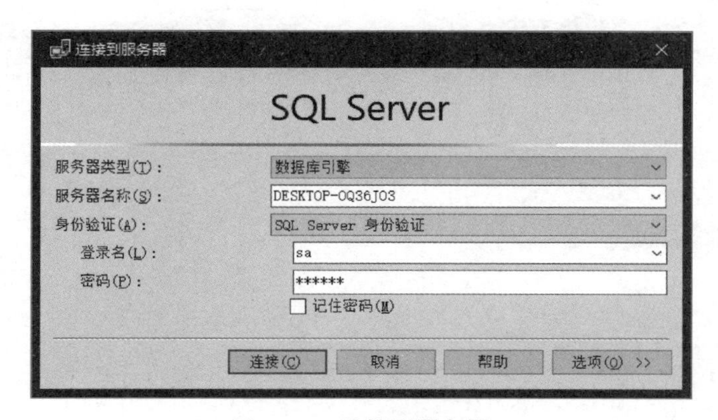

图 3－1　连接到服务器

步骤 2：在“对象资源管理器”中右击“数据库”节点，在弹出的快捷菜单中选择“新建数据库”，开始数据库的创建，如图 3－2 所示。

> 友情提醒：SQL Server 的启动文件名为 SSMS，是 SQL Server Management Studio 的缩写，位于安装目录 \120\Tools\Binn\ManagementStudio\ 中。

步骤 3：在“新建数据库”对话框中设置参数。初学者只需输入数据库名称并设置其相关属性即可，如图 3－3 所示。设置完成后单击“确定”按钮，这时在“对象资源管理器”的“数据库”节点中会出现新创建的数据库。

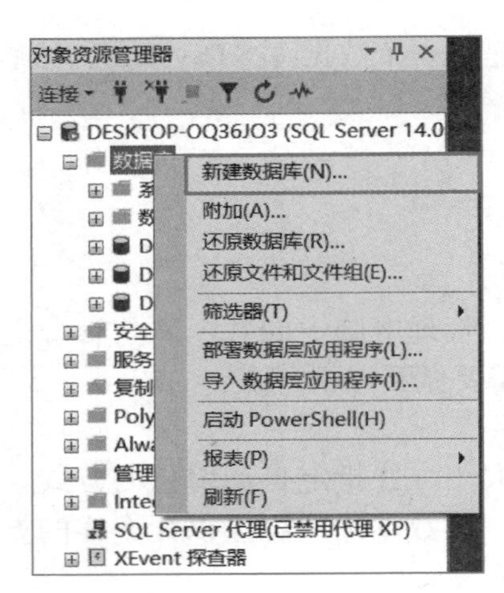

图 3－2　新建数据库

图 3－3　“新建数据库”对话框

综上步骤，一个数据库就被创建出来了。这是学习 SQL Server 2017 的重要一步。对于初学者来说，使用 SSMS 创建数据库比较简单，但是在实际的开发过程中，很多情况下要求用户使用 SQL 命令来创建数据库。任务 3.2 将详细介绍如何使用 SQL 命令创建数据库。

友情提醒：如果在“对象资源管理器”的“数据库”节点中没有出现新建的数据库，不要着急，右击“数据库”节点，在弹出的快捷菜单中选择“刷新”即可出现新建的数据库。

相关知识

1. 系统数据库

“对象资源管理器”中有一个“系统数据库”，展开后里面已经有 4 个数据库，如图 3－4 所示。这些数据库有什么作用呢？

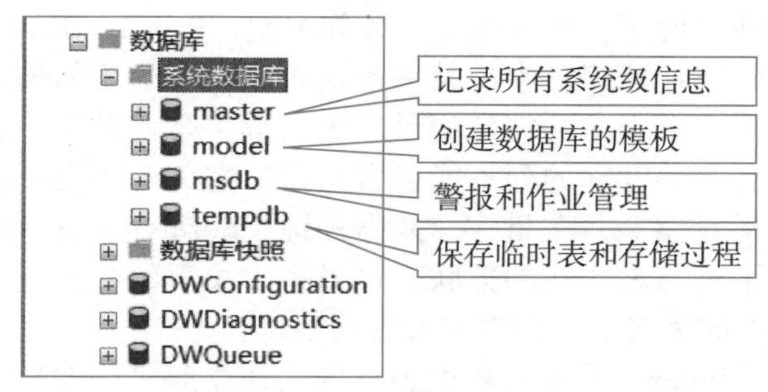

图 3－4　系统数据库

SQL Server 的系统数据库分为：master、model、msdb 和 tempdb。这 4 个数据库在 SQL Server 中各司其职，作为从业人员，必须要了解这 4 个数据库的作用。

（1）master 数据库。master 数据库是 SQL Server 系统中最重要的数据库之一，它记录了 SQL Server 实例的所有系统级别信息，这些系统信息不仅包括用户的登录信息、系统配置信息，还包括其他数据库信息、数据库文件的位置以及 SQL Server 的初始化信息。为了确保 SQL Server 2017 的正常运行，建议始终有一个 master 数据库的当前备份可用。

（2）model 数据库。model 数据库是在系统上创建数据库的模板。新创建的数据库的各种初始设置将与 model 数据库的设置保持一致。当系统收到“CREATE DATABASE”命令时，新创建的数据库的第一部分内容从 model 数据库复制过来，剩余部分由空页填充，所以 SQL Server 数据中必须有 model 数据库。如果修改了 model 数据库的某些设置，则之后创建的所有数据库设置也将随之改变。

（3）msdb 数据库。msdb 数据库供 SQL Server 代理程序调度警报和作业以及记录操作时使用。比如，备份了一个数据库，会在表 backupfile 中插入一条记录，以记录相关的备份信息。

（4）tempdb 数据库。tempdb 数据库保存系统运行过程中产生的临时表和存储过程。当然，它还满足其他的临时存储要求，比如保存 SQL Server 生成的存储表等。任何连接系统的用户都可以在该数据库中产生临时表和存储过程。tempdb 数据库在每次启动 SQL Server 的时候，都会清空其中的内容，所以每次启动 SQL Server 后，该表都是空的。临时表和存储过程在连接断开后会自动除去，而且当系统关闭后不会有任何活动连接。默认情况下，SQL Server 运行时 tempdb 数据库会根据需要自动增长。不过，与其他数据库不同，每次启动数据库引擎时，tempdb 数据库都会重置为其初始大小。

2. 数据库对象

数据库对象定义了数据库内容的结构，是数据库的重要组成部分。它们包含在数据库项目中，数据库项目还可以包含数据生成的计划和脚本。在“解决方案资源管理器”中，数据库对象在文件中定义，并在数据库项目中的“架构对象”子文件夹下根据类型分组。使用数据库对象时，若使用名为“架构视图”的数据库对象，视图将会更加直观。下面介绍 SQL Server 2017 常用的数据库对象。

（1）表与记录。表（Table）是数据库的重要组成部分，数据库中的表与日常生活中的表类似，都是由行和列组成的。其中每一列代表一个相同类型的数据，列（Column）也称为字段，每列的标题就是字段名。记录是数据表中的一行（Row）数据，记录着具有一定意义的信息集合。表就是记录的集合。

（2）主关键字与外关键字。主关键字（又称主键，Primary Key）是表中的一个或多个字段，它的值用于唯一地标识表中的某一条记录。在两个表的关系中，主关键字用来在一个表中引用来自另一个表中的特定记录。主关键字是一种唯一关键字。一个表不能有多个主关键字，并且主关键字的列不能包含空值。主关键字是可选的，但是建议为每个数据表设置一个主关键字。外关键字（又称外键，Foreign Key）是关系与关系之间的联系，也就是说实现了表与表之间的关联。以另一个关系的外关键字作主关键字的表被称为主表，具有此外关键字的表被称为主表的从表。

（3）索引。索引（Index）是根据数据表里的列建立起来的顺序。索引的作用相当于图书的目录，数据库中的索引可以让用户快速检索出表中的特定信息。设计良好的索引可以显著提高数据库的查询能力和应用程序的性能。索引同样可以强制表中的记录的唯一性，从而保证数据库中的数据具有良好的完整性。

（4）约束。约束是为了保证数据库中数据的完整性而实现的一套约束机制，SQL Server 2017 中包括主关键字（Primary Key）约束、外关键字（Foreign Key）约束、唯一（Unique）约束、默认（Default）约束、检查（Check）约束 5 种约束机制。

（5）视图。视图（View）可作为数据库中的一个虚拟表，其内容由查询语句组成。同真实的表一样，视图包含一系列带有名称的列和行数据。但是，视图并不在数据库中以存储的数据值集的形式存在。视图中行和列的数据来自由定义视图的查询所引用的表，并且在引用视图时动态生成。

（6）关系图。关系图就是数据表之间的关系示意图，利用关系图可以编辑表与表之间的关系。关系图同样可以实现数据表之间的约束。

（7）存储过程。存储过程（Stored Procedure）是指在大型数据库系统中，一组完成特定功能的 SQL 语句集，经编译后存储在数据库中，用户通过指定存储过程的名字并给出参数来执行。其运行速度比执行相同的 SQL 语句快。

（8）触发器。触发器是一种特殊的存储过程，它在对数据库进行插入、修改、删除等操作或对数据表进行创建、修改、删除等操作时自动激活并执行。

（9）用户和角色。用户是有访问数据库权限的操作者；角色是被数据库管理员设置好权限的用户组。

3. 数据库文件

SQL Server 数据库通过数据文件保存与数据库相关的数据和对象。SQL Server 2017 中有两种类型的数据文件，新建数据库时系统会自动生成这两种文件（如图 3－5 所示）：数据文件和事务日志文件。数据文件存储的是数据，事务日志文件记录的是各种针对数据库的操作。

数据库文件(F)：

逻辑名称	文件类型	文件组	大小(MB)	自动增长/最大大小	路径
master	行数据	PRIMARY	6	增量为 10%，增长无限制 ...	C:\Program Files\Microsoft SQL Server\MSSQL14.MSSQLS
mastlog	日志	不适用	2	增量为 10%，增长无限制 ...	C:\Program Files\Microsoft SQL Server\MSSQL14.MSSQLS

图 3－5　新建数据库时系统自动生成的文件

数据库创建完毕，在计算机磁盘上会产生两个文件，即数据文件和事务日志文件，如图 3－6 所示。

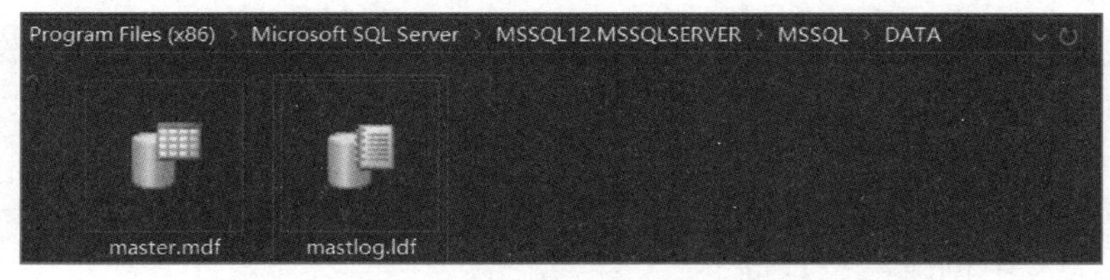

图 3－6　数据库创建后磁盘上产生的两个文件

（1）数据文件。数据文件是数据库的起点，其中包含了数据库的初始信息，并记录了数据库还包含哪些文件。每个数据库有且只能有一个主数据文件，根据需要还可以建立若干从数据文件。主数据文件是数据库必需的文件，在创建数据库时自动生成，默认的主数据文件的扩展名是 .mdf，从数据文件是在创建数据库时或者创建数据库后由用户添加的，从数据文件的扩展名是 .ndf。

（2）事务日志文件。在 SQL Server 2017 中，每个数据库至少拥有一个日志文件，也可以拥有多个日志文件。日志文件至少 1MB，默认扩展名是 .ldf，用来记录数据库的事务日志，即记录谁对数据库做了什么。

【例 3-1】创建一个“学生管理”数据库，数据文件和日志文件的名称默认即可。数据文件的初始大小为 5 MB，每次自动增长 1MB，最大 100MB。日志文件初始大小为 2MB，自动增长 10%，没有上限。数据库保存的位置使用默认路径。

（1）通过操作系统的“开始”菜单打开 SSMS。

（2）在 SSMS 的“对象资源管理器”窗口中右击“数据库”节点，在弹出的快捷菜单中选择“新建数据库”。

（3）在“新建数据库”对话框中设置相关参数。设置数据库名称为“学生管理”。

（4）将数据文件及日志文件的初始大小分别设定为 5MB 和 2MB。

（5）打开数据文件的自动增长设置对话框，将自动增长大小设定为 1MB，上限为 100MB。用同样的方法设定日志文件的自动增长大小为 10%，没有上限。

任务 3.2　通过命令方式创建数据库

005　通过命令方式创建数据库

任务描述

在 SQL Server 2017 中，对数据库进行管理通常有两种方法：一种方法是使用 SSMS 的对象资源管理器，以图形化的方式完成对数据库的管理；另一种方法是使用 T-SQL 语句或系统存储过程，以命令方式完成对数据库的管理。本任务仍以学生管理系统中所使用的数据库为例，通过命令方式创建数据库 STSystem。

任务分析

本任务与任务 3.1 的创建结果一样，只是方式不一样。

在 SQL Server 2017 的 SQL 查询编辑器中使用 CREATE DATABASE 命令来创建 STSystem 数据库。

命令方式虽然不如图形方式操作便捷，却是程序员最常用的数据库操作方式。掌握数据库操作命令，是学好 SQL Server 必须要掌握的技能。学习命令时，可以先掌握最基本的，简单了解相关参数即可，不要被大量的参数吓倒。

完成该任务需要做到以下几点：

（1）在 SSMS 中创建一个查询。

（2）使用 SQL 命令创建数据库。

（3）使用 SQL 命令创建事务日志文件。

（4）使用命令设置数据库的属性。

任务实现

步骤 1：新建查询。在“菜单栏”中依次选择“文件”|“新建”之后，有两个菜单项可以进入查询编辑器，分别是“使用当前连接的查询”和“数据库引擎查询”，如图 3－7 所示；也可以在工具栏中直接单击“新建查询”按钮，如图 3－8 所示。打开的 SQL 查询编辑器如图 3－9 所示。

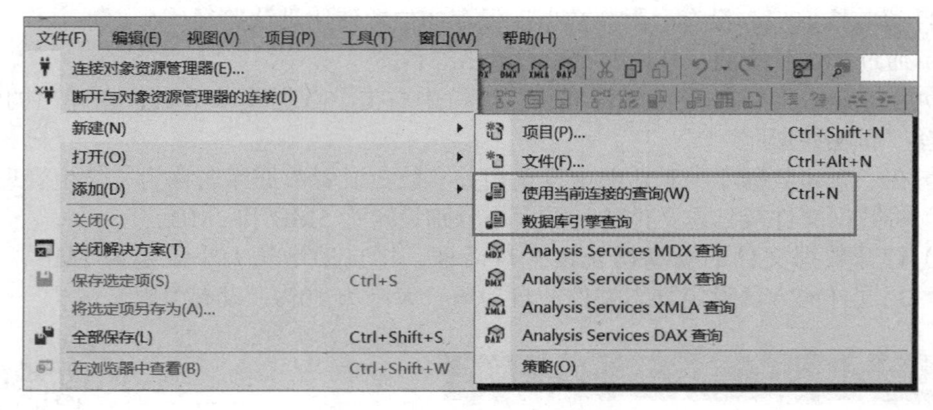

图 3－7　进入查询编辑器的方式

步骤 2：使用 CREATE DATABASE 命令新建数据库 STSystem_1。在 SQL 查询编辑器中输入如下语句：

```
CREATE DATABASE [STSystem_1]
```

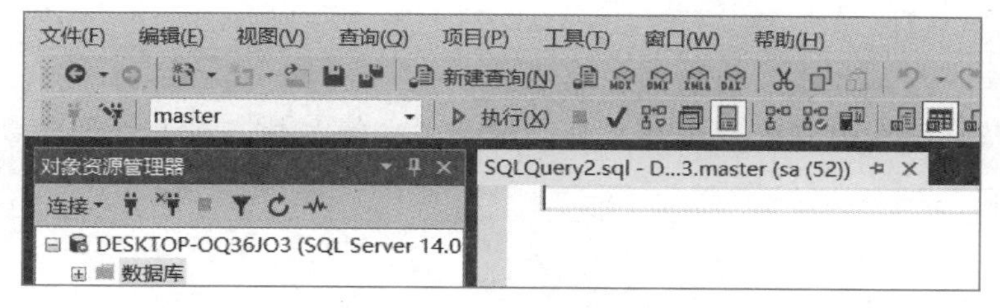

图 3－8　单击“新建查询”按钮

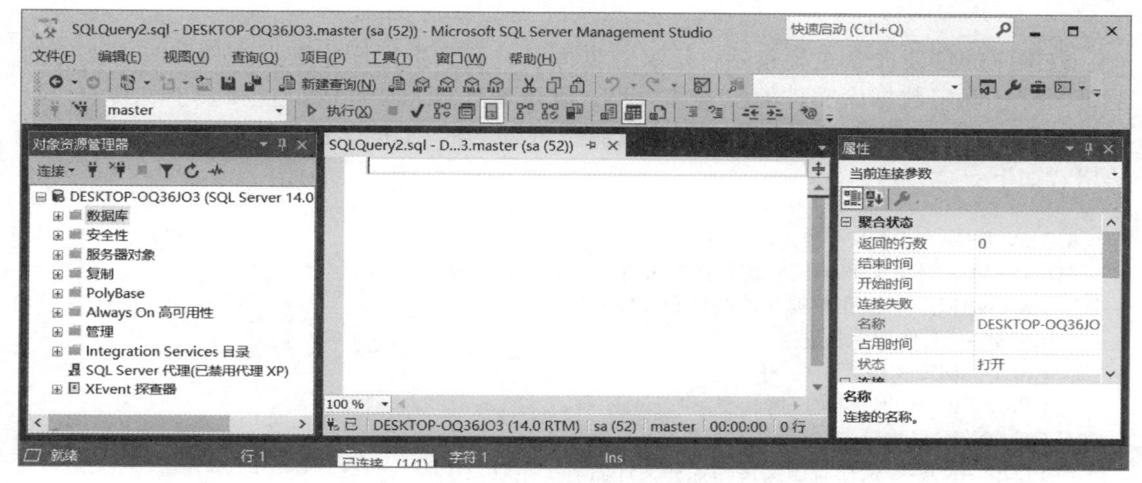

图 3－9　SQL 查询编辑器

“STSystem_1”为数据库的名称，可以省略中括号，但规范的写法是用中括号括起来。输入完成后单击“执行”按钮并查看结果，如图 3－10 所示。

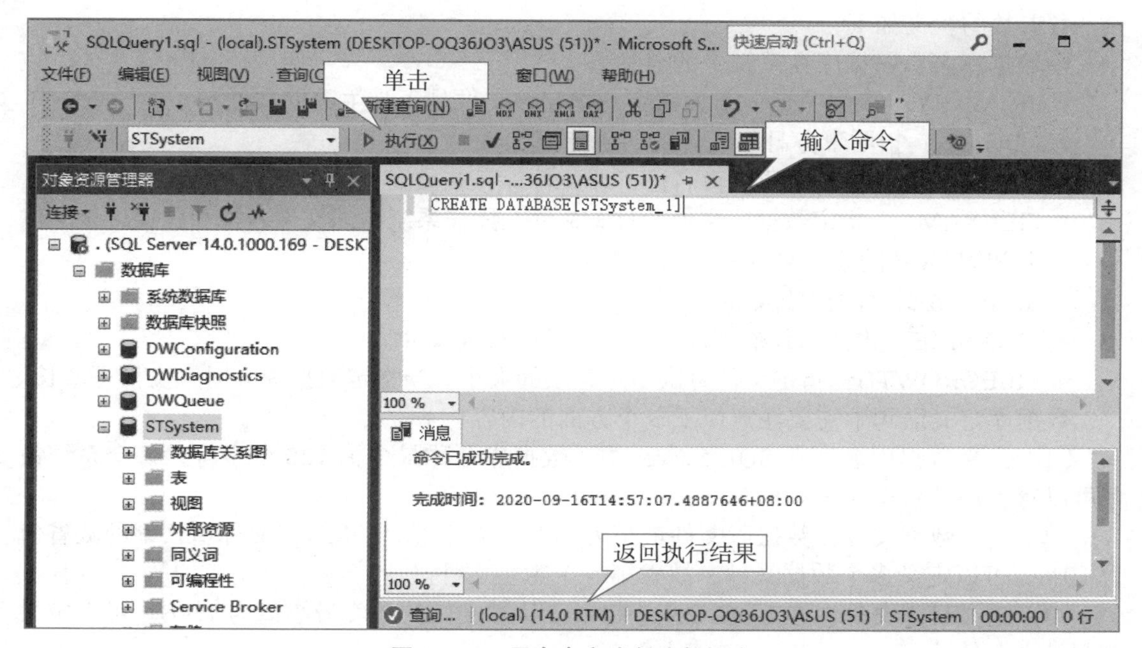

图 3－10　用命令方式创建数据库

友情提醒：这是最基本的创建数据库的命令，除了数据库的名字外，其他参数全部采用默认值，如需要指定数据库文件、增长方式等参数，在上述语句后继续增加语句即可。

相关知识

数据库的创建命令主要包括：定义数据库名；定义数据库主数据文件和日志文件的逻辑名称；确定数据库文件的位置和大小；确定事务日志文件的位置和大小。其中，数据库名称项是必须要有的，其他项目可以有也可以没有。CREATE DATABASE 语句的语法格式如下：

```
CREATE DATABASE< 数据库名 >
[ON[PRIMARY][（NAME=< 逻辑数据文件名 >,]
  FILENAME='< 操作数据文件路径和文件名 >'
  [,SIZE=< 文件初始长度 >]
  [,MAXSIZE=< 最大长度 >]
  [,FILEGROWTH=< 文件增长率 >][,…n])]
[LOG ON（[NAME=< 逻辑日志文件名 >,]
  FILENAME='< 操作日志文件路径和文件名 >'
  [,SIZE=< 文件初始长度 >]
  [,MAXSIZE=< 最大长度 >]
  [,FILEGROWTH=< 文件增长率 >][,…n])]
```

各参数的含义如下：

- 数据库名：数据库在系统中的名称。
- PRIMARY：该选项是一个关键字，指定该文件是否为主数据文件。
- LOG ON：指明事务日志文件的明确定义。
- NAME：指定数据库的逻辑名称，即文件保存在硬盘上的名称。
- FILENAME：指定数据库文件及日志文件在操作系统中的文件名称和路径，该文件名和 NAME 的逻辑名称一一对应。
- SIZE：数据库的初始大小。
- MAXSIZE：数据库系统文件可以增长到的最大尺寸。
- FILEGROWTH：指定文件每次增加容量的大小。当指定数据为 0 时，文件不增长。

数据库定义语句中需要注意以下 3 个方面的内容：

（1）定义数据库名。在 SQL Server 中，数据库名称最多为 128 个字符，每个系统最多可以管理用户数据库 32 767 个。

（2）定义数据文件。数据库文件最小为 3MB，缺省值为 3MB；文件增长率的缺省值为 10%。可以定义多个数据文件，缺省第一个为主文件。

（3）定义日志文件。在 LOG ON 子句中，日志文件的长度最小值为 1MB。可以定义多个日志文件。

友情提醒：在用命令创建数据库时，不能出现双引号“”，数据库名称和存储路径只能用单引号''；句尾不能用分号“;”必须使用逗号“,”；在命令的最后一条语句末尾不能使用逗号“,”。

【例 3-2】使用 SQL 语句创建数据库。

使用 SQL 语句创建一个新的 STSystem_1 数据库，数据文件和日志文件的名称默认即可。数据文件的初始大小为 5，每次自动增长 1MB，最大 100MB。日志文件初始值为 1MB，自动增长 10%，没有大小限制。数据库保存的位置为 D 盘根目录下的“学生管理”文件夹。

```
CREATE DATABASE STSystem_1
On
(NAME = 'STSystem_1_dat',
FILENAME = 'D:\ 学生管理 \STSystem_1_dat.mdf',
SIZE=5MB,
MAXSIZE=100MB,
FILEGROWTH=1MB
)
LOG ON
(NAME = 'student_log',
FILENAME = 'D:\ 学生管理 \STSystem_1_log.ldf',
SIZE=1MB,
FILEGROWTH=10%
)
```

创建好的数据库属性如图 3－11 所示，初始值、增长率和保存地址等参数与语句相符。

数据库文件(F)：

逻辑名称	文件类型	文件组	大小(MB)	自动增长/最大大小		路径
master	行数据	PRIMARY	6	增量为 10%，增长无限制	...	C:\Program Files\Microsoft SQL Server\MSSQL14.MSSQLS
mastlog	日志	不适用	2	增量为 10%，增长无限制	...	C:\Program Files\Microsoft SQL Server\MSSQL14.MSSQLS

图 3－11　数据库属性

任务 3.3　数据库管理

006 数据库管理

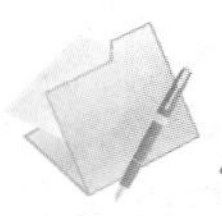

任务描述

数据库在运行的过程中，有时需要对其进行一些修改，以适应某种要求。如调整数据空间的大小、增加数据库文件、管理数据库文件组、调整文件所属的文件组等。本任务将对前两个任务创建的数据库进行数据库属性查看、数据库修改、数据库删除、数据库分离、数据库附加 5 项操作。

任务分析

当数据库的某些属性不满足实际使用的要求时，就要对数据库进行修改，以达到实际使用的要求。

完成该任务需要做到以下几点：

（1）查看数据库信息。

（2）增加、删除与修改数据库文件。

（3）分离与附加数据库。

任务实现

1. 查看数据库信息

步骤 1： 启动 SSMS，连接数据库实例。展开“对象资源管理器”中的树形目录，定位到 STSystem 数据库上。

步骤 2： 右击“STSystem”数据库节点，在弹出的快捷菜单中选择“属性”，打开“数据库属性”对话框，如图 3－12 所示。选中对话框左侧的“常规”选项卡，则右侧窗口显示数据库的基本信息。例如数据库备份信息、数据库名称、状态和排序规则等，这些信息是不允许修改的。

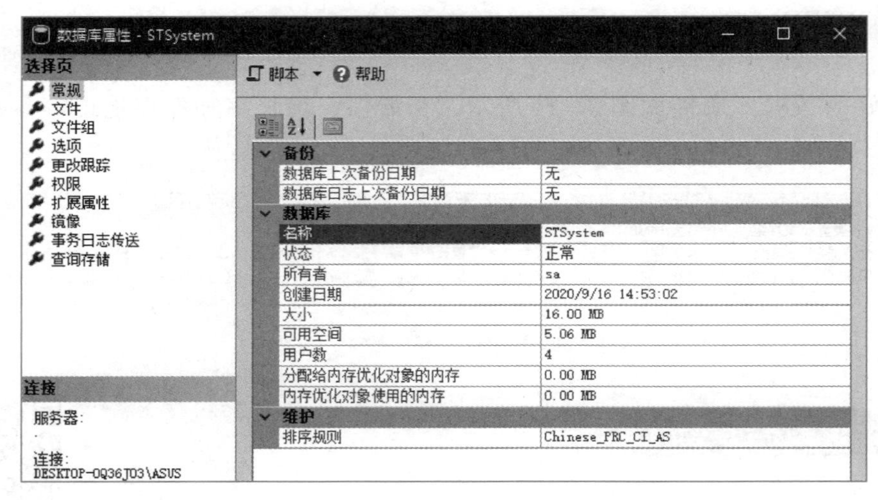

图 3－12 “数据库属性”对话框

2. 增加、修改和删除数据库文件

在“数据库属性”对话框的“文件”选项卡中，可以修改和增删数据库的数据文件和日志文件。

步骤 1： 打开“数据库属性”对话框，切换到“文件”选项卡，如图 3－13 所示。可以对数据库的文件类型、初始大小、自动增长大小等进行设置，但不能修改数据库名称。

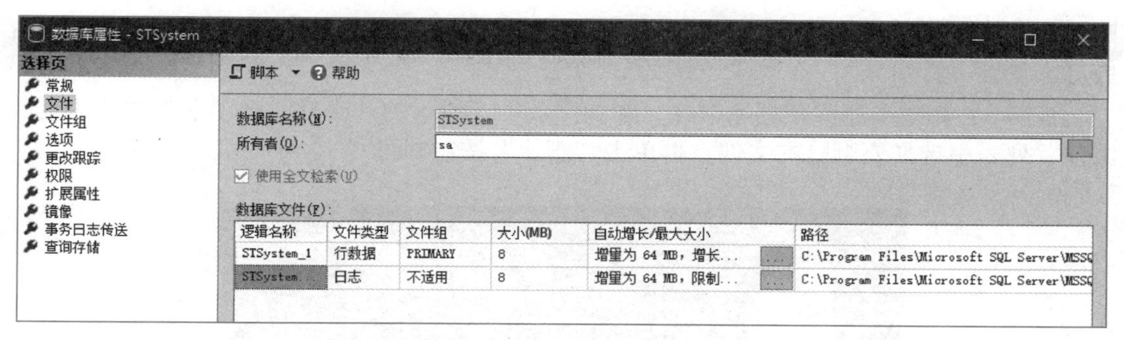

图 3-13 “文件”选项卡

友情提醒：在创建数据库时，应事先对所创建的数据库进行分析，大致了解数据库的存储量和数据的类型等属性，以便在创建数据库时对应分析结果来设置数据库的属性。

步骤 2：在“文件”选项卡里，可以查看当前已经存在的数据库文件，包括数据文件和日志文件。如果要添加新的数据库或日志文件，单击“添加”按钮，列表中就会自动创建新行，如图 3-13 所示。先设置新文件的“逻辑名称”，然后在“文件类型”选项中选择创建的文件是“行数据”还是“日志”。

友情提醒：如果要修改数据库的存储路径，则可以在数据库管理系统中将数据库分离，然后将数据库文件移动到要设置的路径，再将移动后的数据库文件附加到数据库管理系统中。

步骤 3：单击“自动增长”栏后的“…”按钮，弹出如图 3-14 所示的对话框，可设置自动增长的属性。可以按照百分比或 MB 来设置文件增长的幅度，也可设置文件的最大限制。

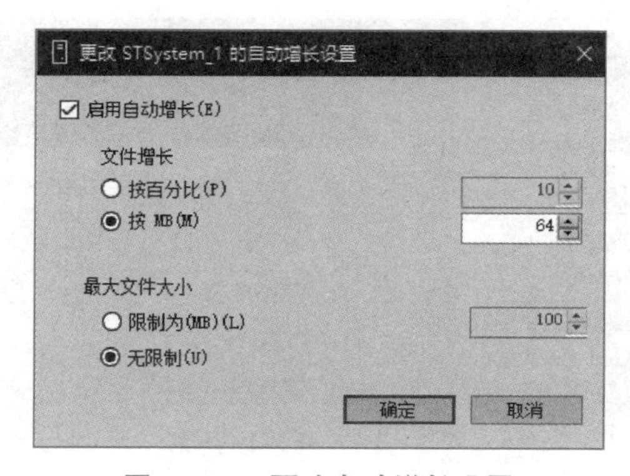

图 3-14 更改自动增长设置

步骤 4：如果要设置数据库的存放位置，单击“路径”栏后的“…”按钮，打开如

图 3－15 所示的“定位文件夹”对话框，选择要存放的路径，然后单击“确定”按钮即可。

步骤 5：如果要删除数据库文件，在如图 3－15 所示的“文件”选项卡中的“数据库文件”列表中选择要删除的文件，再单击“删除”按钮即可。

图 3－15　定位文件夹

友情提醒：主数据文件是不能删除的。日志文件必须要保留一个，当删除到只剩一个日志文件时，就不能删除了。

3. 分离与附加数据库

如何将其他计算机上的数据库载入自己的计算机呢？SQL Server 提供了分离与附加功能来实现这一任务。即在一台电脑上将数据库分离后，将数据库文件复制到其他电脑上，在其他电脑上的 SQL Server 系统中通过附加的方式，将这个数据库载入自己的数据库系统。

数据库设计人员通常是在自己的计算机上设计数据库，设计完成后，使用分离与附加数据库的办法，便可将数据库分离出来，然后附加到数据库服务器上。也可以将数据库服务器上暂时不用的数据库分离出来，以减少 SQL Server 服务器的负担，需要时再附加上去。下面介绍如何分离与附加数据库。

步骤 1：在“对象资源管理器”中右击“STSystem”数据库节点，在弹出的快捷菜单中选择“任务”|“分离”，如图 3－16 所示。打开“分离数据库”对话框，如图 3－17 所示。

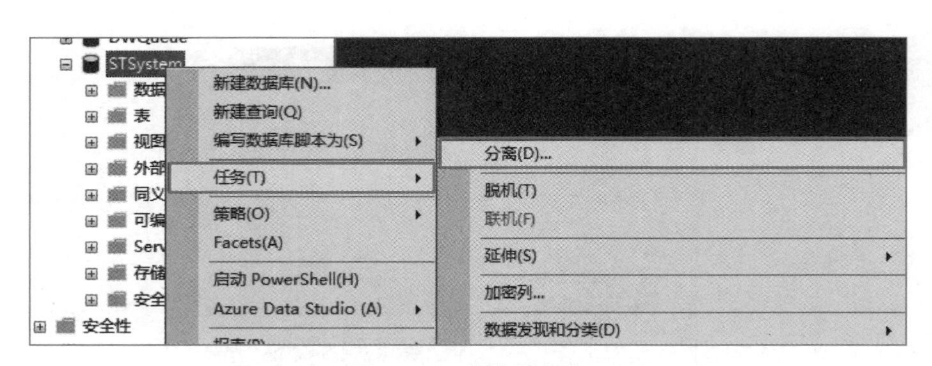

图 3－16　分离数据库

步骤 2：如果“分离数据库”对话框中的“状态”列表显示“就绪”，说明当前数据库没有其他连接，可以分离。单击“确定”按钮，完成分离操作。

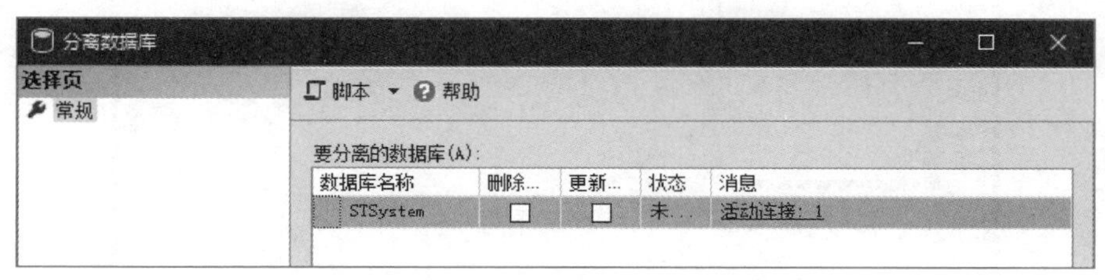

图 3-17 “分离数据库”对话框

如果要使用已分离的数据库，就要将该数据库附加到 SQL Server 2017 上。下面介绍如何使用 SSMS 将“STSystem”数据库附加到 SQL Server 2017 上。

友情提醒：如果“状态”列表显示“未就绪”，则说明有用户与此数据库连接，便无法正常分离数据库。此时勾选“删除连接”前面的复选框，SQL Server 2017 就会删除用户与数据库的连接，即可完成数据库的分离。

步骤 3：在“对象资源管理器”中选中数据库节点，如图 3-18 所示，右击，在弹出的快捷菜单中选择“附加”，弹出的“附加数据库”对话框如图 3-19 所示。此时“要附加的数据库”列表中无任何内容，因为还没有选择要附加的数据库文件。

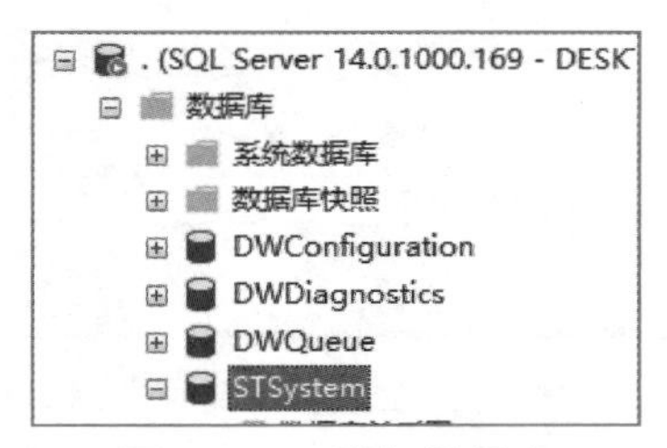

图 3-18 附加数据库

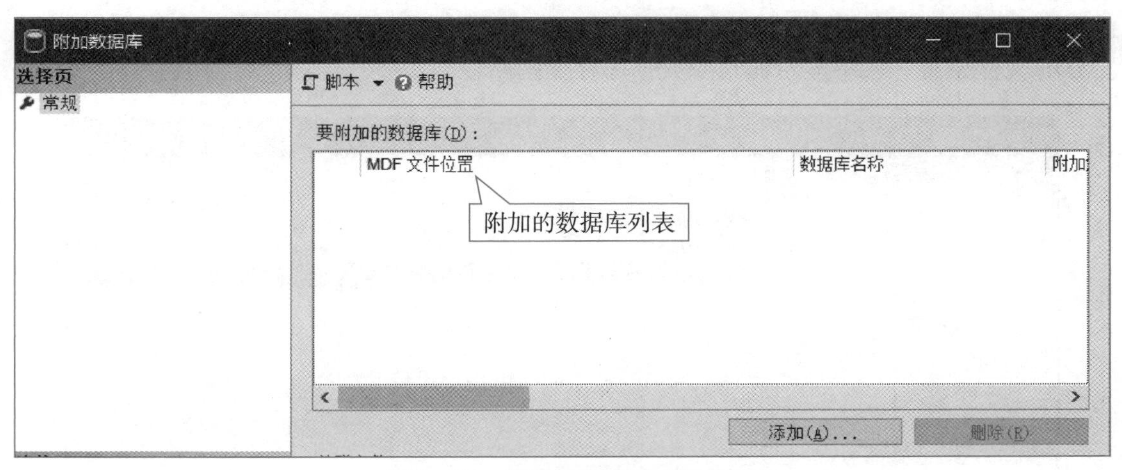

图 3-19 “附加数据库”对话框

步骤 4：单击“添加”按钮，弹出如图 3-20 所示的“定位数据库文件”对话框。在该对话框中选择 STSystem 数据库文件的存储路径，然后选择“STSystem.mdf”数据库文件，最后单击“确定”按钮完成数据库文件定位操作。

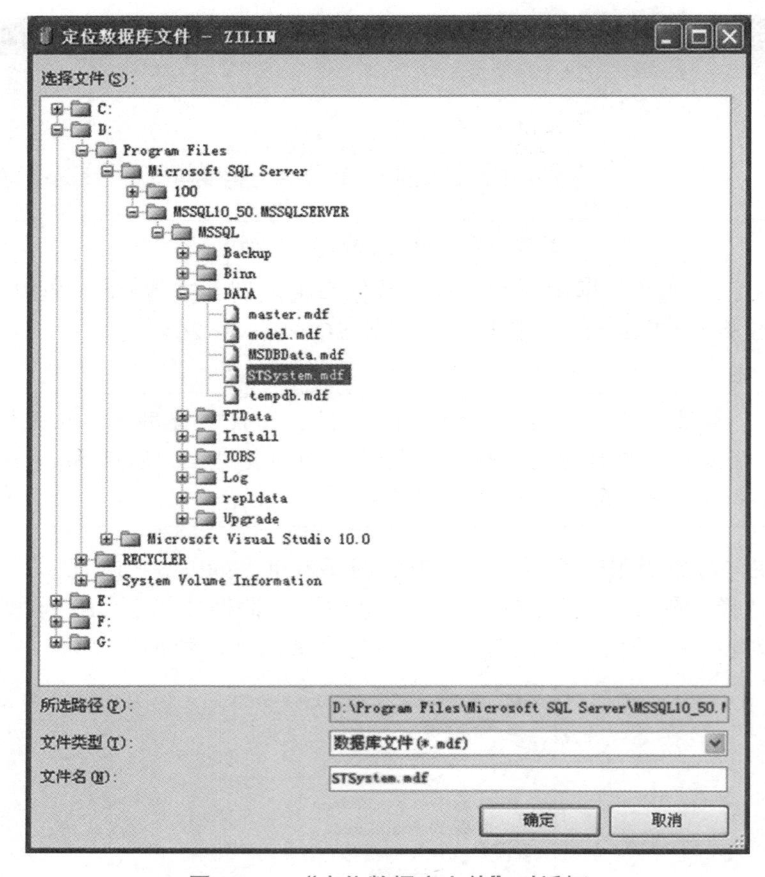

图 3-20 “定位数据库文件”对话框

步骤 5：返回“附加数据库”对话框，如图 3-21 所示，“要附加的数据库”列表中已经添加了将要附加的 STSystem 数据库文件。“附加为”栏中显示的是数据库的名称，“MDF 文件位置”栏中显示的是原数据库存储的路径。

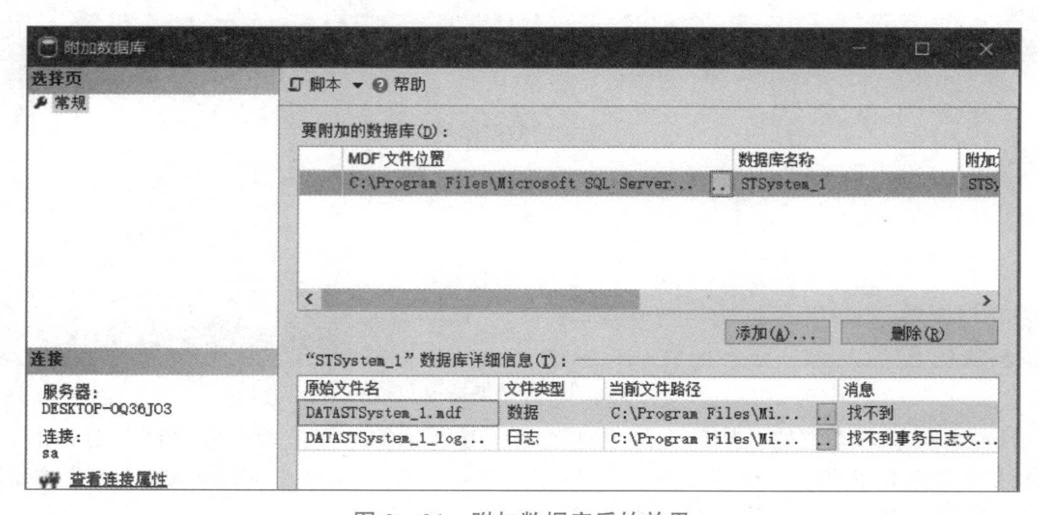

图 3-21 附加数据库后的效果

步骤 6：单击“确定”按钮，完成数据库附加操作，便可在“对象资源管理器”中看到新附加的 STSystem 数据库，如图 3－22 所示。

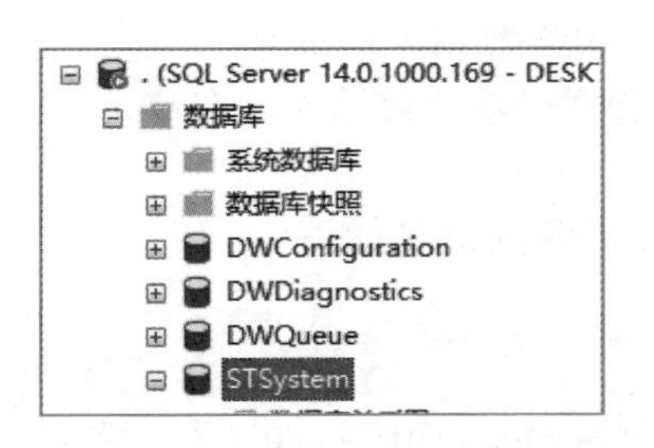

图 3－22　显示附加的数据库

友情提醒：原始数据库一定要存放在磁盘根目录下；如果缺少日志文件，数据库是可以成功附加的，但是如果缺少数据文件中的任何一个，都将无法成功附加数据库。

相关知识

1. 使用命令修改数据库

使用 ALTER DATABASE 命令可修改数据库，配合多个子句可实现不同的删除功能，其用法很简单。标准的修改数据库的命令如下：

```
ALTER DATABASE 数据库名称
{ ADD FILE <filespec> [ ,...n ] [ TO FILEGROUP { filegroup_name } ]
 | ADD LOG FILE <filespec> [ ,...n ]
 | REMOVE FILE logical_file_name
 | MODIFY FILE <filespec>
 | ADD FILEGROUP filegroup_name
 | REMOVE FILEGROUP filegroup_name
 | MODIFY FILEGROUP filegroup_name { filegroup_property | NAME= new_filegroup_name }
```

有关说明如下：

（1）ADD FILE：向数据库文件组添加新的数据文件。

（2）ADD LOG FILE：向数据库添加事务日志文件。

（3）REMOVE FILE：从 SQL Server 的实例中删除逻辑文件说明并删除物理文件。

（4）MODIFY FILE：修改某一文件的属性。

（5）ADD FILEGROUP：向数据库添加文件组。

（6）REMOVE FILEGROUP：从实例中删除文件组。

（7）MODIFY FILEGROUP：修改某一文件组的属性。

2. 使用命令删除数据库

使用 T-SQL 的 DROP DATABASE 命令可以删除用户数据库，其语法格式如下：

```
DROP DATABASE database_name
```

参数说明如下：

（1）DROP DATABASE：删除数据库的命令。

（2）database_name：指定要删除的数据库的名称。

3. 使用命令分离数据库

利用系统存储过程分离数据库的语句如下：

```
sp_detach_db [ @dbname= ] 'database_name'
    [,[ @skipchecks=]'skipchecks' ]
    [,[ @keepfulltextindexfile=]'KeepFulltextIndexFile'
```

参数说明如下：

（1）[@dbname =] 'database_name'：要分离的数据库的名称。

（2）[@skipchecks =] 'skipchecks'：指定跳过或运行 UPDATE STATISTIC。

（3）[@keepfulltextindexfile =] 'KeepFulltextIndexFile' ：指定在数据库分离操作过程中不会删除与所分离的数据库关联的全文索引文件。

4. 使用命令附加数据库

利用系统存储过程 sp_attach_db 来执行附加用户数据库的操作的命令如下：

```
sp_attach_db [ @dbname= ] 'database_name'
    [ @filename1= ] 'filename_n'
```

参数说明如下：

（1）[@dbname=] 'database_name' ：要附加到该服务器的数据库的名称，该名称必须是唯一的。

（2）[@filename1=] 'filename_n'：数据库文件的物理名称，包括路径。

5. 生成数据库脚本

SQL Server 系统可以打开以记事本文件格式保存的 SQL 脚本，用户可以在一个记事本中编写 SQL 语句，然后在 SQL Server 2017 中打开并执行。如果有一个已经创建好的数据库，可以从中得到其创建的 SQL 语句，即生成数据库脚本。有关说明如下：

（1）右击“STSystem”数据库节点，在弹出的快捷菜单中选择“编写数据库脚本为”|“CREATE 到”|“新查询编辑器窗口”，如图 3 - 23 所示。

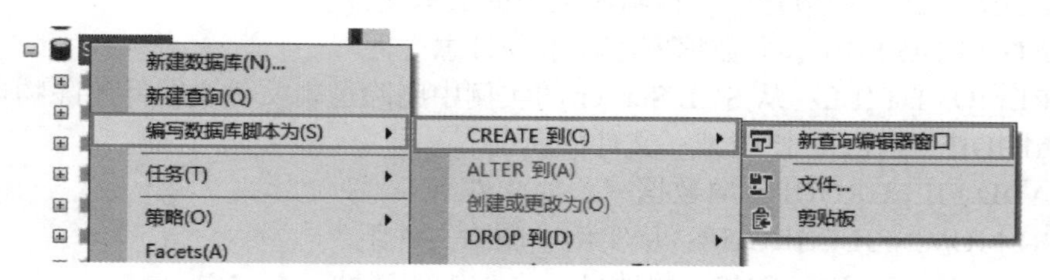

图 3 - 23　生成数据库脚本的过程

（2）打开的 SQL 查询编辑器中显示该数据库的创建脚本，如图 3 - 24 所示。

```
USE [master]
GO

/****** Object:  Database [STSystem_1]    Script Date: 2020/9/16 16:06:46 ******/
CREATE DATABASE [STSystem_1]
 CONTAINMENT = NONE
 ON  PRIMARY
( NAME = N'STSystem_1', FILENAME = N'C:\Program Files\Microsoft SQL Server\MSSQL14.MSSQLSER
 LOG ON
( NAME = N'STSystem_1_log', FILENAME = N'C:\Program Files\Microsoft SQL Server\MSSQL14.MSSQ
GO

IF (1 = FULLTEXTSERVICEPROPERTY('IsFullTextInstalled'))
begin
EXEC [STSystem_1].[dbo].[sp_fulltext_database] @action = 'enable'
end
GO

ALTER DATABASE [STSystem_1] SET ANSI_NULL_DEFAULT OFF
GO
```

图 3－24　数据库脚本

【例 3-3】使用 SQL 语句管理数据库。

（1）使用命令为 STSystem 数据库增加一个日志文件。

```
ALTER DATABASE STSystem
ADD FILE(NAME=增加的数据文件,
FILENAME='D：\data\ STSystem 增加的数据文件 .ndf')
```

（2）使用 DROP DATABASE 语句删除数据库。

```
Use master
DROP DATABASE 测试数据库
```

（3）使用系统存储过程分离 STSystem 数据库。

```
Exec sp_detach_db 'STSystem'
```

（4）使用命令附加 STSystem 数据库。

```
Use master
CREATE DATABASE STSystem
ON (FILENAME = 'D:\SQLServer\03\STSystem.mdf')
FOR ATTACH
```

技能检测

一、填空题

1. 数据库的自动增长方式，就是当数据库中的数据不断增多时，其数据库的容量的增长方式，既可以按（　　）增长，也可以按（　　）增长。

2. 新建数据库中，选项卡共有（　　）、（　　）及（　　）3 个选项。

3. SQL Server 的系统数据库包括（　　）、（　　）、（　　）和（　　）。

4. （　　）数据库记录 SQL Server 系统的所有系统级别信息。

5. 当系统收到 CREATE DATABASE 命令时，新创建的数据库的第一部分内容从（　　）复制过来，剩余部分由空页填充。

6. 数据库中的表与日常生活中的表类似，每一列代表一个相同类型的数据，列也称为字段，每列的标题就是（　　）。

7. 在 SQL Server 2017 中，可以使用 SSMS 的（　　）以图形化的方式完成对于数据库的管理。

8. 原始数据库一定要存放在（　　）下；如果缺少日志文件，数据库是可以成功附加的，但是如果缺少（　　）中的任何一个，都将无法成功附加数据库。

9. 在修改数据库命令中，（　　）子句向数据库文件组添加新的数据文件。

10. 在附加数据库命令的 [@dbname=] 子句中，dbname 是要附加到该服务器的（　　）。

二、选择题

1. SQL Server 2017 的默认登录名是（　　）。

A. admin　　B. sa　　C. login　　D. sql

2. SQL Server 的启动文件名为（　　）。

A. SSMS　　B. Server　　C. sql　　D. bind

3. 在“连接到服务器”对话框中填写（　　）以进行身份验证。

A. 用户名　　B. SQL Server　　C. Server　　D. sql

4. 系统数据库中，master 表示的意思是（　　）。

A. 记录所有系统级别信息

B. 创建数据库的模板

C. 代理程序调度警报和作业以及记录操作员

D. 保存临时表和储存过程

5. 主关键字是表中的（　　）字段，它的值用于唯一地标识表中的某一条记录。

A. 一个或多个　　B. 一个　　C. 多个　　D. 256 个

6. 以命令方式完成对数据库的管理，以下说法正确的是（　　）。

A. 只可以使用 T-SQL 语句

B. 不可以使用系统存储过程

C. 可以使用 T-SQL 语句或系统存储过程

D. 可以使用系统存储过程，但不可以使用 T-SQL 语句

7. 使用 T-SQL 命令管理数据库，应该在（　　）中输入。

A. 右键菜单　　B. 消息对话框　　C. 新建查询　　D. 视图窗口

8. 使用 CREATE DATABASE 命令新建数据库时，数据库的名称要用（　　）括起来。

A. 小括号　　B. 中括号　　C. 单引号　　D. 双引号

9. 用命令行创建数据库时，可以使用（　　）子句指定数据库文件的名称。

A. NAME　　B. FILENAME　　C. DataBaseName　　D. DataName

10. 表就是（　　）信息的集合。

A. 字段　　B. 记录　　C. 命令　　D. 数据

三、判断题

1. SSMS 位于安装文件夹下的 \100\Tools\Binn\VSShell\Common7\IDE\ 子文件夹下。（　　）

2. SQL Server 的启动文件名为 SSMS，是 SQL Server Management Studio 的缩写。（　　）

3. Tempdb 是数据库保存系统运行过程中产生的临时表和存储过程。（　　）

4. 数据库对象定义了数据库内容的结构，是数据库的重要组成部分。它们包含在数

据库项目中，数据库项目还可以包含数据生成计划和脚本。(　　)

5. CREATE DATABASE（OASystem_1）用于创建数据库。(　　)

6. 在使用命令创建数据库时，不能出现双引号" "，数据库名称和存储路径只能用单引号' '。(　　)

7. 主数据文件是不能删除的，日志文件必须要保留一个，当删除到只剩最后一个日志文件时，就不能删除了。(　　)

8. 使用系统存储过程 sp_attach_db 来执行附加用户数据库的操作。(　　)

9. 使用 ALTER DATABASE 命令修改数据库时，可配合多个子句实现不同的删除功能。(　　)

10. 用记事本就可以编写脚本，写好以后在 SQL 中打开脚本运行就可以生成数据库了。(　　)

四、简答题

1. 怎样使用 T-SQL 的 DROP DATABASE 语句删除用户数据库？写出语法格式。

2. 写出分离与附加数据库的具体步骤。

五、实操题

1. 创建数据库“Student”，并将日志文件名称指定为 Student_log，将日志文件存储在 E:\SQL\ 下。

2. 创建数据库“STSystem”，指定数据库初始大小、数据库最大容量、数据库自动增长大小。

项目 4

数据表操作

项目导读

数据表是数据库中最重要的组成部分之一，数据库中的所有数据都是存储在数据表中的。数据表与现实生活中的表类似，都是由行和列组成的，每一行是一个记录，记录由若干字段构成，记录按照一定的关系组成集合，这个集合就是数据表。本项目将以数据表的建立和管理为重点进行讲解。

学习目标

1. 会通过图形方式创建表。
2. 会通过命令方式创建表。
3. 会修改表的结构。
4. 会删除表。
5. 会制作表的索引。
6. 会进行表的添加。
7. 会进行表的删除。
8. 会进行表的修改。

思政目标

通过对数据表的操作，了解数据表在关系型数据库中的重要地位和作用，认识到错误操作将导致的损失，养成一丝不苟的专业精神。

任务 4.1 通过图形方式创建数据表

007 通过图形方式创建表

任务描述

表是数据库中最基本的也是最重要的数据库对象之一，由行和列组成的。列中存储着同一类型的数据，行中记录着具有一定意义的信息集合。本任务要求在 student 数据库中通过图形方式创建数据表。为此，需要先在“对象资源管理器”中的“数据库”节点下创建一个数据库，命名为 student。

任务分析

一提到表，人们通常会想到日常生活中出现的各类表格，那么每张表格都是由什么组成的呢？一是表格的格式；二是表格中的内容。

与生活中常用的各种表格相同，数据库中的表也是由两部分组成，即表格的结构和表格的内容。本任务以 student 数据库中的 student_table 数据表为例，介绍如何通过图形方式创建数据表。student_table 数据表的数据结构见表 4-1。

表 4-1　student_table 数据表的数据结构

表名	student_table			
说明	学生基本信息表			
字段名	数据类型	是否允许为空	说明	备注
Student_id	int	否	学号	主关键字、自动编号
Name	varchar(10)	是	姓名	
Card	varchar(18)	是	身份证号	
Class_id	varchar(50)	是	所属班级	
Sex	varchar(2)	是	学生性别	
Birth	datetime	是	出生日期	

该表用于记录学生信息数据，主要包括学号、姓名、身份证号、班级、性别、出生日期等信息。该表的数据类型有 3 种：整型、字符型、日期时间型，都是常用的数据类型。

完成该任务需要做到以下几点：

（1）建立表结构。

（2）生成表。

（3）向表中录入数据。

任务实现

步骤 1：启动 SSMS，在“对象资源管理器”中双击“数据库”节点下的“student”数据库，展开 student 数据库目录树，如图 4－1 所示。单击“+”号也可展开目录树。通常，一个数据库包含若干个数据表。

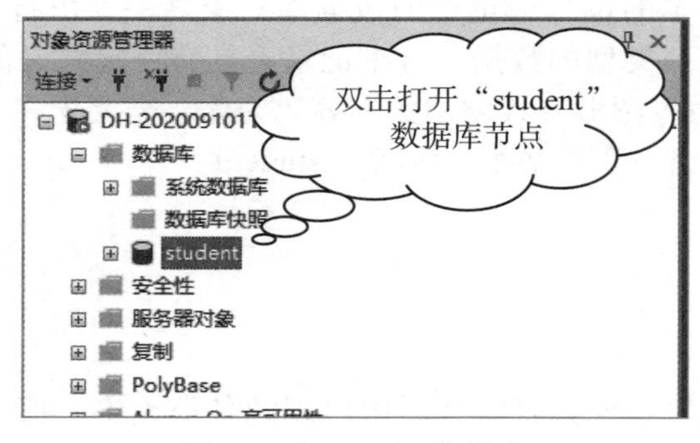

图 4－1　student 数据库

步骤 2：创建数据表。在数据库目录树中，右击“表”节点，如图 4－2 所示，在弹出的快捷菜单中选择“新建”，弹出表设计界面，用于创建新数据表的结构，如图 4－3 所示。

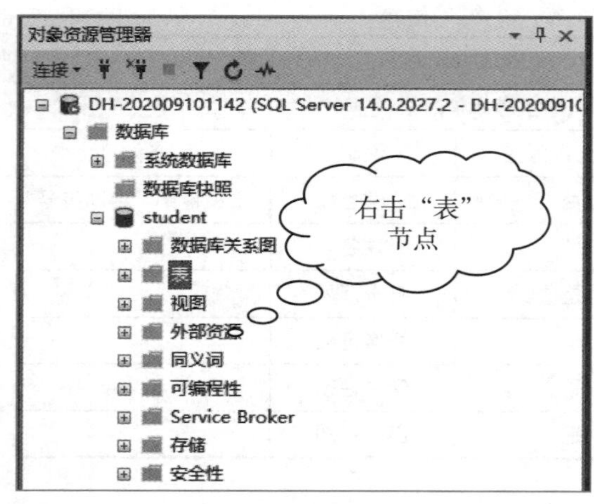

图 4－2　新建表

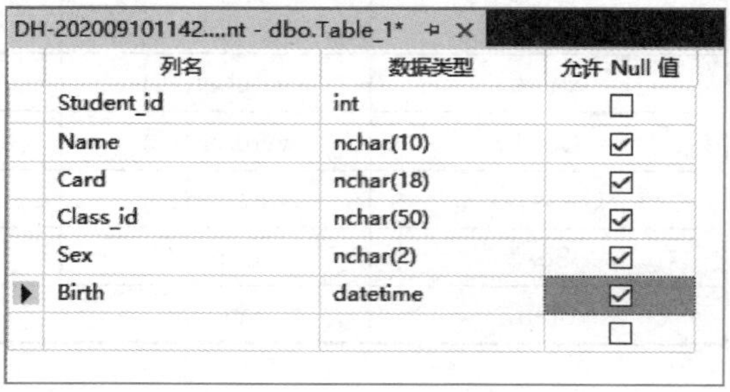

DH-202009101142....nt - dbo.Table_1*

列名	数据类型	允许 Null 值
Student_id	int	☐
Name	nchar(10)	☑
Card	nchar(18)	☑
Class_id	nchar(50)	☑
Sex	nchar(2)	☑
Birth	datetime	☑
		☐

图 4－3　student_table 表

步骤 3：添加字段。将表 4－1 所设定的字段添加到数据表中，注意正确输入列名、数据类型，并在属性栏中指定字段的宽度，以及该列是否允许空值。常见的数据类型主要有整型 int、字符型 nvarchar、日期时间型 datatime、文本类型 ntext 等，创建的数据表如图 4－3 所示。在最后一列有一项“允许 Null 值”，将其选中可以不输入值。这种为空的限制为非空约束。在添加字段的过程中使用“TAB”键或光标可以在各字段间选择，也可使用鼠标单击相应字段位置进行编辑。

步骤 4：设置标识列。标识列的数据类型必须是整数，它是每一个表中都具有唯一值

的字段，例如：学号字段，不允许有两个完全相同的学号，这个字段被称为标识列。在设置标识列时，要指定初始值以及每次的增长值这两个参数，增长值可以是正值也可以是负值，正值是在初始值的基础上递增，而负值恰好相反，在初始值上递减。在数据表中将 Student_id 字段设置为标识列，单击 Student_id 所在行，然后在列属性标签页选择“标识规范”|“是标识”，如图 4－4 所示。“标识规范”选项用于设置标识列：将其置成“是”，标识列会自动增长；如无其他设置，将从 1 开始每次加 1。

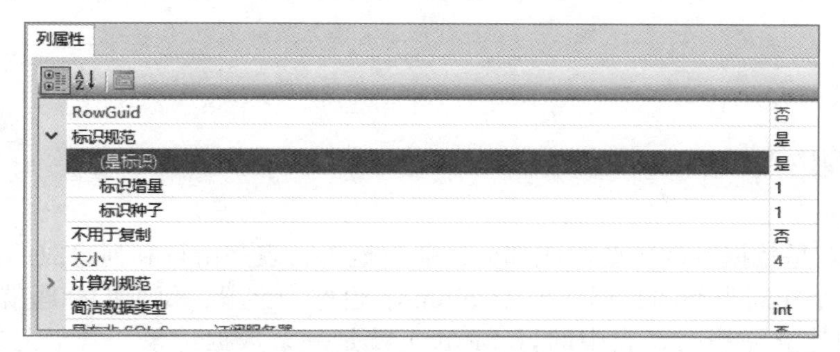

图 4－4　将 ID 字段设置为主关键字

步骤 5：设置自动编号。通常，数据表中都有一个字段作为每行数据的序号，在实际使用时多将该字段设置为自动编号，系统将根据数据记录的多少自动添加其值。本表设置数据表中 Student_table 字段为自动编号，设置从 1 开始每次增加常量 1，如图 4－5 所示。“标识增量”是要设置的增量，“标识种子”选项是初始值。设置成标识列后，取消勾选“允许 Null 值”，标识列便不会产生空值。

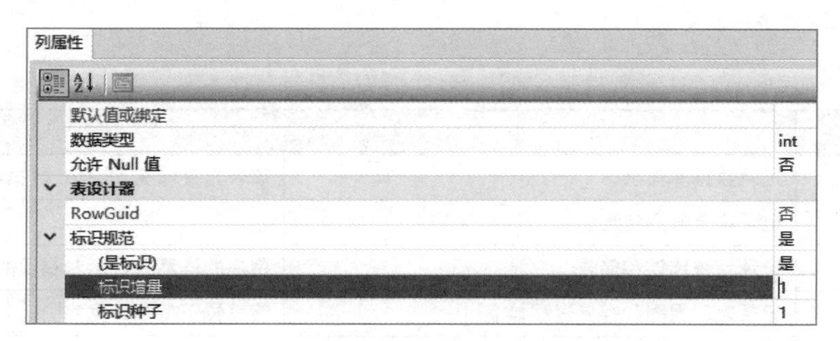

图 4－5　为 ID 字段设置自动编号属性

步骤 6：保存数据表。完成数据结构创建后，单击工具栏上的“保存”按钮或按快捷键“Ctrl+S”，系统将弹出“选择名称”对话框，输入表的名字 student_table，单击“确定”按钮，完成整个表的创建，如图 4－6 所示。

图 4－6　保存数据表

步骤 7：输入数据。创建数据表后，即可在表中添加数据，添加数据的方法有两种：一是使用图形管理界面直接输入数据，按“Tab”键可跳到下一个输入框，如图 4－7 所示；二是使用 Insert 语句向数据表中插入数据。

DH-202009101142...bo.student_table ⊕ × SQLQuery1.sql - D...ministrator (55))*

	Student id	Name	Card	Class id	Sex	Birth
▶*	NULL	NULL	NULL	NULL	NULL	NULL

图 4－7　在数据表中输入数据

相关知识

1. 什么是表

表（table）是数据库的重要组成部分，通俗地讲，表是由行和列组成的信息表。其中每一列代表一个相同类型的数据，列（Column）也称为字段，每列的标题就是字段名。

在表结构建立完毕时，表中的行（Row）就是一条数据记录。若干记录构成信息集合。表就是记录的集合。

数据表由表名、表中的字段和表的记录 3 个部分组成。设计数据表结构就是定义数据表的文件名，确定数据表包含哪些字段，各字段的字段名、字段类型及宽度。

2. 系统表

SQL Server 2017 中包含了很多系统表，这些系统表中存储了数据库的相关信息，数据库管理人员或设计者可以充分利用系统表对数据进行有效管理。常用的系统表名称及功能见表 4－2。

表 4－2　SQL Server 2017 常用系统表

系统表名	功能	备注
sysdatabases	记录数据库信息	该表只存储在 master 数据库中
syslogins	记录登录账户信息	
sysmessages	记录系统错误和警告	用户的屏幕上显示对错误的描述
syscolumns	记录表、视图和存储过程信息	该表位于每个数据库中
syscomments	包含每个视图、规则、默认值、触发器、CHECK 约束、DEFAULT 约束和存储过程的项	该表存储在每个数据库中
sysdepends	包含对象（视图、过程和触发器）与对象定义中包含的对象（表、视图和过程）之间的相关信息	该表存储在每个数据库中
sysfilegroups	记录数据库中的文件组信息	该表存储在每个数据库中。该表中至少有一项用于主文件组
sysfiles	记录数据库中的每个文件的信息	该系统表是虚拟表，不能直接更新或修改
sysforeignkeys	记录表中的 FOREIGN KEY 约束的信息	该表存储在每个数据库中
sysindexes	记录数据库中的索引信息	该表存储在每个数据库中
sysfulltextcatalogs	列出全文目录集	该表存储在每个数据库中
sysusers	记录数据库中用户、组的信息	该表存储在每个数据库中

续表

系统表名	功能	备注
systypes	记录系统数据类型和用户定义数据类型信息	该表存储在每个数据库中
sysreferences	记录 FOREIGN KEY 约束定义到所引用列的映射	
syspermissions	记录对数据库内的用户、组和角色授予或拒绝的权限的信息	该表存储在每个数据库中
sysobjects	记录在数据库内创建的每个对象（约束、默认值、日志、规则、存储过程等）的信息	只有在 tempdb 内，每个临时对象才在该表中占一行

任务 4.2 通过命令方式创建数据表

008 通过命令方式创建数据表

任务描述

要想成为一名优秀的数据管理员，不但要会用图形方式创建数据表，还要会用命令方式创建数据表，通过命令方式创建数据表更加灵活、准确。

任务分析

完成该任务需要做到以下几点：

（1）新建查询。

（2）使用 CREATE TABLE 语句创建数据表。

（3）在执行任务之前使用如下语句删除 student_table，其中 DROP TABLE 语句是删除表格命令，为后面用命令再创建该表做准备。

```
USE student
DROP TABLE student_table
```

任务实现

步骤 1：新建查询。在工具栏中单击“新建查询”按钮，如图 4－8 所示，进入 SQL 脚本编辑器。

图 4－8 新建查询

步骤 2：编写命令。用 CREATE TABLE 语句创建数据表，其语法格式为：

```
USE 数据库名
CREATE TABLE 数据表名（字段列表）
```

在上述格式中，USE 用于打开数据库名所指定的数据库，然后在数据库中创建数据表并指定相应的数据表字段。在 student 数据库中创建 student_table 表的语句如下：

```
USE student                            -- 打开 student 数据库
CREATE TABLE student_table             -- 使用 CREAT 语句创建数据表
(
  Student_id int primary key,          -- 创建 Student_id 字段并设为主关键字
  Name  varchar(10) NULL,              -- 创建 Name 字段，允许为空
  Card varchar(18) NULL,               -- 创建 Card 字段，允许为空
  Class_id varchar(50) NULL,           -- 创建 Class_id 字段，允许为空
  Sex varchar(2) NULL,                 -- 创建 Sex 字段，允许为空
  Birth datetime NULL,                 -- 创建 Birth 字段，允许为空
)
```

步骤 3：在工具栏中单击“执行”按钮即可编译解释命令。若在结果提示框中出现“命令已成功完成”，并刷新数据库，说明数据表创建完成，如图 4－9 所示。

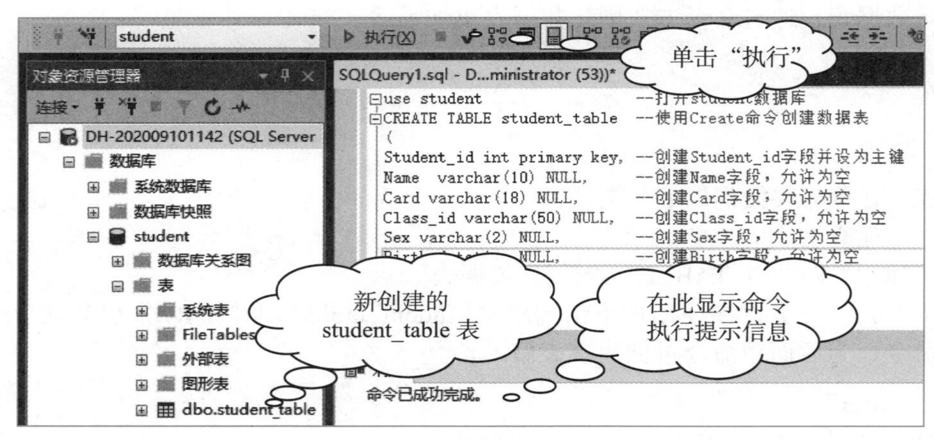

图 4－9　数据表创建完成

相关知识

1. 常用的创建表的参数

在通过命令方式创建表的过程中，我们用到了一些参数，类似的参数还有很多，这些参数的功能是什么呢？详见表 4－3。

表 4－3　常用的创建表的参数

编号	常用参数	功能
1	primary key	设置主关键字
2	identity	设置自动编号

续表

编号	常用参数	功能
3	Null	可以为空
4	Not Null	不可以为空

在实际操作过程中，加入一些子句，就可实现全部功能。

2. 操作实例

【例 4-1】建立表，同时将 ID 字段设置为自动增长，读者可以试着输入数据以观察编号的变化。

```
USE student                          -- 打开 student 数据库
CREATE TABLE student_table1          -- 创建 student_table1 数据表
(   Student_id int identity,         -- 设置 Student_id 字段为自动编号
  Name varchar(10))
```

【例 4-2】建立表的同时将 ID 字段设置为主关键字，打开数据表可以看到一个钥匙形状的标志。

```
USE student                          -- 打开 student 数据库
CREATE TABLE student_table2          -- 创建 student_table 数据表
(   Student_id int primary key,      -- 设置 Student_id 为主关键字
  Name varchar(10))
```

【例 4-3】建立表，同时指定 Title 字段不为空。

```
USE student                          -- 打开 student 数据库
CREATE TABLE student_table3          -- 创建 student_table 数据表
(   Name varchar(10) Not NULL,       -- 指定 Name 字段不允许为空
  Name varchar(10))
```

identity，primary key，Not Null 三者可以相互组合，根据需要创建所需的表。

任务 4.3　修改表的结构

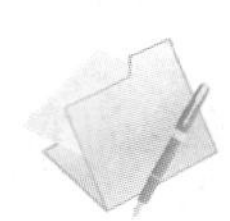

任务描述

009 修改表的结构

在实际使用的过程中，常常需要根据情况对创建好的表进行调整，此时，可以通过图形方式或命令方式来完成。本任务通过图形方式修改 student 数据库中的 student_table 表的结构。

任务分析

本任务是将表中“Student_id”字段的名字变更为“S_id”，然后增加一个空列 Score，再删除原有的 Score 字段。修改之前要打开图形化修改界面。

完成该任务需要做到以下几点：

（1）修改字段名。

（2）修改字段长度。

（3）增加列。

（4）删除列。

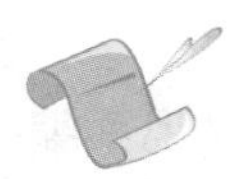

任务实现

步骤 1：在“student”数据库中右击“student_table”数据表，在弹出的快捷菜单中选择“设计”，进入数据表设计窗口，如图 4－10 所示。

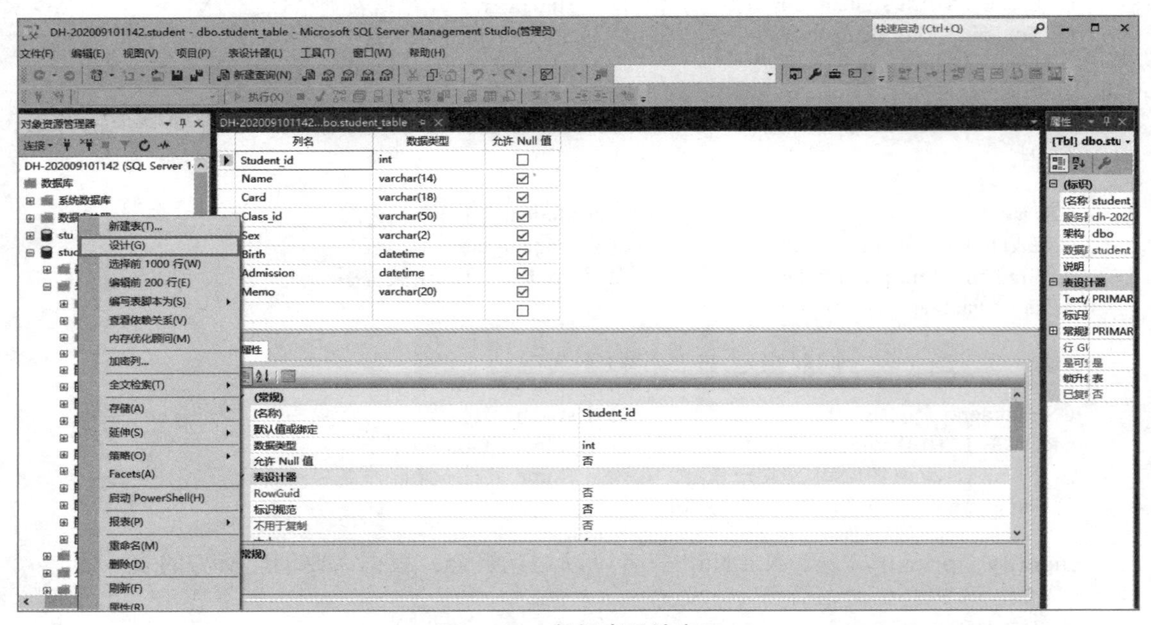

图 4－10　数据表设计窗口

步骤 2：修改字段名。例如，将 student_table 数据表中的 Student_id 字段修改为“S_id”，直接在设计窗口中修改即可，如图 4－11 所示。

步骤 3：修改字段长度。主要是针对字段类型长度值的修改，注意字段类型长度的取值范围。例如，将 student_table 数据表中的 Name 字段长度值由“10”改为“14”，直接在设计窗口中修改即可，如图 4－12 所示。

列名	数据类型	允许 Null 值
S_id	int	☐
Name	varchar(10)	☑
Card	varchar(18)	☑
Class_id	varchar(50)	☑
Sex	varchar(2)	☑
Birth	datetime	☑
		☐

图 4－11　修改字段名

列名	数据类型	允许 Null 值
S_id	int	☐
Name	varchar(14)	☑
Card	varchar(18)	☑
Class_id	varchar(50)	☑
Sex	varchar(2)	☑
Birth	datetime	☑
		☐

图 4－12　修改字段长度

步骤 4：增加列。增加列是在已有的数据表中增加一个新的字段。例如，在 student_table 数据表中增加一个字段名为“ Age”的字段，则在要插入该字段的位置上右击，在弹出的快捷菜单中选择“插入列”，如图 4－13 所示，然后在新插入的列中输入要添加的字段名，并设置数据类型和是否允许为空，如图 4－14 所示。

列名	数据类型	允许 Null 值
S_id	int	☐
Name	varchar(14)	☑
Card		☑
Class_		☑
Sex		☑
Birth		☑
		☐

设置主键(Y)
插入列(M)
删除列(N)
关系(H)...
索引/键(I)...
全文检索(F)...
XML 索引(X)...
CHECK 约束(O)...
空间索引(P)...
生成更改脚本(S)...
属性(R) Alt+Enter

图 4－13 增加列

列名	数据类型	允许 Null 值
S_id	int	☐
Name	varchar(14)	☑
Age	int	☑
Card	varchar(18)	☑
Class_id	varchar(50)	☑
Sex	varchar(2)	☑
Birth	datetime	☑
		☐

图 4－14 插入数据

步骤 5：删除列。删除列是将数据表中的某一字段删除，注意删除某一列时，属于此列的全部数据都将被删除。例如，要删除 student_table 数据表中的“ Age”字段，在 Age 字段上右击，在弹出的快捷菜单中选择“删除列”即可，如图 4－15 所示。

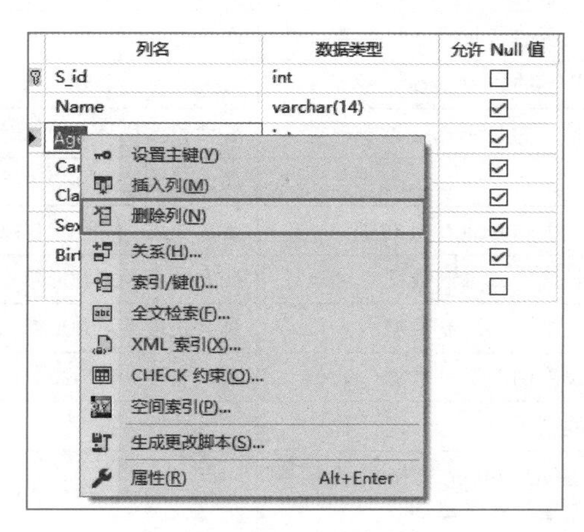

图 4－15 删除列

相关知识

1. 字段类型

在建立和修改字段结构的过程中，每个字段都有数据类型。那么，在 SQL Server 中有哪些数据类型呢？常见的数据类型见表 4－4。

表 4－4　SQL Server 数据类型

序号	编号	类型	说明
1	int	整型数据（32 位）	-2^{31}（-2 147 483 648）到 $2^{31}-1$（2 147 483 647）
2	smallint	整型数据（16 位）	-2^{15}（-32 768）到 $2^{15}-1$（32 767）
3	Tinyint	整型数据（8 位）	0 到 255
4	Bigint	整型数据（64 位）	-2^{63}（-9 223 372 036 854 775 808）到 $2^{63}-1$（9 223 372 036 854 775 807）
5	Float	浮点精度数字	-1.79E+308 到 1.79E+308
6	Money	货币数据（64 位）	-2^{63}（-9 223 372 036 854 775 808）到 $2^{63}-1$（9 223 372 036 854 775 807）
7	smallmoney	货币数据（32 位）	-214 748.3648 到 +214 748.3647
8	bit	整数数据	1 或 0
9	Decimal numeric	固定精度和小数位的数字数据	$-10^{38}+1$ 到 $10^{38}-1$
10	real	浮点精度数字数据	-3.40E+38 到 3.40E+38
11	datetime	日期和时间数据精确到 3.33 毫秒	1753 年 1 月 1 日到 9999 年 12 月 31 日
12	Datetime2	日期和时间数据精确到 100 纳秒	1753 年 1 月 1 日到 9999 年 12 月 31 日
13	smalldatetime	日期和时间数据	1900 年 1 月 1 日到 2079 年 6 月 6 日
14	date	存储日期	从 0001 年 1 月 1 日到 9999 年 12 月 31 日
15	time	存储时间	精度 100 纳秒
16	char	固定长度的非 Unicode 字符数据	最大长度为 8 000 个字符
17	varchar	可变长度的非 Unicode 数据	最长为 8 000 个字符
18	text	可变长度的非 Unicode 数据	最大长度为 $2^{31}-1$（2 147 483 647）个字符
19	nchar	固定长度的 Unicode 数据	最大长度为 4 000 个字符
20	nvarchar	可变长度的 Unicode 数据	最大长度为 4 000 个字符
21	ntext	可变长度的 Unicode 数据	最大长度为 $2^{30}-1$（1 073 741 823）个字符
22	binary	固定长度的二进制数据	最大长度为 8 000 字节
23	varbinary	可变长度的二进制数据	最大长度为 8 000 字节
24	image	可变长度的二进制数据	最大长度为 $2^{31}-1$（2 147 483 647）字节
25	cursor	游标的引用	
26	sql_variant	存储 SQL Server 支持的各种数据类型值的数据类型	text、ntext、timestamp 和 sql_variant 除外
27	table	一种特殊的数据类型，存储供以后处理的结果集	
28	timestamp	数据库范围的唯一数字，每次更新行时也进行更新	
29	uniqueidentifier	全局唯一标识符（GUID）	

2. 使用命令修改表的结构

利用 T-SQL 语句修改数据表的语法格式如下：

```
ALTER TABLE table_name
  { [ ALTER COLUMN column_name
  { new data type [ ( precision [ , scale ] ) ]
  [NULL | NOT NULL]
  | ADD
  { [ < column_definition > ] [ , ...n ]
  | DROP { [ CONSTRAINT ] constraint_name | COLUMN column_name }[ , ...n ]
```

修改表的结构使用的是 ALTER TABLE 语句，其常用参数见表 4－5。

表 4－5 ALTER TABLE 语句的常用参数

序号	参数	说明
1	ALTER TABLE	修改数据表
2	ADD	向数据表中添加列 用法：ALTER TABLE 数据表名 ADD 字段名 数据类型
3	ALTER COLUMN	修改数据表中字段的数据类型 用法：ALTER TABLE 数据表名 ALTER COLUMN 字段名 新数据类型
4	DROP COLUMN	删除数据表中的字段 用法：ALTER TABLE 数据表名 DROP COLUMN 字段名

3. 修改表的名称

修改数据表的名称需要调用系统的 sp_rename 存储过程。其用法为：

```
EXEC SP_RENAME '原数据表名'，'新数据表名'
```

4. 操作举例

【例 4-4】将 student_table 数据表名修改为 stu_table。打开查询编辑器，输入如下语句：

```
USE student                                  -- 打开 student 数据库
EXEC SP_RENAME 'student_table','stu_table'
                                             -- 调用 sp_rename 存储过程，修改数据表名称
```

【例 4-5】向数据表中添加字段。添加之前在 student_table 数据表中删除的 Age 字段，其数据类型为 int。打开查询编辑器，输入如下语句：

```
USE student                                  -- 打开 student 数据库
ALTER TABLE student_table                    -- 指明对 student_table 表进行操作
ADD Age int                                  -- 添加 Age 字段
```

【例 4-6】删除数据表中的字段。将 student_table 数据表中添加的 Age 字段删除。打开查询编辑器，输入如下语句：

```
USE student                                  -- 打开 student 数据库
ALTER TABLE student_table                    -- 指明对 student_table 表进行操作
DROP COLUMN Age                              -- 删除 Age 字段
```

【例 4-7】修改数据表中的字段的类型。采用图形操作方式将之前在 student_table 数据表中修改的 Name 字段的数据类型改为 nvarchar(50)。采用命令方式修改为原类型，打

开查询编辑器，输入如下语句：

```
USE student                              -- 打开 student 数据库
ALTER TABLE student_table                -- 指明对 student_table 表进行操作
DROP COLUMN Name varchar(14)             -- 修改 Name 字段的数据类型
```

友情提醒：ALTER TABLE 命令允许添加列，但是不允许删除或更改参与架构绑定视图表中的列，必须在删除所有基于列的索引和约束后，才可以删除此列。

任务 4.4　删除表

010 删除表

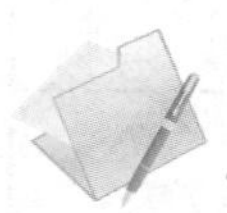

任务描述

当数据库中的某些表失去作用时，就要删除这张表。删除表的方式有两种：一是通过图形方式；二是通过命令方式。本任务以删除 student 数据库中的 student_table 表为例，讲解有关删除表的知识。

任务分析

删除表的同时，表中的数据也将被删除。所以，删除之前一定要确定此表已不再需要，或者已将此表备份。

完成该任务需要做到以下几点：

（1）通过图形方式删除表。

（2）掌握 DROP 语句的作用和使用方法。

（3）通过命令方式删除表。

任务实现

1. 通过图形方式删除表

步骤 1：按照前面讲述的方法建立一个表，表名为 s_table，用于删除操作，表结构如图 4－16 所示。

列名	数据类型	允许 Null 值
s_id	nchar(10)	☑
s_name	nchar(10)	☑
s_age	nchar(10)	☑
s_score	nchar(10)	☑

图 4－16　新建表 s_table

步骤2：启动SSMS，在“对象资源管理器”中展开树形目录，右击“s_table”数据表，在弹出的快捷菜单中选择“删除”，如图4-17所示，打开“删除对象”对话框。

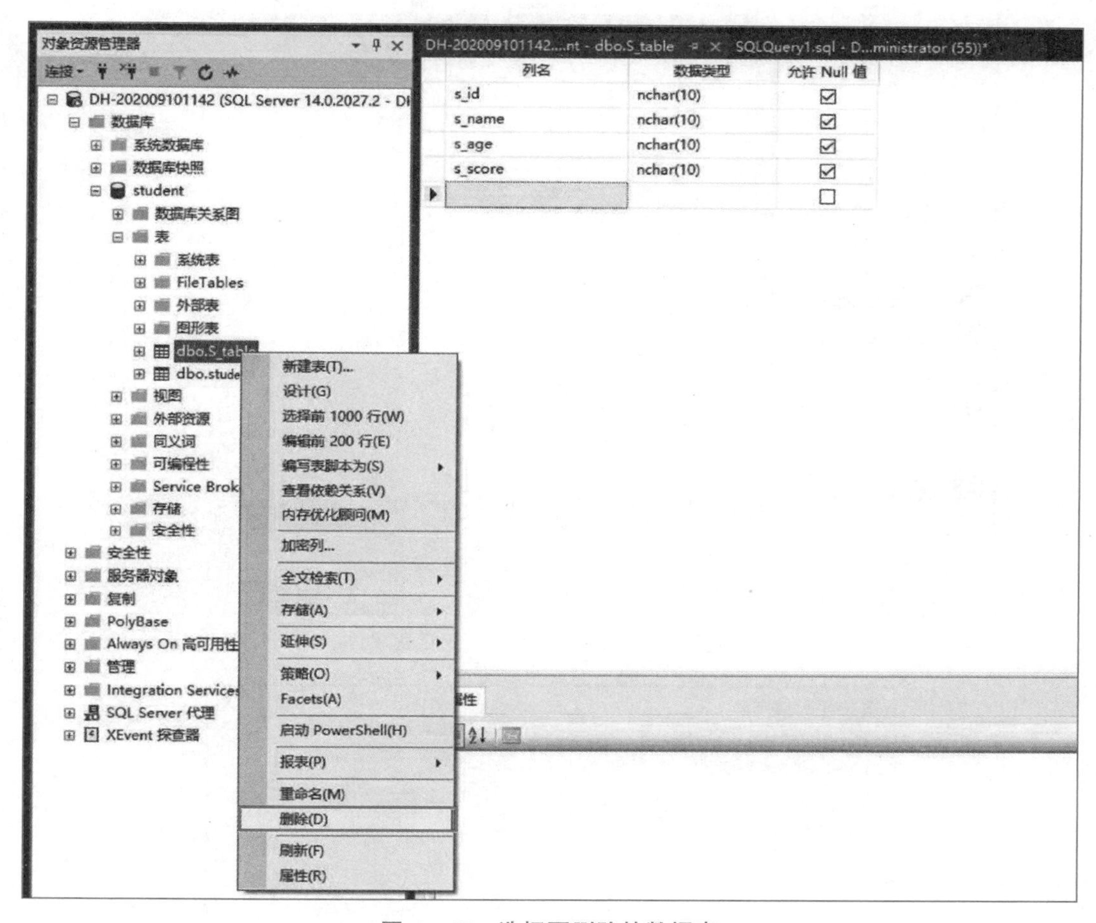

图4-17　选择要删除的数据表

步骤3：在“删除对象”对话框中，如果“进度”栏中显示“就绪”，则表明此表已删除；如果显示“未就绪”，则表明此表正在使用，若要删除必须先将此表退出，如图4-18所示。

步骤4：在“删除对象”对话框中，单击“显示依赖关系”按钮，打开“依赖关系”对话框。查看此表与数据库中其他表的依赖关系，以防止因删除一个表，而导致数据库中其他表中的数据出现错误，如图4-19所示。

2. 通过命令方式删除表

DROP是数据定义语言（Data Definition Language，DDL）中的一种命令，其作用主要是删除数据库对象。其用法简单、便于操作，在对数据库的操作和管理过程中经常被使用。其中，数据库对象可以是数据库、数据表、索引、视图、触发器、存储过程等。

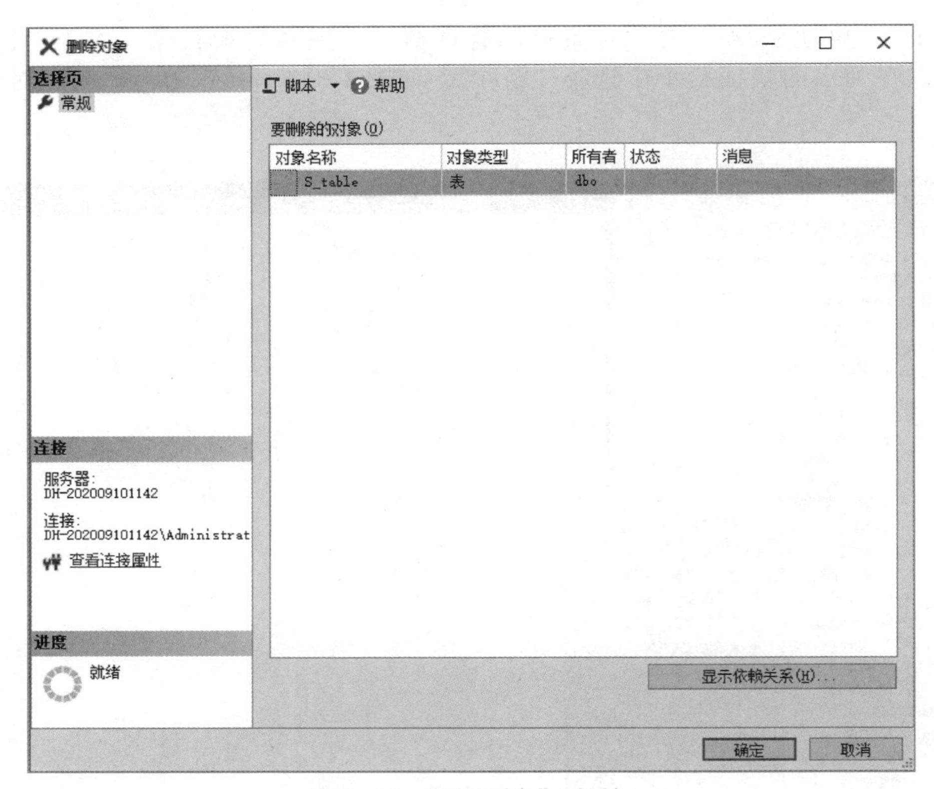

图 4-18 “删除对象”对话框

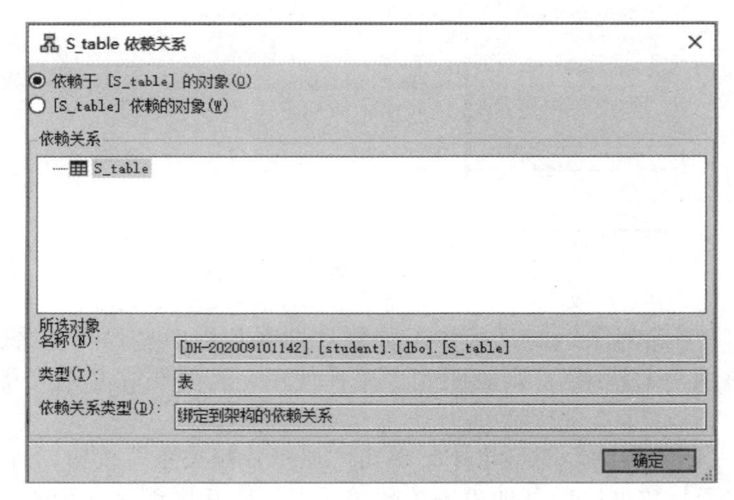

图 4-19 “依赖关系”对话框

语法格式如下：

```
DROP 对象类型 数据库对象名
```

使用 DROP 语句删除 S_table 表的操作如下：

在 SQL 脚本编辑器中输入如下语句，单击“执行”按钮，即可完成删除 S_table 表的操作。

```
USE student
DROP TABLE S_table
```

友情提醒：如果被删除的数据表是外关键字所指向的数据表，则无法使用 DROP TABLE 将其删除，必须取消此表与关联表之间的关联，才能进行删除操作。

任务 4.5 表的索引

011 表的索引

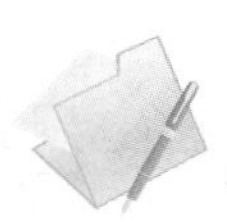

任务描述

在数据库中使用得最多的操作是查询。在众多记录中查询某一条时，是从头到尾一条条查询，还是有其他更方便、快捷的方法？ SQL Server 提供了一种名为“索引”的技术，为一个或多个字段创建索引，可以大大提高查询效率。本任务将为 student_table 表创建一个索引。

任务分析

本任务是为 student 数据库中的 student_table 数据表中的 Name 字段创建索引。创建索引的目的是提高查询效率。操作时，先打开图形化修改界面，再进行索引设置。

完成该任务需要做到以下几点：

（1）使用向导创建索引。

（2）使用命令创建索引。

（3）修改索引。

（4）删除索引。

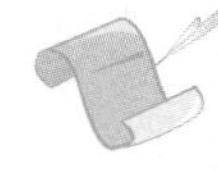

任务实现

1. 使用向导创建索引

步骤 1：启动 SSMS，在“对象资源管理器”中右击“student_table”数据表，在弹出的快捷菜单中选择“设计”，打开 student_table 数据表结构，如图 4－20 所示。

列名	数据类型	允许 Null 值
Student_id	int	☐
Name	varchar(14)	☑
Card	varchar(18)	☑
Class_id	varchar(50)	☑
Sex	varchar(2)	☑
Birth	datetime	☑

图 4－20　表结构设计窗口

步骤 2：单击工具栏中的“管理索引和键”按钮，如图 4－21 所示；或者右击 Name

字段，在弹出的快捷菜单中选择“索引/键”，如图 4-22 所示，打开“索引/键”对话框，如图 4-23 所示。

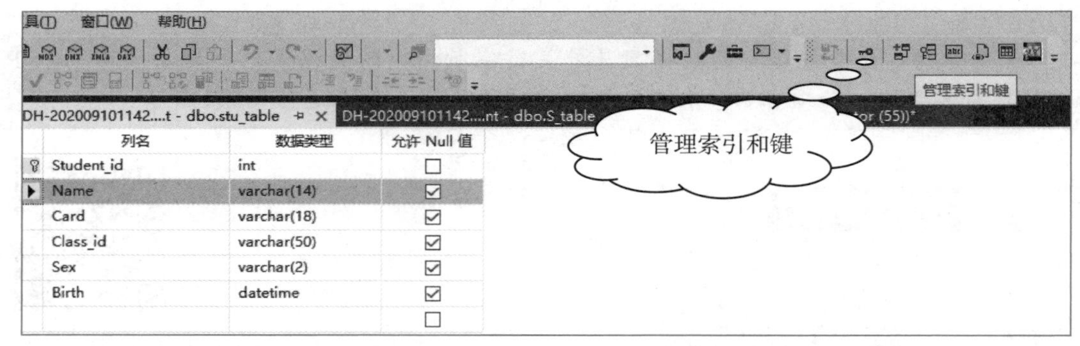

图 4-21　单击“管理索引和键”按钮

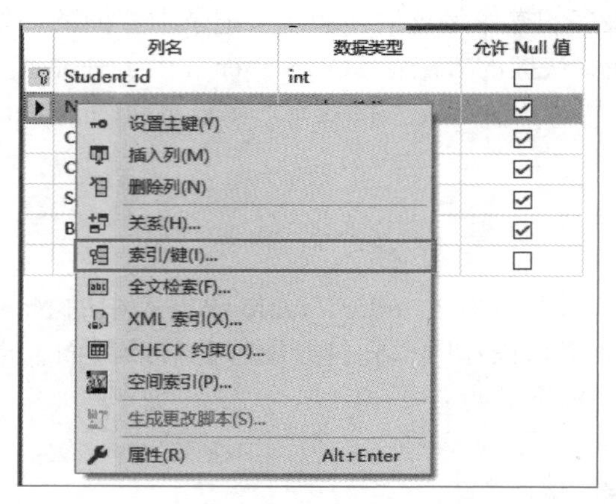

图 4-22　选择“索引/键”

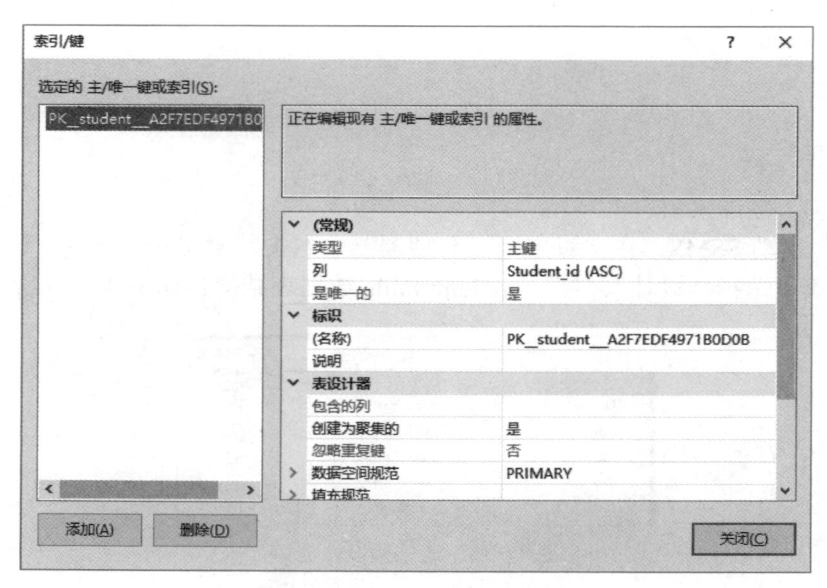

图 4-23　“索引/键”对话框

步骤 3：单击左下方的“添加”按钮，一个名为“IX_stu_Name”的键被添加进来，如图 4-24 所示。名称的前缀为 IX 是因为 SQL Server 使用了一种规范命名系统。在“常规”分类的“列”栏中单击“打开”按钮，弹出“索引列”对话框，在“列名”栏选择“Name”字段，“排序顺序”默认为升序，如图 4-25 所示，单击“确定”按钮返回“索引 / 键”对话框。

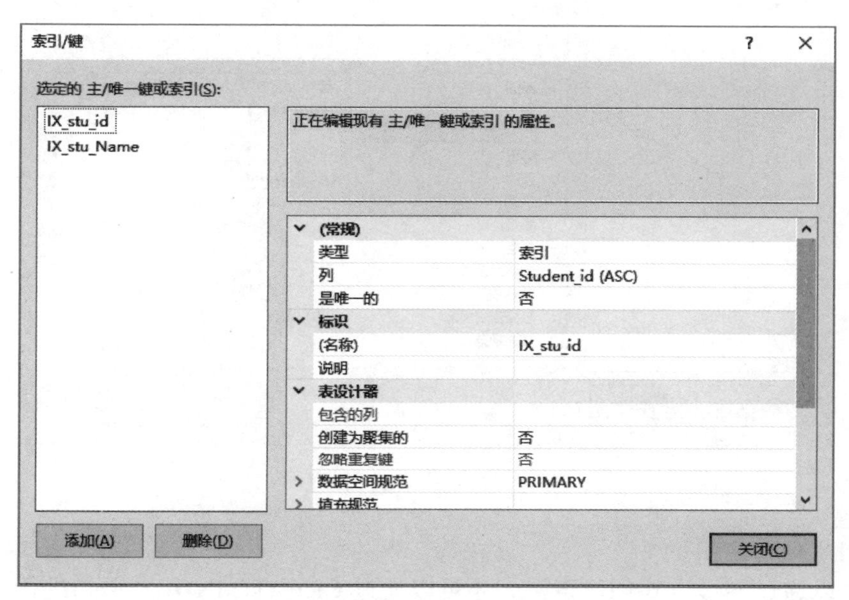

图 4-24 添加“IX_stu_Name”键

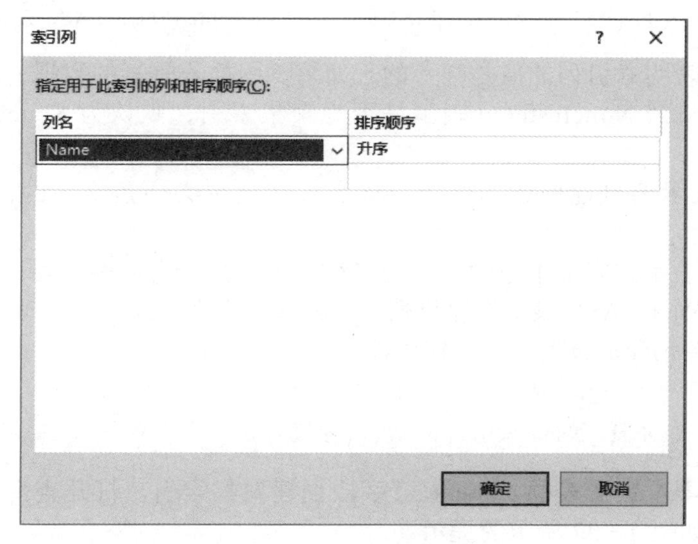

图 4-25 “索引列”对话框

步骤 4：将索引名改为“IX_stu_Name”，这是一个规范的名称。因为该栏保存的是学生的姓名，而这个姓名是有可能重复的，所以“是唯一的”栏中应为“否”。保持“创建为聚集的”栏为“否”，因为本索引不能保证唯一，所以无法为聚集索引。至此，一个索引就创建完成了，如图 4－26 所示。单击“关闭”按钮。

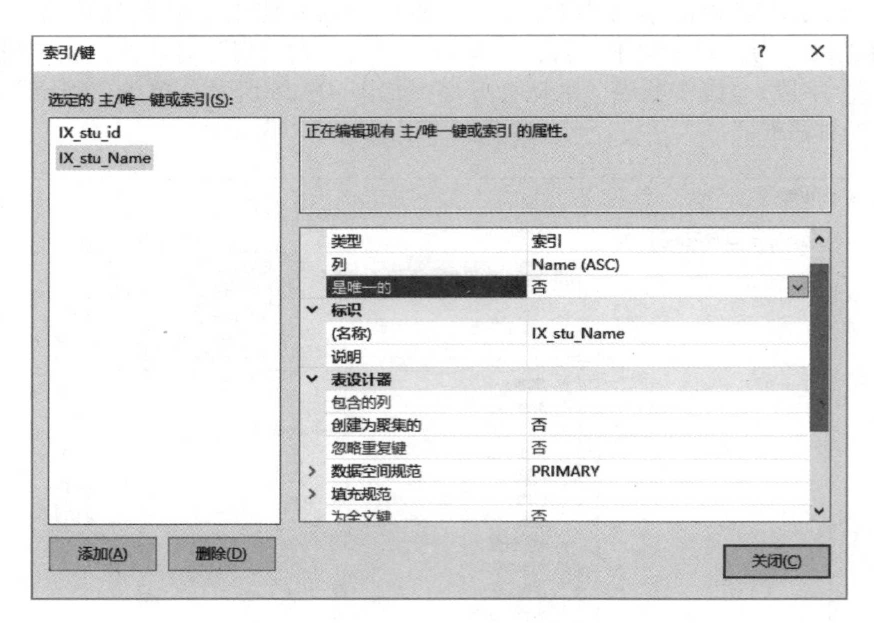

图 4－26　设置索引属性

2. 使用命令创建索引

除了可以通过图形方式创建索引，还可以通过 CREATE INDEX 语句进行创建，其基本语法格式如下：

```
CREATE Unique/Clustered/Nonclustered INDEX Name on Table (Fnamel ASC/Desc...)
```

（1）Unique 表明索引列的值是唯一的，如果试图插入重复的数据，则会返回一个错误信息；Clustered 或 Nonclustered 表示是否为聚集索引，默认为 Nonclustered（非聚集索引）。

（2）Name 表示要创建的索引名称，该名称在表中必须是唯一的；Table 表示表的名称。

（3）Fnamel 表示在索引中包含的列的名称，可以是一个或多个列，如果为多列，列名称之间用逗号分隔；ASC 表示升序排列，是默认的排序方式；Desc 表示降序排列。

对于本任务要创建的索引，可以使用以下语句：

```
USE student
CREATE INDEX IX_stu_Name 索引名 on 表名 ( 字段名 )
```

【例 4-8】为学生数据表的 student_id 字段创建聚集索引。打开查询编辑器，输入以下语句，会出现如图 4－27 所示的提示。

```
USE student                    -- 打开 student 数据库
CREATE UNIQUE CLUSTERED INDEX ix_student_id
ON student_table(student_id)
-- 对 student_table 表的 student_id 字段创建聚集索引 ix_student_id
```

```
消息
消息 1902，级别 16，状态 3，第 2 行
无法对 表 'stu_table' 创建多个聚集索引。请在创建新聚集索引前删除现有的聚集索引 'PK__student___id'。
```

图 4-27　索引错误提示

解决办法是在“对象资源管理器”中依次展开“数据库”｜“student”｜“表”｜“dbo.student_table”｜“索引”，右击“PK_student_id”，通过快捷菜单命令删除即可。接着执行上述语句，结果如图 4-28 所示。

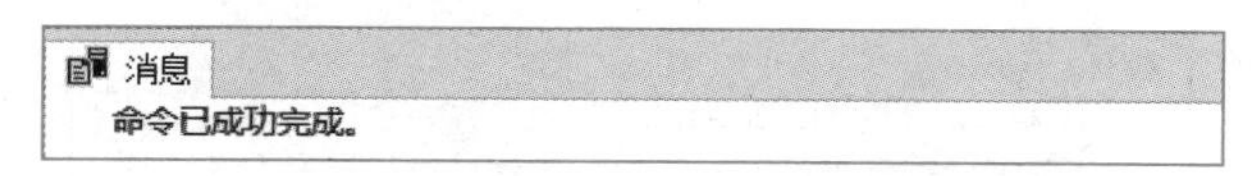

图 4-28　创建聚集索引

使用系统存储过程查看创建的索引，语句如下，运行结果如图 4-29 所示。

```
USE student                          -- 打开 student 数据库
GO
SP_HELPINDEX 'student_table'
```

结果　消息

	index_name	index_description	index_keys
1	IX_stu_Name	nonclustered located on PRIMARY	Name
2	ix_student_id	clustered, unique located on PRIMARY	Student_id

图 4-29　查看索引

【例 4-9】为学生数据表的 Name 字段创建非聚集索引。打开查询编辑器，输入以下语句，会出现如图 4-30 所示的提示信息，说明成功创建了非聚集索引。可以使用 SP_HELPINDEX 语句查看结果。

```
USE student                          -- 打开 student 数据库
CREATE UNIQUE NONCLUSTERED INDEX ix_name
ON student_table(name)
-- 对 student_table 表的 name 字段创建非聚集索引 ix_name
```

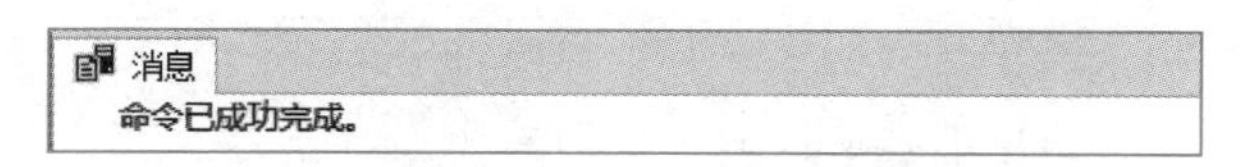

图 4-30　创建非聚集索引

【例 4-10】为学生数据表的 Class_id，Sex 字段创建复合索引，索引的名称是 ix_class_sex。复合索引也叫组合索引，索引列是由多个列组成。复合索引可以是聚集索引，也可以是非聚集索引。打开查询编辑器，输入以下语句，会出现如图 4-31 所示的提示信息，说明成功创建了非聚集索引。

```
USE student                          -- 打开 student 数据库
CREATE UNIQUE NONCLUSTERED INDEX ix_card_birth
ON student_table(card,birth)
-- 对 student_table 表的 card,birth 字段创建非聚集索引 ix_ card_birth
```

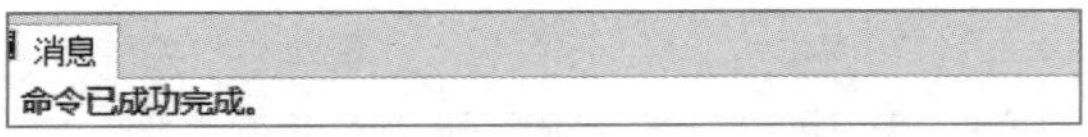

消息

命令已成功完成。

图 4－31　创建复合索引

同样，可以使用 SP_HELPINDEX 语句查看结果，结果如图 4－32 所示。

```
USE student                    -- 打开 student 数据库
GO
SP_HELPINDEX 'student_table'
```

结果　消息

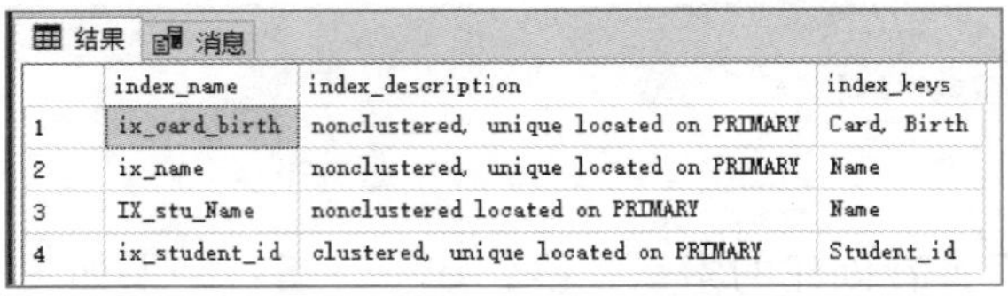

	index_name	index_description	index_keys
1	ix_card_birth	nonclustered, unique located on PRIMARY	Card, Birth
2	ix_name	nonclustered, unique located on PRIMARY	Name
3	IX_stu_Name	nonclustered located on PRIMARY	Name
4	ix_student_id	clustered, unique located on PRIMARY	Student_id

图 4－32　查看复合索引

3. 修改索引

可以通过向导修改索引，也可以通过命令进行修改，下面分别介绍这两种方法。

（1）通过向导修改索引。

步骤 1：在“对象资源管理器”中打开“student_table”数据表中的“索引”列表。右击“IX_stu_Name”，在弹出的快捷菜单中选择“重命名”，输入索引名称后按“Enter”键确认，索引名称就修改成功了。

步骤 2：在“对象资源管理器”中打开“student_table”数据表中的“索引”列表。双击“IX_stu_Name”，弹出“索引属性”对话框，如图 4－33 所示。“常规”选项卡中列出了此索引的信息，可对其属性进行修改，修改后单击“确定”按钮，即完成对索引属性的修改。

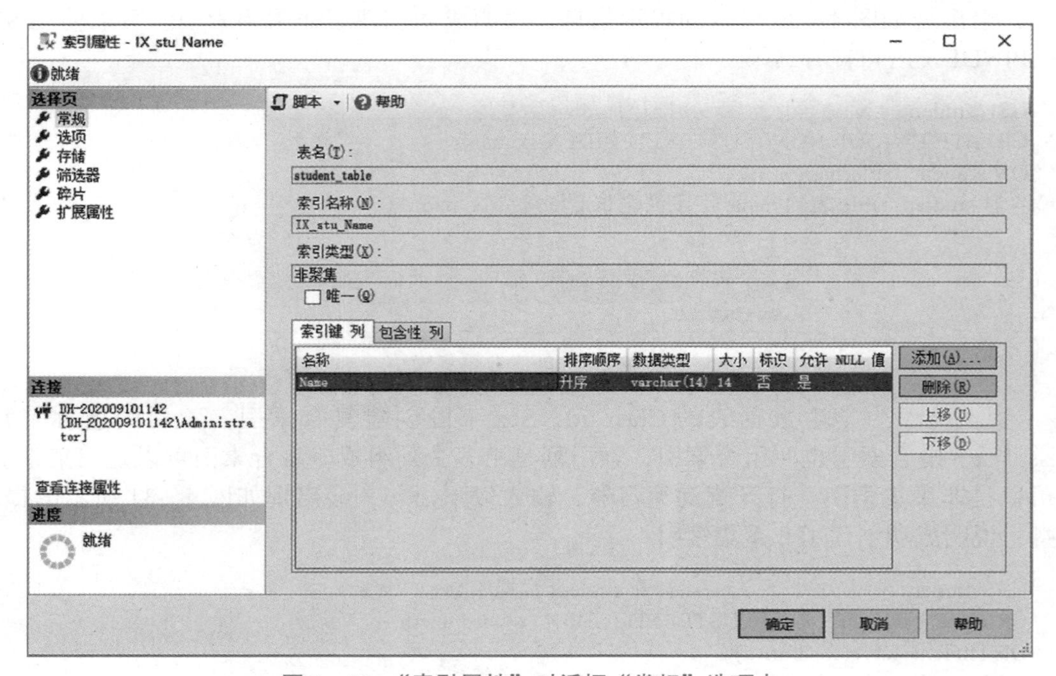

图 4－33　“索引属性”对话框“常规”选项卡

步骤 3：若要修改索引所使用的列，可以单击“添加”按钮，弹出“选择列”对话框，如图 4－34 所示，勾选要添加的列，然后单击“确定”按钮。

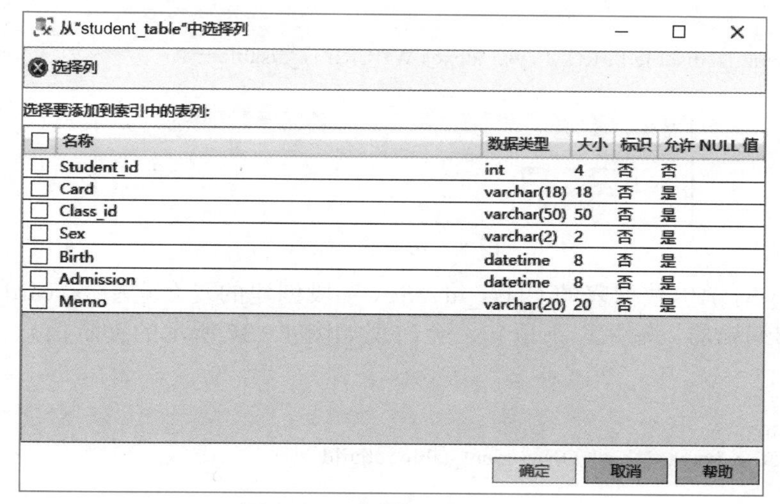
从"student_table"中选择列
选择列
选择要添加到索引中的表列:

	名称	数据类型	大小	标识	允许 NULL 值
☐	Student_id	int	4	否	否
☐	Card	varchar(18)	18	否	是
☐	Class_id	varchar(50)	50	否	是
☐	Sex	varchar(2)	2	否	是
☐	Birth	datetime	8	否	是
☐	Admission	datetime	8	否	是
☐	Memo	varchar(20)	20	否	是

图 4－34 “选择列”对话框

（2）通过命令修改索引。

可以通过 ALTER INDEX 语句修改索引，基本语法格式如下：

```
ALTER INDEX Name on Table Rebuild Disable
```

1）Name 表示修改的索引名称。
2）Table 表示表的名称。
3）Rebuild 表示将索引重新生成。
4）Disable 表示要禁用这个索引。

例如，要重新生成索引 IX_stu_Name，可以使用以下语句：

```
ALTER INDEX IX_stu_Name on student_table Rebuild
```

例如，要禁用索引 IX_stu_Name，可以使用以下语句：

```
ALTER INDEX IX_stu_Name on student_table Disable
```

索引可以提高查询效率，但是创建多个索引会浪费空间。对此，可以将没有必要的索引禁用，需要的时候再重新启用。

【例 4-11】对学生数据表的 Class_id，Sex 字段创建的复合索引 ix_card_birth 实行禁用。打开查询编辑器，输入以下语句，会出现如图 4－35 所示的提示信息，说明成功禁止了索引。

```
USE student
ALTER INDEX ix_card_birth ON student_table Disable
```

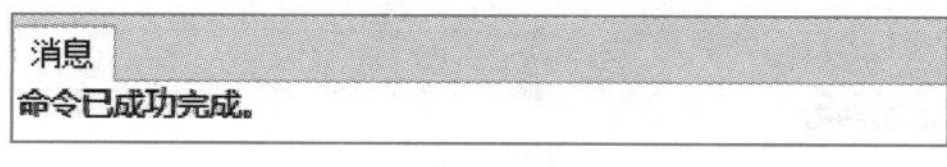

图 4－35 禁止索引

【例 4-12】查询视图 sys.indexes，该视图文件中列数较多，为此筛选索引名称列 name 和索引是否禁止列 disable。打开查询编辑器，输入以下语句，结果如图 4－36 所示。

```
USE student
SELECT name,is_disabled FROM sys.indexes WHERE is_disabled=1
```

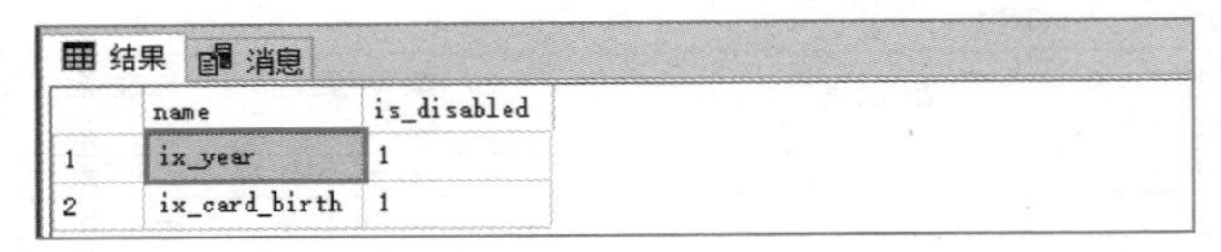

	name	is_disabled
1	ix_year	1
2	ix_card_birth	1

图 4－36 禁止索引

【例 4-13】对学生数据表的 Class_id，Sex 字段创建的复合索引 ix_card_birth 重新生成。打开查询编辑器，输入以下语句，会出现如图 4－37 所示的提示信息，说明已重新生成索引。

```
USE student
ALTER INDEX ix_card_birth ON student_table rebuild
```

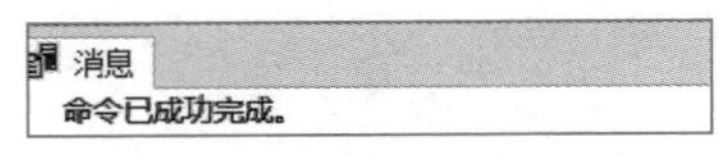

图 4－37 重新生成索引

4. 删除索引

当不再需要某个索引时，可以将其从数据库中删除，以释放当前所占用的磁盘空间。

（1）通过向导删除索引。

步骤：在“对象资源管理器”中打开“student_table”数据表中的“索引”列表，右击“IX_stu_Name”，在弹出的快捷菜单中选择“删除”，在弹出的“删除对象”对话框中单击“确定”按钮，即可完成索引的删除。

（2）通过命令删除索引。

可以通过 DROP INDEX 语句删除索引，其基本语法格式如下：

```
DROP INDEX Name ON Table
```

1）Name 表示删除的索引名称。

2）Table 表示表的名称。

对于本任务要删除的索引，可以使用以下语句：

```
DROP INDEX IX_stu_Name ON student_table
```

【例 4-14】删除学生数据表的 Class_id，Sex 字段创建的复合索引 ix_card_birth。打开查询编辑器，输入以下语句，会出现如图 4－38 所示的提示信息，说明已成功删除索引。

```
USE student
DROP INDEX ix_card_birth ON dbo.student_table
```

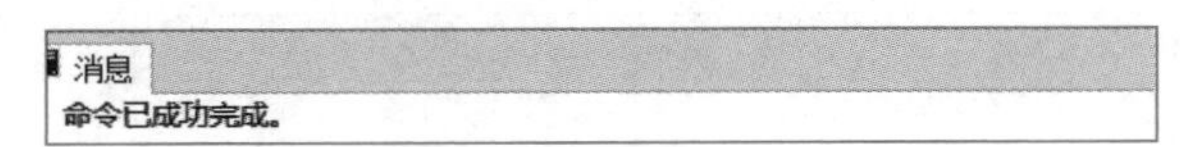

图 4－38 删除索引

相关知识

索引的类型是指在 SQL Server 中存储索引和数据的物理位置的方式。在表中可以创建不同类型的索引。索引可以在一个列上创建，称为简单索引；也可以在多个列上创建，称为组合索引。列所在的环境以及列中的数据决定了所使用的索引类型。

在 SQL Server 中，索引的类型有 3 种：聚集索引、非聚集索引、XML 索引。这里主要介绍聚集索引和非聚集索引。

1. 聚集索引

聚集索引定义了数据在表中存储的物理顺序。如果在聚集索引中定义了不止一个列，数据将依次按照指定的顺序来存储各列数据。一个表只能定义一个聚集索引，这是因为它不可能通过两种不同的物理顺序来存储数据。

当数据插入时，聚集索引会和要插入的数据一起放在指定的位置，就像在有很多书的书架上插入一本新书。如果将聚集索引应用到一个会大量更新的列上，SQL Server 会频繁改变数据的物理位置，这样会大量增加处理时间。

因为聚集索引中包含了数据本身，提取数据时需要进行的操作更少，所以也就更快。

2. 非聚集索引

非聚集索引并不存储数据本身。相反，非聚集索引只存储指向数据的指针，这些指针就是索引键的一部分。在一个表中可以存在多个非聚集索引。

非聚集索引可以与表分开保存，所以，在与表不同的文件组中创建非聚集索引，查询和提取数据时可以提高速度。但是索引越多，在更新数据时 SQL Server 进行索引修改所用的时间也就越长。

索引可以被定义为唯一的或非唯一的。唯一索引确保列中所保存的值在表中出现一次。对带有唯一索引的列 SQL Server 会自动强制其唯一性。如果试图在列中插入已经存在的值，就会报错，操作就会失败。当 SQL Server 对唯一索引进行查找时，找到一个符合的数据之后就会停止搜索。

> 友情提醒：创建索引要求用户对表拥有控制（Control）或修改（Alter）权限。创建索引后，索引将自动启动并可以使用。用户可以通过禁用索引来停止对索引的访问。聚集索引在一个数据表中只能有一个。非聚集索引虽然可以使用多个，但一个表中最多可以存在 999 个。

任务 4.6 添加数据

012 添加数据

任务描述

向数据表添加数据有两种方式：一是通过图形方式；二是通过命令方式。本任务将讲解如何向表添加数据。

任务分析

建立好数据表结构之后，便可向表中添加数据行，每个数据行即是一个记录，若干记录构成数据表。

完成该任务需要做到以下几点：

（1）通过图形方式向表中添加数据。

（2）通过 SQL 语句添加数据。

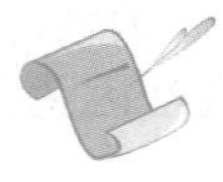

任务实现

1. 通过图形方式添加数据

步骤 1：启动 SSMS，在“对象资源管理器”中右击“student_table”数据表，在弹出的快捷菜单中选择“编辑前 200 行”，打开信息编辑窗口，如图 4－39 所示。单击 NULL 所在位置添加数据，如图 4－40 所示。

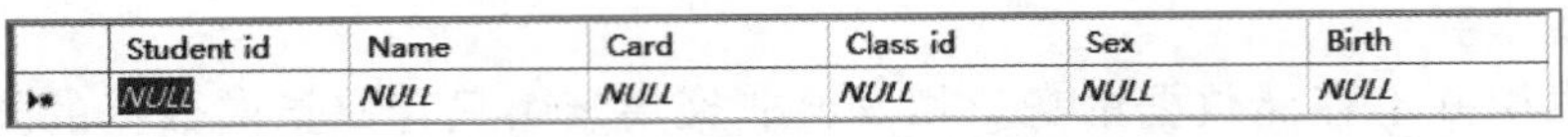

	Student id	Name	Card	Class id	Sex	Birth
▸*	NULL	NULL	NULL	NULL	NULL	NULL

图 4－39　信息编辑窗口

	Student id	Name	Card	Class id	Sex	Birth
	20200101	崔伟	23022820011...	计应201	男	2020-10-10 0...
▸*	NULL	NULL	NULL	NULL	NULL	NULL

图 4－40　添加数据行

步骤 2：添加数据之后按“Tab”键将光标移动到下一个字段，一个记录填好之后光标自动移动到下一个记录，记录会自动保存到数据表里。

2. 通过 SQL 语句添加数据

（1）添加一个完整记录。

添加数据采用的是 INSERT 语句，其语法格式如下：

```
INSERT INTO 表名(列名 1, 列名 2,......, 列名 n)
VALUES( 值 1, 值 2,...... 值 n)
```

值与列之间的数据类型与个数是一一对应的。例如，向 student_table 插入表 4－6 中的数据。

表 4－6　学生信息

学号	姓名	身份证号	班级	性别	出生日期
20200102	栾琪	231229200111110333	计应 201	女	20011111

具体语句如下：

```
USE student
INSERT INTO student_table
VALUES(20200102,' 栾琪 ','231229200111110333' , ' 计应 201' , ' 女 ', '2001-11-11')
```

运行时系统会提示“1 行受影响”，可使用 SELECT 语句查看结果，格式如下：

```
SELECT * FROM 表名
```

数据表结果如图 4－41 所示。

```
SELECT * FROM student_table
```

100 %

结果 消息

	Student_id	Name	Card	Class_id	Sex	Birth
1	20200101	崔伟	230228200110100219	计应201	男	2020-10-10 00:00:00.000
2	20200102	栾琪	231229200111110333	计应201	女	2020-11-11 00:00:00.000

图 4－41　运行结果

（2）添加一个记录的某几列。

如果只对某几列赋值，在插入数据时使用 INSERT 语句指定具体列名即可。例如，向 student_table 插入学生的学号和姓名，其他情况未知，可使用如下语句：

```
USE student
INSERT INTO student_table (Student_id,Name)
VALUES(20200103, '刘双')
```

执行之后系统会提示“1 行受影响”，其运行结果如图 4－42 所示。

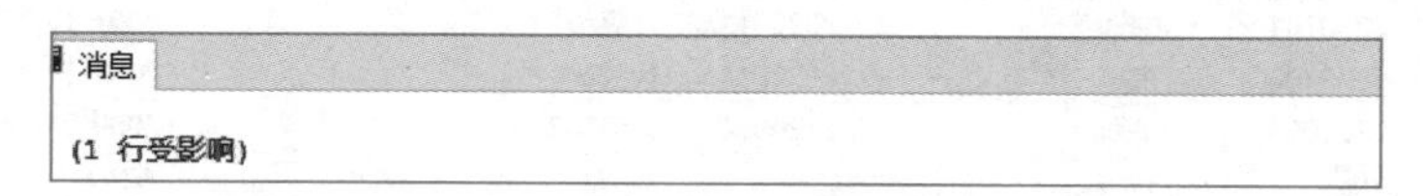

图 4－42　插入指定列的结果

使用 SELECT 语句查询结果，语法格式如下：

```
SELECT * FROM student_table
```

结果如图 4－43 所示，可以看到其他字段均显示 NULL。

结果 消息

	Student_id	Name	Card	Class_id	Sex	Birth
1	20200101	崔伟	230228200110100219	计应201	男	2020-10-10 00:00:00.000
2	20200102	栾琪	231229200111110333	计应201	女	2020-11-11 00:00:00.000
3	20201003	刘双	NULL	NULL	NULL	NULL

图 4－43　查询结果

任务 4.7　修改数据

013 修改数据

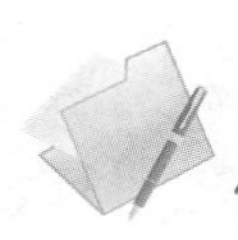

任务描述

对于不符合要求的数据可以修改，有两种修改方式：一是通过图形方式；二是通过命令方式。

任务分析

若数据发生变化，不必删除，可以直接修改，直到符合要求为止。

完成该任务需要做到以下几点：

（1）通过图形方式修改数据。

（2）通过 SQL 语句修改数据。

任务实现

1. 通过图形方式修改数据

启动 SSMS，在“对象资源管理器”中右击“ student_table”数据表，在弹出的快捷菜单中选择“编辑前 200 行”，打开信息编辑窗口，如图 4－44 所示。单击 NULL 所在位置修改第 3 个记录的数据。

	Student id	Name	Card	Class id	Sex	Birth
	20200101	崔伟	23022820011...	计应201	男	2001-10-10 0...
	20200102	栾琪	23122920011...	计应201	女	2001-11-11 0...
	20201003	刘双	23022120000...	计应202	女	2000-01-16 0...
▶*	NULL	NULL	NULL	NULL	NULL	NULL

图 4－44　信息编辑窗口

2. 通过 SQL 语句修改数据

可以使用 UPDATE 语句修改数据表中的数据，其语法格式如下：

```
UPDATE 表名
SET 列名 1= 值 1, 列名 2= 值 2,......
WHERE 条件
```

（1）不设定条件修改数据。

如果 UPDATE 语句省略 WHERE 语句，不设定条件，默认是修改全部数据。为了说明问题，增加一个入学时间字段 Admission。使用以下语句将入学时间设定为 2020-09-01。

```
UPDATE  student
SET Admission='2020-09-01'
```

运行结果如图 4－45 所示。

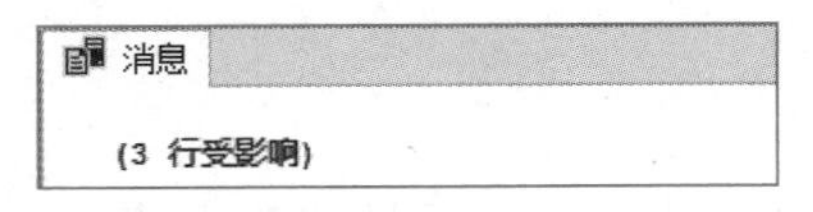

图 4－45　更新数据表窗口

通过 SELECT 语句查询结果，如图 4－46 所示。

```
SELECT  * FROM student_table
```

	Student_id	Name	Card	Class_id	Sex	Birth	Admission
1	20200101	崔伟	230228200110100219	计应201	男	2001-10-10 00:00:00.000	2020-09-01 00:00:00.000
2	20200102	栾琪	231229200111110333	计应201	女	2001-11-11 00:00:00.000	2020-09-01 00:00:00.000
3	20201003	刘双	230221200001161666	计应202	女	2000-01-16 00:00:00.000	2020-09-01 00:00:00.000

图 4－46　查询结果

（2）按照设定条件修改数据。

根据 WHERE 语句给出的条件修改数据表，将班级“计应 201”的入学时间修改为“2020-08-31”，语句如下：

```
UPDATE  student_table
SET Admission='2020-08-31'
WHERE Class_id=' 计应 201'
```

运行结果如图 4－47 所示。

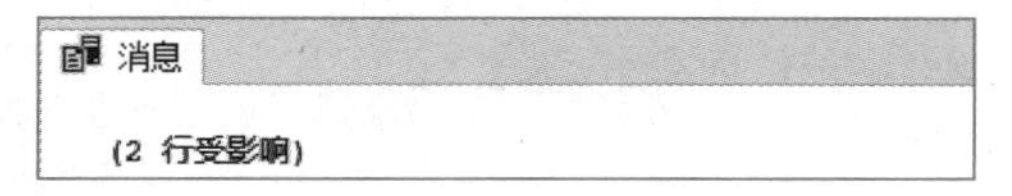

图 4－47　运行结果

通过 SELECT 语句查询结果，格式如下：

```
SELECT * FROM student_table
```

班级“计应 201”的入学时间更新为“2020-08-31”，如图 4－48 所示。

	Student_id	Name	Card	Class_id	Sex	Birth	Admission
1	20200101	崔伟	230228200110100219	计应201	男	2001-10-10 00:00:00.000	2020-08-31 00:00:00.000
2	20200102	栾琪	231229200111110333	计应201	女	2001-11-11 00:00:00.000	2020-08-31 00:00:00.000
3	20201003	刘双	230221200001161666	计应202	女	2000-01-16 00:00:00.000	2020-09-01 00:00:00.000

图 4－48　查询结果

（3）按照设定条件修改前 *n* 条记录。

可以使用 TOP 语句修改符合条件的前 *n* 条记录，语法格式如下：

```
UPDATE  TOP(n) 表名
SET 列名 1= 值 1, 列名 2= 值 2,...... WHERE 条件
```

TOP(n) 中的 n 是指前 *n* 条记录，一般是一个整数。为说明问题，增加了以下记录及字段：

```
USE student
```

```
UPDATE  TOP(2) student_table  SET Memo=' 先报到 '
WHERE Class_id=' 计应 201'
```

执行之后显示两行受影响。使用 SELECT 语句查询结果，如图 4－49 所示。对于班级“计应 201”的前两条记录，在 Memo 字段显示“先报到”，其余不符合条件的记录显示空值。

	Student_id	Name	Card	Class_id	Sex	Birth	Admission	Memo
1	20200101	崔伟	230228200110100219	计应201	男	2001-10-10 00:00:00.000	2020-08-31 00:00:00.000	先报到
2	20200102	栾琪	231229200111110333	计应201	女	2001-11-11 00:00:00.000	2020-08-31 00:00:00.000	先报到
3	20201003	刘双	230221200001161666	计应202	女	2000-01-16 00:00:00.000	2020-09-01 00:00:00.000	NULL
4	20201004	张龙	221203200012121345	计应201	男	2000-12-12 00:00:00.000	2020-08-31 00:00:00.000	NULL
5	20201005	任龙	222111200008080123	计应202	男	2000-08-08 00:00:00.000	2020-09-01 00:00:00.000	NULL

图 4－49　查询结果

（4）使用其他的表更新数据。

如果一个表需要的数据是另外一个表的内容，直接复制即可。例如，表 1 需要的数据正好是表 2 存储的数据，便可直接复制，语法如下：

```
USE 数据库名
UPDATE  表名 1 SET 列名 1= 值 1, 列名 2= 值 2,......
FROM 表名 2  WHERE 条件
```

上述语句的功能是用 USE 打开指定的数据库，并使用 UPDATE 更新指定的数据表 1，且按照 WHERE 限定的条件，将 FROM 指定的数据表 2 的数据复制到表 1 中，复制的格式以 SET 给出。为了说明上述语句，先创建一个学生成绩表，见表 4－7。

表 4－7　Score_table 数据表结构

表名	Score_table			
说明	学生成绩表			
字段名	数据类型	是否允许为空	说明	备注
Student_id	int	否	学号	主关键字、自动编号
Name	varchar(10)	是	姓名	
Score	int	是	成绩	

使用以下语句创建学生成绩表：

```
USE  student
CREATE TABLE Score_table
(Student_id int PRIMARY KEY,
Name varchar(10),
Score int);
```

执行上述语句之后，再录入 student_id，其余字段不录入，接着执行如下语句：

```
USE  student
UPDATE score_table
SET score_table.Name=student_table.Name
FROM student_table
WHERE score_table.student_id=student_table.student_id
```

以上语句是使用 student_table 表中的数据更新 score_table 表中的数据，条件是 score_table.student_id=student_table.student_id，使用 SET 语句设置 score_table.Name=student_table.Name。使用 SELECT 语句查询结果，如图 4－50 所示。

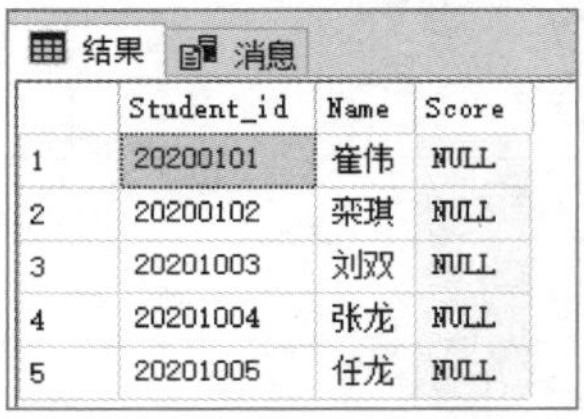

结果 | 消息

	Student_id	Name	Score
1	20200101	崔伟	NULL
2	20200102	栾琪	NULL
3	20201003	刘双	NULL
4	20201004	张龙	NULL
5	20201005	任龙	NULL

图 4－50　查询结果

任务 4.8　删除数据

014 删除数据

任务描述

对于已经不再需要的数据，可以将其删除。但是要注意，删除之后的数据不易恢复。删除数据有两种方式：一是通过图形方式；二是通过命令方式。

任务分析

完成该任务需要做到以下几点：

（1）通过图形方式删除数据。

（2）通过 SQL 语句删除数据。

任务实现

1. 通过图形方式删除数据

启动 SSMS，在“对象资源管理器”中右击“student_table”数据表，在弹出的快捷菜单中选择“编辑前 200 行”，打开信息编辑窗口。单击要删除的记录所在的位置，出现一个黑色三角形标志，如图 4－51 所示，右击该记录，在弹出的快捷菜单中选择“删除”，如图 4－52 所示。

	Student id	Name	Score
	20200101	崔伟	NULL
	20200102	栾琪	NULL
▶	20201003	刘双	NULL
	20201004	张龙	NULL
	20201005	任龙	NULL

图 4－51　选择要删除的记录

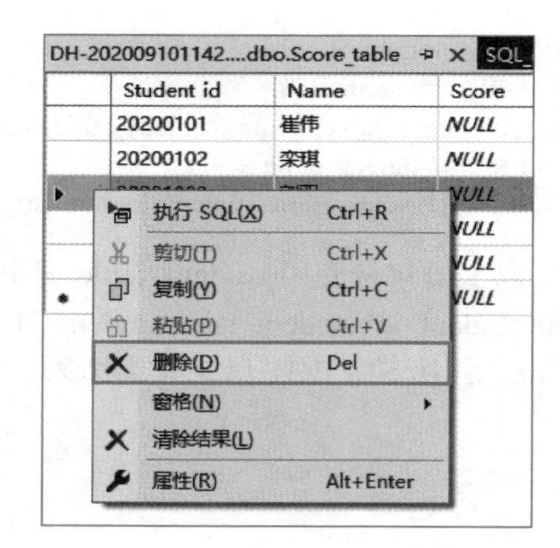

图 4－52　选择“删除”

2. 通过 SQL 语句删除数据

删除语句的语法格式如下：

```
DELETE FROM 表名
WHERE 条件
```

（1）删除全部数据。

DELETE 子句省略 WHERE 子句时，将无条件删除所有数据。执行以下语句将删除成绩表中的所有数据。

```
USE student
DELETE FROM score_table
```

可以使用以下语句查看删除后的数据表。

```
USE student
SELECT * FROM score_table
```

（2）按条件删除数据。

使用 WHERE 子句可以删除符合条件的记录，使用以下语句删除姓名字段是“任龙”的记录。

```
USE student
DELETE FROM score_table
WHERE Name=' 任龙 '
```

（3）删除前 *n* 条记录数据。

使用 TOP 子句删除前 *n* 条记录，格式如下：

```
DELETE TOP(n) 表名 WHERE 条件
```

（4）使用其他语句删除记录。

除了使用 DELETE 之外，还可以使用 TRUNCATE TABLE 清空表中数据。其格式如下：

```
TRUNCATE TABLE 表名
```

使用 TRUNCATE TABLE 删除成绩表中的数据可采用以下语句：

```
USE STUDENT
TRUNCATE TABLE score_table
```

TRUNCATE TABLE 与 DELETE 的功能都是删除表中的数据，两种删除方式产生的影响是不同的，主要区别见表 4－8。

表 4－8　TRUNCATE TABLE 与 DELETE 的区别

字段名	TRUNCATE TABLE	DELETE
删除速度	删除数据速度快	删除数据速度相对慢
是否写入日志	删除时不写入日志文件	删除时写入事务日志文件
对标志列的影响	删除数据之后标识列重新编号	删除时，标识列会继续变化

例如，要创建如表 4－9 所示的数据表结构，可采用以下语句：

表 4－9　test 数据表

序号	字段名	数据类型
1	Id	int
2	Name	varchar

```
USE STUDENT
CREATE TABLE test
(
Id int IDENTITY(1,1),
Name varchar(20)
);
INSERT INTO test VALUES('ZHANGSAN'),( 'LISI'),( "WANGER');
```

使用 SELECT * FROM test 查看结果。其中的 id 号是连续递增的。接着验证删除操作。

首先，使用 TRUNCATE TABLE 语句删除 test 中的数据。语法格式如下：

```
USE STUDENT
TRUNCATE TABLE test
```

使用 SELECT * FROM test 查看结果，证明数据已全部删除。接着插入一个记录，语法格式如下：

```
USE STUDENT
INSERT INTO test VALUES('MAWU');
```

使用 SELECT * FROM test 查看结果，id=1，说明使用 TRUNCATE TABLE 语句删除数据之后，自动增长列重新计数。

其次，使用 DELETE 语句删除数据，语法格式如下：

```
USE STUDENT
DELETE test
```

使用 SELECT * FROM test 查看数据表中的数据，证明数据已删除，接着插入一条记录：

```
USE STUDENT
INSERT INTO test VALUES('NIUQI');
```

使用 SELECT * FROM test 查看结果，id=2，说明使用 DELETE 语句删除数据之后，自动增长列在原有的基础上增加计数。

技能检测

一、填空题

1. 数据库中的表由行和列组成，其中，行称为（　　），列称为（　　）。每个表允许定义（　　）个字段。

2. 在数据库中创建表的任务主要由两部分组成，分别是（　　）和（　　）。

3. 向数据表中添加字段时，需要输入的两个必须项目是（　　）、（　　）。

4. 数据表创建完成后，即可在表中添加数据，有两种方法：一是通过图形管理界面直接输入数据；二是使用（　　）语句向数据表中插入数据。

5. 定义表时，在属性栏中指定字段的宽度，以及该列是否允许（　　）值。

6. 系统表 syscolumns 的功能包括记录表、（　　）和（　　）信息。

7. 最常用的 3 个数据类型：int 即（　　）、nvarchar 即（　　）、datatime 即日期时间型。

8. 创建数据表用（　　）语句。

9. 创建索引时要求用户对表拥有（　　）或（　　）权限。

10. 除了可以通过图形方式创建索引，还可以通过（　　）语句进行创建。

二、选择题

1. 在数据表结构中，常用的字段 ID 是（　　）类型。

A. 浮点型　　B. 日期时间型　　C. 整型　　D. 字符型

2. 选择 ID 字段，在 [是标识] 节点中选择（　　）。

A. 对　　B. 是　　C. 对和是都可以　　D. 默认

3. 在表结构建立完毕时，表中的行就是一条数据记录。记录是具有一定意义的信息集合。（　　）就是记录的集合。

A. 表　　B. 字段　　C. 数据　　D. 类型

4. 在 SQL Server 2017 常用系统表中，系统表名 sysdatabases 表示（　　）。

A. 记录数据库信息　　B. 记录表、视图和存储过程信息

C. 记录系统错误和警告　　D. 记录登录账户信息

5. 系统表名 sysindexes 在常用系统表中表示（　　）。

A. 记录系统数据类型和用户定义数据类型信息

B. 列出全文目录集
C. 记录 FOREIGN KEY 约束定义到所引用列的映射
D. 记录数据库中的索引信息

6. 在创建表时，常用参数中（　　）可以设置主关键字。

A. Primary key　　B. Not Null　　C. Null　　D. Indentity

7. 用于修改表的 ALTER TABLE 语句的常用参数中，ALTER TABLE 的作用（　　）。

A. 修改数据表命令　　B. 向数据表中添加列
C. 删除数据表中的列　　D. 删除数据表中的字段

8. 在下列选项中，（　　）不是 SQL Server 索引的类型。

A. 非聚集索引　　B. 聚集索引　　C. 主 XML 索引　　D. XML 索引

9. 非聚集索引并不存储数据本身，在一个表中可以存在（　　）非聚集索引。

A. 一个　　B. 多个　　C. 1 000 个　　D. 以上都不对

10. 索引可以被定义为唯一的或非唯一的，唯一索引确保列中所保存的值在表中出现（　　）。

A. 一次　　B. 两次　　C. 多次　　D. 一次或多次

三、判断题

1. 建立表时先设定字段的名称和有关属性。（　　）
2. 在数据库目录树中，在“表”的节点上右击并选择“新建表”，即可创建新表。（　　）
3. 每一个表中都有一个具有唯一值的字段，例如：学号字段，不允许有两个完全相同的学号，这个字段称为主关键字。（　　）
4. 一般数据表中都有一个字段，为每行数据的序号，在实际使用时多将该字段设置为自动编号，系统将根据数据记录的多少自动添加其值。（　　）
5. 修改字段长度主要是针对字段类型长度值的修改。（　　）
6. 增加列是在已有的数据表中增加一个新的字段。（　　）
7. 删除列是将数据表中的某一字段删除，注意删除某一列时，所属此列的全部数据都将删除。（　　）
8. Alter table 允许添加列，但不允许删除或更改参与架构绑定视图表中的列。（　　）
9. 名称的前缀为 IX 是因为 SQL Server 使用了一种规范命名系统。（　　）
10. 索引的类型是指在 SQL Server 中存储索引和数据的物理位置的方式。（　　）

四、简答题

1. 什么是表?
2. 简述将 student_table 数据表中添加的 memo 字段删除的过程。
3. 在数据库中建立表时需要先设定字段的名称和有关属性，写出具体操作过程。

五、实操题

建立表，同时将 ID 字段设置为自动增长。写出代码。

项目 5

查询操作

项目导读

查询也称检索，是对已经存在于数据库中的数据按特定的组合、条件或次序进行检索。即用 SELECT 语句从 SQL Server 2017 中检索数据，然后以一个或多个结果集的形式将其返回给用户。结果集是对来自 SELECT 命令的数据的表格排列，由行和列组成。查询功能是数据库最基本也是最重要的功能之一。

学习目标

1. 掌握基本查询语句的使用方法。
2. 掌握条件查询的基本操作。
3. 掌握统计查询、分组查询和排序查询的方法。
4. 掌握简单的连接查询和嵌套查询。

思政目标

通过学习数据库的查询操作，感受数据库技术为人们生产、生活带来的方便，努力成为具有社会责任感和社会参与意识的高素质技能人才。

任务 5.1　简单查询

015 简单查询

任务描述

本任务以 student 数据库为例，讲解简单的数据查询方法，包括如何返回用户的基本数据，以及基本查询语法，为后续学习打下基础。

任务分析

SQL 中的查询语句为 SELECT，通常和 FROM 搭配使用，搭配适当子句可实现更强的查询功能。这里仅介绍最简单的查询语句 SELECT，不涉及其他的子句。

完成该任务需要做到以下几点：

（1）返回表中所有数据。

（2）使用 TOP N 语句返回表中前几条数据。

（3）返回表中的某一列。

（4）给列起名。

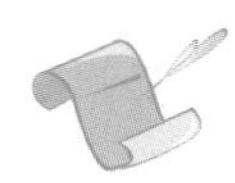

任务实现

步骤 1：单击“新建查询”按钮进入查询编辑器，并将 student 数据库设置为当前默认库。输入查询命令并执行，查看结果，即得到 student_table 表中的记录信息。

```
USE student                                 -- 打开 student 数据库
SELECT * FROM student_table                 -- 查询 student_table 全部数据
```

步骤 2：输入查询命令时，在 * 前面加 TOP 2，然后执行，查看结果，则得到数据表中的前两条记录信息。

```
USE student                                 -- 打开 student 数据库
SELECT TOP 2 * FROM student_table           -- 查询 student_table 全部数据
```

步骤 3：在输入查询命令时，若只想看学生姓名，则输入以下命令：

```
USE student                                 -- 打开 student 数据库
SELECT Name FROM student_table              -- 查询 student_table 的 Name 字段
```

步骤 4：在输入查询命令时，给列起个名字，可使查询结果更直观。在步骤 3 的基础上增加 as 部门名称，显示时“Name”用“姓名”替代。

```
USE student                                 -- 打开 student 数据库
SELECT Name AS 姓名 FROM student_table      -- 查询 student_table 的 Name 字段
```

相关知识

在 SQL Server 中，对数据的查询使用 SELECT 语句。SELECT 语句功能强大，使用灵活，可以对数据库进行各类查询。查询语句的语法格式如下：

```
SELECT < 列名列表 > FROM < 表名或视图名列表 >
```

```
[WHERE < 条件 >]
[ORDER BY < 列名列表 >[ASC|DESC]]
[GROUP BY < 列名 >[HAVING < 条件 >]]
```

有关说明如下：

（1）SELECT 语句用于指定查询的输出列，即字段列表。

（2）FROM 子句指定要查询的数据表或视图。

（3）WHERE 子句用于指定记录的查询条件。

（4）ORDER BY 子句是指将查询的结果按照指定列名进行排序。

（5）GROUP BY 子句是指要将查询的结果进行分组汇总。

1. 简单查询

```
SELECT [DISTINCT]< 列名列表 > FROM 表名
```

功能：从指定的表中查询记录信息。

说明：

（1）如果查询所有的列，则列名列表由 * 代替。

（2）如果指明查询指定的某一列或某几列，则列名之间用“,”号隔开。

（3）DISTINCT 表示去掉重复的记录。

使用如下语句查询性别，并去掉重复行，效果如图 5－1 所示。

```
USE student                                -- 打开 student 数据库
SELECT DISTINCT Age FROM student_table     -- 查询 student_table 全部数据
```

	sex
1	男
2	女

图 5－1　查询去掉重复行

2. TOP N 语句基本语法

前面介绍的方法可以分别获取表的全部信息或单独获取某个列，使用 SELECT 语句还可以指定表中返回的行数。这样做的好处是可避免查询时间过长，提高访问速度。方法如下：

```
SELECT [TOP N]< 列名列表 > FROM 表名
```

TOP N 用于指定查询结果返回的行数。使用以下语句查询 student 数据表的前两行，效果如图 5－2 所示。

```
USE student
SELECT TOP 2 Student_id,Name FROM student_table
```

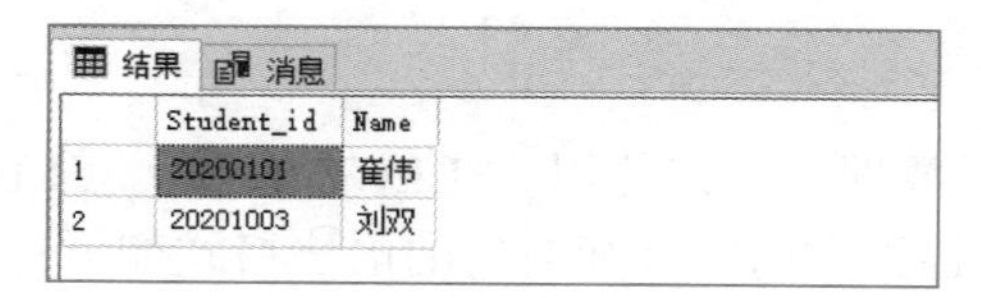

	Student_id	Name
1	20200101	崔伟
2	20201003	刘双

图 5－2　查询前两行

3. 给列起别名

如果查询的列不是来自源库表字段，而是表达式或函数时，SQL 默认无列名，为了让列名更加清晰，常给列起别名。给列定义别名有以下 3 种方法：

（1）用 AS 设置别名。

```
SELECT 列名 AS 别名 FROM 表名
```

用以下语句将 Student_id 以“学号”，Name 以“姓名”显示，如图 5－3 所示。

```
SELECT Student_id as 学号 ,Name as 姓名 FROM student_table
```

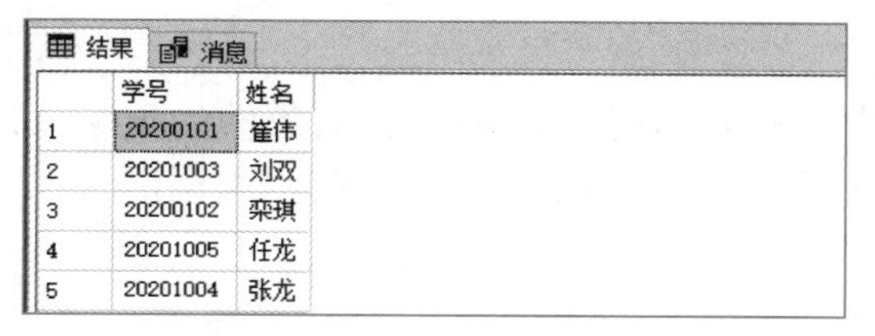

结果 消息

	学号	姓名
1	20200101	崔伟
2	20201003	刘双
3	20200102	栾琪
4	20201005	任龙
5	20201004	张龙

图 5－3　用 AS 别名显示

（2）用空格设置别名。

```
SELECT 列名 别名 FROM 表名
```

用以下语句显示字段别名，如图 5－4 所示。

```
SELECT Student_id 学号 ,Name 姓名 FROM student_table
```

结果 消息

	学号	姓名
1	20200101	崔伟
2	20201003	刘双
3	20200102	栾琪
4	20201005	任龙
5	20201004	张龙

图 5－4　用空格别名显示

（3）用等号（=）设置别名。

```
SELECT 别名 = 列名 FROM 表名
```

用以下语句显示字段别名，如图 5－5 所示。

```
SELECT 学号 =Student_id, 姓名 =Name FROM student_table
```

结果 消息

	学号	姓名
1	20200101	崔伟
2	20201003	刘双
3	20200102	栾琪
4	20201005	任龙
5	20201004	张龙

图 5－5　用等号别名显示

友情提醒：在 SELECT 查询语句中，不区分大小写。但是在书写上一定要注意规范，且所有的标点符号必须是英文符号。

任务 5.2　使用条件查询

016 使用条件查询

任务描述

在 student 数据库中，有时需要查询满足各项条件的记录，即条件查询。本任务以 student 数据库为例进行条件查询，讲解条件查询的基本用法。

任务分析

WHERE 子句用于确定查询的条件。在 SELECT 查询中加入 WHERE <条件>，可以实现各项满足条件的查询。

完成该任务需要掌握比较运算符、范围运算符、列表运算符、模糊匹配运算符的使用方法。

任务实现

步骤 1：单击“新建查询”按钮进入查询编辑器，打开 student 数据库，输入如下查询语句并执行，结果如图 5-6 所示。

```
USE student                                         -- 打开 student 数据库
SELECT * FROM student_table WHERE Age=' 男 '        -- 查询 student_table 符合条件的记录
```

结果　消息

	Student_id	Name	Card	Class_id	Sex	Birth	Admission	Memo
1	20200101	崔伟	230228200110100219	计应201	男	2001-10-10 00:00:00.000	2020-08-31 00:00:00.000	先报到
2	20201004	张龙	221203200012121345	计应201	男	2000-12-12 00:00:00.000	2020-08-31 00:00:00.000	NULL
3	20201005	任龙	222111200008080123	计应202	男	2000-08-08 00:00:00.000	2020-09-01 00:00:00.000	NULL

图 5-6　查询性别是男性的记录

步骤 2：单击“新建查询”按钮进入查询编辑器，并将 student 数据库设置为当前默认库。在查询编辑器中输入如下查询语句并执行，查询指定学号范围内的记录，如图 5-7 所示。

```
USE student                                         -- 打开 student 数据库
SELECT * FROM student_table WHERE Student_id BETWEEN 20200102 AND 20200104
                                                    -- 查询 student_table 符合条件的记录
```

	Student_id	Name	Card	Class_id	Sex	Birth	Admission	Memo
1	20200101	崔伟	230228200110100219	计应201	男	2001-10-10 00:00:00.000	2020-08-31 00:00:00.000	先报到
2	20200102	栾琪	231229200111110333	计应201	女	2001-11-11 00:00:00.000	2020-08-31 00:00:00.000	先报到
3	20200103	刘双	230221200001161666	计应202	女	2000-01-16 00:00:00.000	2020-09-01 00:00:00.000	NULL

图 5-7　查询学号符合条件的记录

步骤 3：单击"新建查询"按钮进入查询编辑器，打开 student 数据库，在查询编辑器中输入以下查询语句，查询学号包含指定数据的记录，此例包含学号 20200102 与 20200104 的记录，结果如图 5-8 所示。

```
USE student                -- 打开 student 数据库
SELECT * FROM student_table WHERE Student_id IN(20200102, 20200104)
                           -- 查询 student_table 包含 20200102 与 20200104 条件的记录
```

	Student_id	Name	Card	Class_id	Sex	Birth	Admission	Memo
1	20200102	栾琪	231229200111110333	计应201	女	2001-11-11 00:00:00.000	2020-08-31 00:00:00.000	先报到
2	20200104	张龙	221203200012121345	计应201	男	2000-12-12 00:00:00.000	2020-08-31 00:00:00.000	NULL

图 5-8　查询指定数据的记录

步骤 4：单击"新建查询"按钮进入查询编辑器，并打开 student 数据库，在查询编辑器中输入以下查询语句，通过 LIKE 子句完成模糊查询，即查询姓名中包含"张"的记录，结果如图 5-9 所示。

```
USE student                                        -- 打开 student 数据库
SELECT * FROM student_table WHERE Name LIKE '张%'   -- 查询包含'张'的记录
```

	Student_id	Name	Card	Class_id	Sex	Birth	Admission	Memo
1	20200104	张龙	221203200012121345	计应201	男	2000-12-12 00:00:00.000	2020-08-31 00:00:00.000	NULL

图 5-9　模糊查询数据的记录

友情提醒：在条件应用时，通常以字段变量与指定的值进行比较。值要与字段变量类型匹配，否则会出错。即字符型数据要用单引号括起来，数值型数据则不用。

相关知识

WHERE 子句用于选取需要检索的数据行，灵活使用 WHERE 子句能够指定许多不同的查询条件，以实现更精确的查询。如在 WHERE 子句中使用表达式，可精确查询数据库中某条语句的某项数据值。

在 SELECT 语句中使用 WHERE 子句时的一般语法结构为：

```
SELECT …FROM…WHERE <条件>
```

说明：此格式功能是查询结果条件值为 true 的所有行，而对于条件值为 false 或者未知的行，则不返回。WHERE 子句使用灵活，条件有多种使用方式，表 5－1 列出了 WHERE 子句中可以使用的条件。

表 5－1　WHERE 子句中可以使用的条件

运算符分类	运算符	说明
比较运算符	>、>=、=、<、<=、<>、!=、!>、!<	比较大小（!>、!<表示不大于和不小于）
范围运算符	BETWEEN…AND、NOT BETWEEN…AND	判断列值是否在指定的范围内
列表运算符	IN、NOT IN	判断列值是否是列表中的指定值
模糊匹配符	LIKE、NOT LIKE	判断列值是否与指定的字符通配格式相符
逻辑运算符	AND、OR、NOT	用于多个条件的逻辑连接
空值判断符	IS NULL、NOT NULL	判断列值是否为空

下面介绍表 5－1 所列的部分条件在 WHERE 子句中的使用方法及其注意事项。

1. 比较运算符

WHERE 子句的比较运算符主要有>、>=、=、<、<=、<>、!=、!>、!<，分别表示大于、大于等于、等于、小于、小于等于、不等于、不大于、不小于，可使用它们对查询条件进行限制。

2. 范围运算符

在 WHERE 子句中使用 BETWEEN 条件，可以为用户查询限定范围，其中 BETWEEN 表示返回在某一范围内的数据，而 NOT BETWEEN 表示返回不在某一范围内的数据。BETWEEN…AND…表示在……和……之间，包括两个端点的值。

3. 列表运算符

查询时会遇到需要查询某表达式的取值属于某一列表之一的数据，虽然可以结合使用比较运算符来实现，但是这样编写的 SELECT 语句的直观性下降。使用 IN 或 NOT IN 关键字来限定查询条件，能更直观地查询表达式是否在列表值中，也可作为查询特殊信息集合的方法。在 IN（值列表）中，要注意值与条件中字段的类型要匹配。

4. 模糊匹配符

在无法确定某条记录中具体信息的情况下，如果要查找该记录则需要使用模糊查询。在 WHERE 子句中使用 LIKE 或 NOT LIKE，并与通配符搭配，可以实现模糊查询。SQL 中常用的通配符是“%”和“_”，二者含义不同，注意区别使用。

（1）“%”表示任意的任意个字符。

（2）“_”表示任意的一个字符。

5. 逻辑运算符

（1）WHERE 子句中可用的逻辑运算符包括 AND、OR、NOT。可以用一个，也可以用多个。

（2）AND（逻辑与）连接两个条件，若两个条件都成立，则组合后的条件成立。

（3）OR（逻辑或）连接两个条件，若两个条件中任意一个成立，则组合后的条件成立。

（4）NOT（逻辑非）对给定的条件结果取反。

6. 空值判断符

NULL 表示未知、不可用或将在以后添加的数据。在 WHERE 子句中可使用 IS NULL 或 IS NOT NULL 条件查询某一数据值是否为 NULL 的信息。

友情提醒：通常，一个条件查询可以有多种查询条件的写法，在学习中要善于归纳总结，才能做到要什么，就能查什么；查什么，就能得什么。运算符的优先级由高到低分别为 NOT、AND、OR。NULL 值与零、零长度的字符串、空白（空字符）的含义是不同的。

以下语句用于查询班级是计应 201 的男同学，其中使用了 AND 逻辑运算符。运行结果如图 5－10 所示。

```
USE student                                                    -- 打开 student 数据库
SELECT * FROM student_table WHERE Class_id='计应 201' AND Sex='男'
                                                               -- 查询计应 201 班的男同学条件的记录
```

结果 | 消息

	Student_id	Name	Card	Class_id	Sex	Birth	Admission	Memo
1	20200101	崔伟	230228200110100219	计应201	男	2001-10-10 00:00:00.000	2020-08-31 00:00:00.000	先报到
2	20200104	张龙	221203200012121345	计应201	男	2000-12-12 00:00:00.000	2020-08-31 00:00:00.000	NULL

图 5－10　使用 AND 连接查询条件

以下语句用于查询不是男性同学的记录，运行结果如图 5－11 所示。

```
USE student                                     -- 打开 student 数据库
SELECT * FROM student_table WHERE NOT Sex='男'  -- 查询不是男同学的记录
```

结果 | 消息

	Student_id	Name	Card	Class_id	Sex	Birth	Admission	Memo
1	20200102	栾琪	231229200111110333	计应201	女	2001-11-11 00:00:00.000	2020-08-31 00:00:00.000	先报到
2	20200103	刘双	230221200001161666	计应202	女	2000-01-16 00:00:00.000	2020-09-01 00:00:00.000	NULL

图 5－11　使用 NOT 连接查询条件

数据表中，NULL 用于指出没有录入数据的字段，运行结果如图 5－12 所示。

```
USE student                                        -- 打开 student 数据库
SELECT * FROM student_table WHERE Memo IS NULL     -- 备注为空的记录
```

结果 | 消息

	Student_id	Name	Card	Class_id	Sex	Birth	Admission	Memo
1	20200103	刘双	230221200001161666	计应202	女	2000-01-16 00:00:00.000	2020-09-01 00:00:00.000	NULL
2	20200104	张龙	221203200012121345	计应201	男	2000-12-12 00:00:00.000	2020-08-31 00:00:00.000	NULL
3	20200105	任龙	222111200008080123	计应202	男	2000-08-08 00:00:00.000	2020-09-01 00:00:00.000	NULL

图 5－12　指定字段为空的记录

任务 5.3 使用统计查询

任务描述

017 使用统计查询

在 student 数据库中，有时需要对相关数据进行统计，如统计男同学有多少，女同学有多少，计应 201 班有多少同学。本任务将讲解查询中常用的聚合函数，以实现数据统计。

任务分析

聚合函数常用于 SELECT 语句中，位于列的位置，用于对指定的字段求和、求平均值、求最大最小值、计数等操作。

完成该任务需要做到以下几点：

（1）COUNT 实现计数。

（2）AVG 实现求平均值。

（3）SUM 实现求和。

（4）MAX、MIN 实现求最大值、最小值。

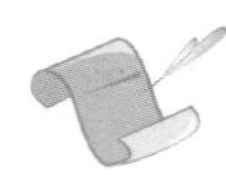

任务实现

步骤 1：单击“新建查询”按钮进入查询编辑器，打开 student 数据库，在查询编辑器中输入查询语句，统计学生表记录的总个数并以别名“总记录数”显示，执行结果如图 5－13 所示。

```
USE student                                          -- 打开 student 数据库
SELECT count(*) AS  总记录数 FROM student_table      -- 统计学生表总记录数
```

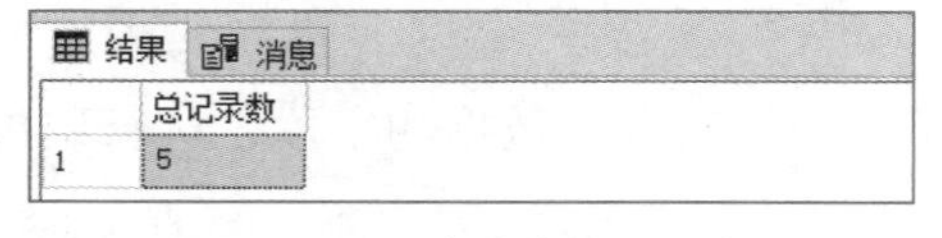

	总记录数
1	5

图 5－13 统计表总记录数

步骤 2：单击“新建查询”按钮进入查询编辑器，打开 student 数据库，在查询编辑器中输入查询语句，计算所有成绩平均值并以别名“平均成绩”显示，执行结果如图 5－14 所示。

```
USE student                                          -- 打开 student 数据库
SELECT AVG(Score) AS  平均成绩 FROM Score_table -    -- 统计分数表平均分
```

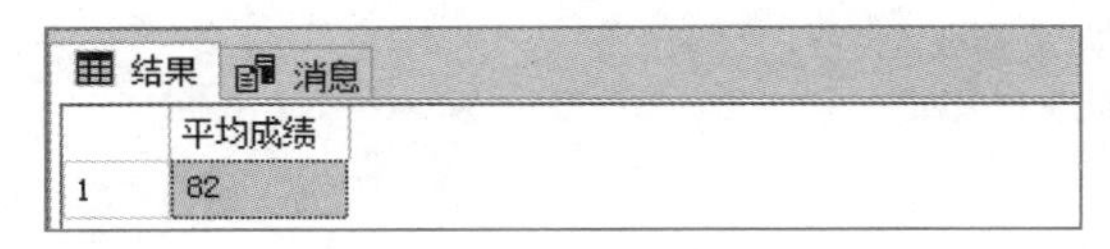

图 5－14　统计平均成绩

步骤 3：单击“新建查询”按钮进入查询编辑器，打开 student 数据库，在查询编辑器中输入查询语句，运行结果如图 5－15 所示。

```
USE student                                                    -- 打开 student 数据库
SELECT MAX(Score) AS 最高分 ,MIN(Score) AS 最低分 FROM Score_table
                                                               -- 统计分数表最高分与最低分
```

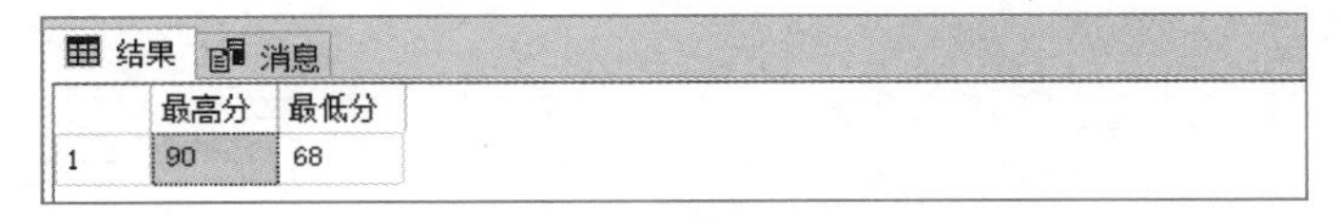

图 5－15　统计分数表最高分与最低分

步骤 4：单击“新建查询”按钮进入查询编辑器，打开 student 数据库，在查询编辑器中输入查询语句，运行结果如图 5－16 所示。

```
SELECT SUM(Score) AS 总分 FROM Score_table                    -- 统计总分数
```

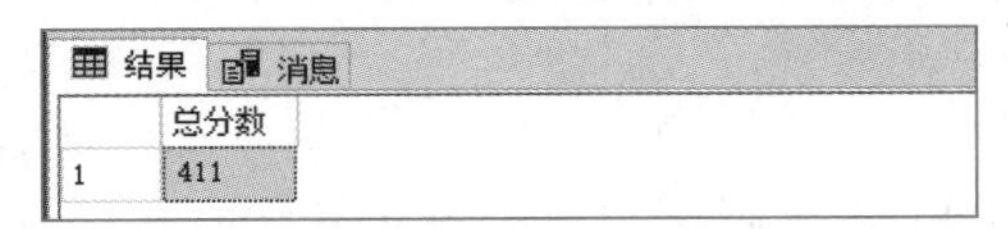

图 5－16　统计总分数

相关知识

1. 函数查询

在 SELECT…FROM…语句中的 SELECT 的后面，以别名显示字段的列，可以是表达式，也可以是函数（包括一般函数和聚合函数）。此时通常用到 AS 别名，即给查询的列起别名，以使查询的结果更直观。

2. 表达式构造新的列

用 SELECT 语句可以对数值型字段进行加、减、乘、除及求余运算，从而计算出表达式的值。

3. 普通函数构造新的列

查询中最常用的两个函数：一个是 year()，用于求日期型字段中的年份，结果是数值型数据；另一个是 getdate()，用于取系统的日期时间。

4. 聚合函数构造新的列

SELECT 语句中常用的聚合函数有 SUM、AVG、MAX、MIN、COUNT。其含义如下：

```
SUM ( 列名 ) 对指定列求和
AVG ( 列名 ) 对指定列求平均值
```

```
MAX ( 列名 ) 对指定列求最大值
MIN ( 列名 ) 对指定列求最小值
COUNT (*) 统计记录个数
```

【例 5-1】查询每名同学的年龄，并显示结果。年龄的计算方法为当年的年份减出生年份。本例中为 year(getdate())-year(Birth)，其中 year() 取日期型年份，getdate() 取系统日期。新建查询编辑器，输入以下语句，结果如图 5－17 所示。

```
USE student                                          -- 打开 student 数据库
SELECT Name,YEAR(GETDATE())-YEAR(Birth)
AS 年龄
FROM Score_table
-- 查询学生年龄
```

结果　消息

	Name	出生年份
1	雀伟	19
2	栾琪	19
3	刘双	20
4	张龙	20
5	任龙	20

图 5－17　学生年龄

【例 5-2】查询每名同学的出生年份。新建查询编辑器，输入以下语句，结果如图 5－18 所示。

```
USE student                                          -- 打开 student 数据库
SELECT Name,YEAR(birth) AS 出生年份 FROM student_table    -- 查询出生年份
```

结果　消息

	Name	出生年份
1	雀伟	2001
2	栾琪	2001
3	刘双	2000
4	张龙	2000
5	任龙	2000

图 5－18　学生出生年份

【例 5-3】查询学生表中学生的平均年龄、最大年龄、最小年龄及年龄总和。新建查询编辑器，输入以下语句，结果如图 5－19 所示。

```
USE student                                          -- 打开 student 数据库
SELECT AVG(YEAR(GETDATE())-YEAR(birthday)) AS 平均年龄 ,
MAX(YEAR(GETDATE())-YEAR(birthday)) AS 最大年龄
MIN(YEAR(GETDATE())-YEAR(birthday)) AS 最小年龄
SUM(YEAR(GETDATE())-YEAR(birthday)) AS 年龄总和 FROM student_table
```

结果　消息

	平均年龄	最大年龄	最小年龄	年龄总和
1	19	20	19	98

图 5－19　综合查询年龄

【例 5-4】统计男同学人数。新建查询编辑器，输入以下语句，结果如图 5-20 所示。

```
USE student                                            -- 打开 student 数据库
SELECT COUNT(*) AS 男同学人数 FROM student_table where Sex='男'
```

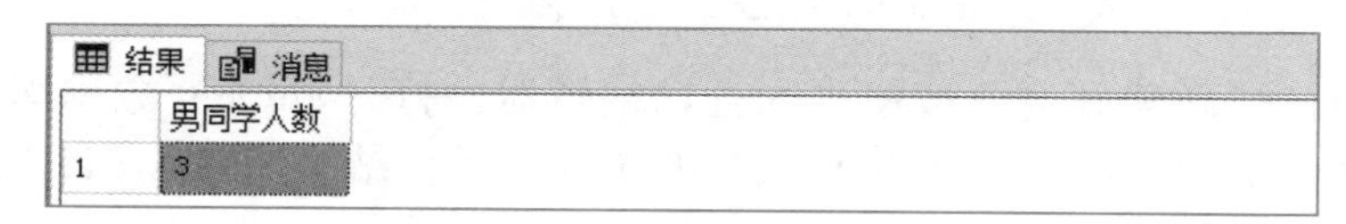

	男同学人数
1	3

图 5-20　统计男同学人数

友情提醒：无论使用表达式还是函数，得到的只是查询的结果列，并不是数据表中真有此列。为了让查询的结果更直观，常常给列起个见名知义的名称。

任务 5.4　使用分组查询

018 使用分组查询

任务描述

前面的内容讲解了如何在 student 数据库中进行简单的数据统计。如果要进行更高级的统计汇总，则需要用到 GROUP BY 子句。

任务分析

数据库具有基于表的特定列对数据进行分析的能力，可以使用 GROUP BY 子句对某一列数据的值进行分组。分组可以使同组的元组集中在一起，便于归纳信息类型，以汇总相关数据，也就是说将数据按照一定条件分组，然后统计每组中的数据。

完成该任务需要掌握 GROUP BY 子句的用法。GROUP BY 子句通常用于 SELECT 语句中，将查询的结果进行分组，通常与一些聚合函数配合使用。一般用法如下：

（1）GROUP BY 字段名。

（2）GROUP BY 字段名 HAVING< 条件 >。

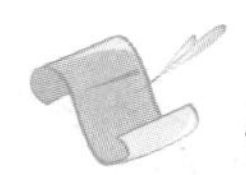

任务实现

步骤 1：单击“新建查询”按钮进入查询编辑器，打开 student 数据库。在查询编辑器中输入以下查询语句，运行结果如图 5-21 所示。

```
USE student                  -- 打开 student 数据库
SELECT Sex,COUNT(*) AS 人数 FROM student_table GROUP BY Sex
                             -- 对数据表按照性别字段分组，统计每组记录数量
```

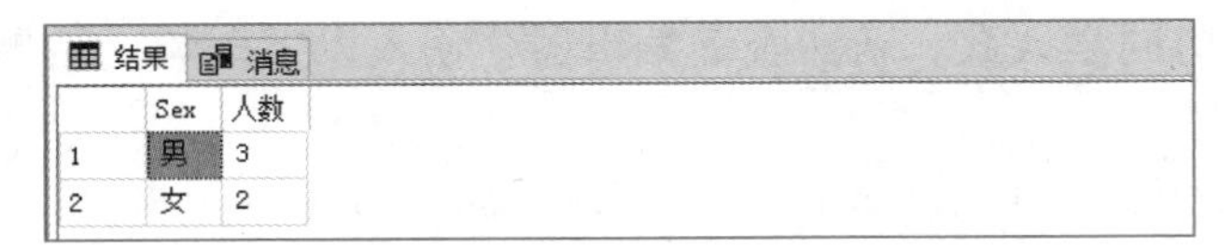

	Sex	人数
1	男	3
2	女	2

图 5－21　按性别分组统计人数

步骤 2：单击“新建查询”按钮进入查询编辑器，打开 student 数据库。在查询编辑器中输入以下查询语句，以实现对班级人员的统计，运行结果如图 5－22 所示。

```
USE student              -- 打开 student 数据库
SELECT Class_id,COUNT(*) AS 人数 FROM student_table GROUP BY Class_id
                         -- 对数据表按照班级字段分组，统计每组记录数量
```

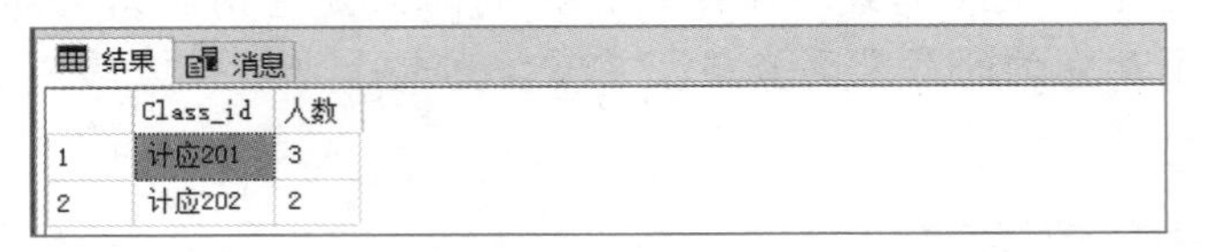

	Class_id	人数
1	计应201	3
2	计应202	2

图 5－22　按照班级分组统计人数

步骤 3：如果将分组后满足条件的结果输出，则要用到 HAVING < 条件 >，即将分组后满足条件的记录显示出来。一般情况下，HAVING 子句放在 GTROUP 子句的后面；同 WHERE 比较，WHERE 放在 GROUP 的前面，这是二者的区别。在查询编辑器中输入以下查询代码，以实现将班级人数大于等于 3 的班级及人数统计后输出，语句中使用 HAVING 进行条件筛选。结果如图 5－23 所示。

```
USE student              -- 打开 student 数据库
SELECT Class_id,COUNT(*) AS 人数 FROM student_table GROUP BY Class_id
HAVIG COUNT(*)>=3
                         -- 对数据表按照班级字段分组，统计人数大于等于 3 的班级并输出人数
```

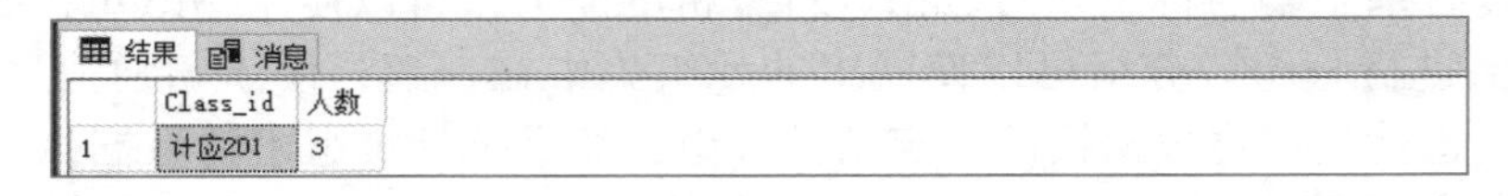

	Class_id	人数
1	计应201	3

图 5－23　查询人数大于等于 3 的班级及人数

相关知识

1. 分组查询

在 SELECT…FROM…语句中的 SELECT 后面，可以接非表中字段的列，可以是表达式，也可以是函数（包括一般函数和聚合函数）。此时通常用到 AS 新列名，即给查询的列起名，以使查询的结果更直观。

2. 分组时，查询字段的选择

分组时，查询的列字段只能是聚合函数或分组字段。若出现其他字段，则系统报错。

3. HAVING< 条件 > 与 WHERE< 条件 > 的不同之处

WHERE< 条件 > 是表示条件，HAVING< 条件 > 也是表示条件，但二者是有区别的，

WHERE 用于 SELECT 语句中，表示查询要满足的条件，用法参考任务 5.2；HAVING< 条件 > 只能与 GROUP BY 分组配合使用，表示将分组后满足条件的记录输出。

4. 分组的注意事项

按字段分组，即对该字段值相同的记录只取一条，同时汇总其他记录的数据，因此，在 GROUP BY 分组使用时，有一定的难度，需要认真分析其规则，仔细理解后方能熟练使用。

5. 操作实例

【例 5-5】查询每个班级的男同学人数，并显示结果。新建查询编辑器，输入以下语句，结果如图 5－24 所示。

```
USE student                              -- 打开 student 数据库
SELECT Class_id,COUNT(*) AS 人数 FROM student
GROUP BY Class_id,sex HAVING Sex=' 男 '
                                         -- 按照班级与性别字段分组，并筛选性别是男的记录数量
```

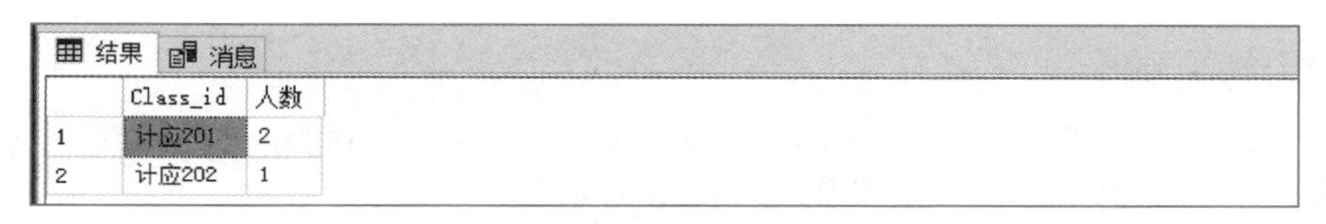

结果 | 消息

	Class_id	人数
1	计应201	2
2	计应202	1

图 5－24　按班级与性别分组并筛选性别

【例 5-6】使用多表查询功能按照班级分类统计人数，并显示结果。新建查询编辑器，输入以下语句，结果如图 5－25 所示。

```
USE student                              -- 打开 student 数据库
SELECT student_table AS 班级 ,COUNT(*) AS 人数 FROM student_table,score_table WHERE Score_
table.Student_id=student_table.student_id
GROUP BY student_table.class_id          -- 实现了两表连接查询并分组查询
```

结果 | 消息

	班级	人数
1	计应201	3
2	计应202	2

图 5－25　多表查询

任务 5.5　使用排序查询

019　使用排序查询

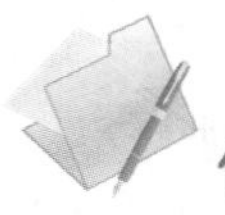

任务描述

在 student 数据库中，为了方便查看数据表中的记录，需要对某些字段进行排序，则用到 ORDER BY 子句；如果需要将结果保存到另一张表，则用到 INTO 子句。

任务分析

ORDER BY 子句一般置于 SELECT 语句的最后，它的功能是对查询返回的数据进行重新排序。用户可以通过 ORDER BY 子句来限定查询返回结果的输出顺序，如正序或者倒序等。

完成该任务需要掌握 ORDER BY 子句和 INTO 子句的用法。ORDER BY 子句通常用于 SELECT 语句中，将查询的结果进行排序。INTO 子句可以将排序结果保存到一张新表中。

（1）ORDER BY 字段名

（2）ORDER BY 字段名 1, 字段名 2,......

（3）INTO 表名

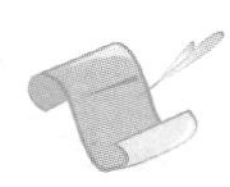

任务实现

步骤 1：单击"新建查询"按钮进入查询编辑器，打开 student 数据库。在查询编辑器中输入以下查询语句，运行结果如图 5 - 26 所示。

```
USE student                                                    -- 打开 student 数据库
SELECT student_table.Name,student_table.Class_id,score_table.score
FROM student_table,score_table
WHERE Score_table.Student_id=student_table.student_id
ORDER BY score_table.score desc                                -- 实现了两表连接查询
```

结果 消息

	Name	Class_id	score
1	张龙	计应201	90
2	刘双	计应202	88
3	任龙	计应202	86
4	栾琪	计应201	79
5	崔伟	计应201	68

图 5 - 26　多表查询降序排列

代码含义如下：数据源来自 student_table 和 score_table，按照 score_table 的分数字段降序排列，desc 表示降序，并分别显示 student_table 表的姓名、班级字段，score_table 表的分数字段。

步骤 2：单击"新建查询"按钮进入查询编辑器，打开 student 数据库。在查询编辑器中输入以下查询语句，运行结果如图 5 - 27 所示。

```
USE student                                      -- 打开 student 数据库
SELECT Name,Class_id,year(birth) AS 年份         -- 显示姓名、班级、出生年份
FROM student_table                               -- 打开数据表
ORDER BY YEAR(birth),Class_id                    -- 按照出生年份和班级排序
```

	Name	Class_id	年份
1	张龙	计应201	2000
2	任龙	计应202	2000
3	刘双	计应202	2000
4	崔伟康	计应201	2001
5	栾琪	计应201	2001

图 5－27　按照出生年份和班级排序

步骤 3：单击“新建查询”按钮进入查询编辑器，打开 student 数据库。在查询编辑器中输入以下查询语句，将学生表的学号字段、姓名字段以及成绩表的分数字段存入 Score_table0 中，其中 Score_table0 是新生成的数据表。运行结果如图 5－28 所示。

```
USE student                                  -- 打开 student 数据库
SELECT student_table.student_id,student_table.Name,Score_table.score
INTO Score_table0                            -- 生成新的数据表
FROM student_table
WHERE student_table.Student_id=Score_table.Student_id
ORDER BY score_table.score desc
```

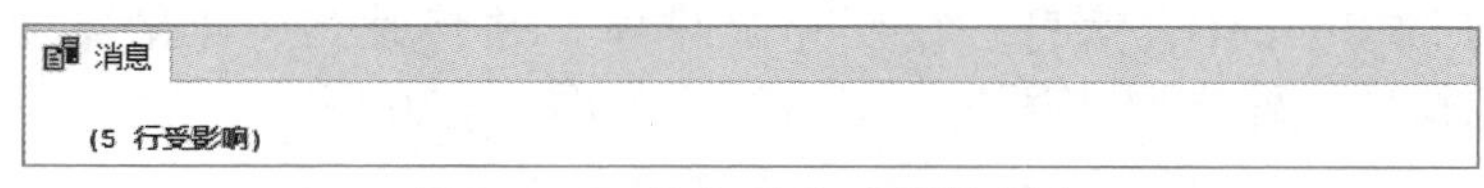

图 5－28　按条件生成新数据表

使用以下查询语句查看新数据表，运行结果如图 5－29 所示。

```
USE student
SELECT * FROM score_table0
```

	student_id	Name	score
1	20200101	崔伟	68
2	20200103	刘双	88
3	20200102	栾琪	79
4	20200105	任龙	86
5	20200104	张龙	90

图 5－29　查看新数据表

相关知识

1. 使用 ORDER BY 子句

在查询结果集中，记录的顺序是按它们在表中的顺序进行排列的，可以使用 ORDER BY 子句对查询的结果进行重新排序。可以规定顺序，如升序（从低到高或从小到大）、降序（从高到低或从大到小），使用关键字 ASC（升序）、DESC（降序），如果省略 ASC 和 DESC，系统默认升序。也可以在 ORDER BY 中指定多个字段，检索结果首先按第一个字段进行排序，对于第一个字段的值相同的数据，则按第 2 个字段值排序，以此类推。ORDER BY 子句要写在 WHERE< 条件 > 子句的后面。

2. 使用 INTO 子句

在 SELECT 查询中，使用 INTO 子句可以将查询的结果保存到指定的表中，位置要位于 FROM 前、查询的列之后。

格式：INTO 表名（根据查询建立临时基本表）。

使用 SELECT INTO 的注意事项如下：

（1）新表是命令执行时新创建的。

（2）新表中的列和行是基于查询结果集的。

（3）如果新表名称的开头为“#”则生成的是临时表。

【例 5-7】查询 student 表记录，将结果按生日排序，并显示结果。新建查询编辑器，输入以下语句：

```
USE student                                    -- 打开 student 数据库
SELECT * FROM student_table ORDER BY birth -- 查询内容并排序
```

【例 5-8】查询成绩表信息，并按成绩降序排列。新建查询编辑器，输入以下代码：

```
USE student                                    -- 打开 student 数据库
SELECT * FROM score_table ORDER BY score desc
                                               -- 查询内容并排序
```

【例 5-9】查询 student 表信息，按照年龄排序，并将姓名、年龄结果保存到表 year 中。新建查询编辑器，输入以下语句，运行结果如图 5－30 所示。

```
USE student                                    -- 打开 student 数据库
SELECT Name AS 姓名 ,year(birthday) AS 年龄 INTO stu_year
FROM student_table ORDER BY YEAR(birth)
SELECT * FROM student_table
```

结果　消息

	姓名	年龄
1	崔伟	2001
2	栾琪	2001
3	刘双	2000
4	张龙	2000
5	任龙	2000

图 5－30　生成新数据表

任务 5.6　使用嵌套查询

020 使用嵌套查询

任务描述

在 student 数据库中，student 表的编号形成了外关键字约束，当查询学生其他信息时需要多表联合使用，此时，便可通过编号把各个表联系起来，利用嵌套结构完成查询。

任务分析

嵌套查询是高级查询技术，即一个 SELECT 语句中可嵌套另外的子查询，这种方式就是嵌套查询。在实际应用中，嵌套查询能够帮助用户在多个表中完成查询任务。

完成该任务需要掌握子查询的应用方法。

子查询可以把一个复杂的查询分解成几个简单的查询来完成结果的输出，即先执行内层查询再执行外层查询

为了说明问题，创建一个英语等级信息表 CET_level，见表 5－2。

表 5－2　英语等级信息

编号	列名	数据类型	说明
1	Student_id	int	学号
2	level	Varchar(8)	等级名称

创建表格的 SQL 语句如下：

```
USE student
CREATE TABLE CET_level
( Student_id int IDENTITY(20200101,1) PRIMARY KEY,
  Level varchar(8)
)
```

录入如图 5－31 所示的数据。

Student id	Level
20200101	英语四级
20200102	英语四级
20200103	英语六级
20200104	未过级
20200105	英语四级

图 5－31　英语过级信息

任务实现

步骤：单击“新建查询”按钮进入查询编辑器，打开 student 数据库。在查询编辑器中输入以下查询语句，运行结果如图 5－32 所示。

```
USE student
SELECT Name AS 四级名单 FROM student_table
WHERE student_id
IN(SELECT student_id FROM CET_level WHERE level=' 英语四级 ')
```

结果　消息

	四级名单
1	崔伟
2	栾琪
3	任龙

图 5－32　查询英语四级名单

相关知识

1. 嵌套查询

嵌套查询也称为子查询，当查询的内容来自多张表，而且多张表之间有一定的联系时，我们就可以分析是否能用嵌套查询来解决问题。嵌套查询中最多可以嵌套 32 层。嵌套查询分为以下几种类型：

（1）用于关联数据。如上例中用 IN 将多个查询关联起来。也可以用 exists、any、all 等来关联。

（2）用于派生表。可以用嵌套查询产生一个派生的表，用于代替 FROM 子句中的表。派生表是 FROM 子句中嵌套查询的一个特殊用法，用一个别名或用户自定义的名字来引用这个派生表。FROM 子句中的嵌套查询将返回一个结果集，这个结果集所形成的表将被外层 SELECT 语句使用。

（3）用于表达式。在查询中，所有使用表达式的地方都可以用嵌套查询代替。此时嵌套查询必须返回一个单个的值或某一个字段的值。嵌套查询可以返回一系列的值来代替出现在 WHERE 子句中的 IN 关键字的表达式。

（4）使用嵌套查询向表中添加多条记录。使用 INSERT…SELECT 语句可以一次向表中添加多条记录。语法格式如下：

```
INSERT 表名 [( 字段列表 )]
SELECT 字段列表 FROM 表名 WHERE 条件表达式
```

功能：该语句将 SELECT 子句从一个或多个表或视图中选取的数据，一次性添加到目的列表中。可以一次添加多条记录，还可以选择添加列。

2. 嵌套查询的注意事项

当用嵌套查询产生派生表时，必须考虑到以下几点：

（1）查询语句中的一个结果集被用作一个表。

（2）代替了 FROM 子句中的表。

（3）将与查询的其他部分一起参与优化。

当使用嵌套查询向表中添加记录时，必须注意：

（1）SELECT 语句的列名列表必须与 INSERT 语句的列名列表的列数、列序、列的数据类型兼容。

（2）SELECT 语句不能用小括号括起。

3. 使用嵌套查询的场合

通常，当查询的内容来自多张表时，且多张表有代表意义上相同的字段内容，可以使用嵌套查询。

4. 操作实例

为说明问题，创建一个课程信息表 Course_table，语句如下，表中数据见表 5-3。

```
USE student
CREATE TABLE Course_table
( Course_id int  PRIMARY KEY,
  Course_name varchar(20),
```

```
    Course_teacher  varchar(10)
)
```

表5－3　课程信息

编号	列名	数据类型	说明
1	Course_id	int	课程号
2	Course_name	Varchar(20)	课程名
3	Course_teacher	Varchar(10)	任课教师

向Course_table表中添加表5－4所示的数据。

表5－4　课程信息表数据

编号	Course_id	Course_name	Course_teacher
1	10001	计算机组成原理	李明
2	10002	数据结构与算法	王光明
3	10003	C++程序设计基础	王珊珊
4	10004	操作系统	李大福
5	10005	网络基础	吴迪

创建一个课程成绩表CScore_table，结构见表5－5，并追加数据。

表5－5　课程成绩

编号	列名	数据类型	说明
1	Student_id	int	学号
2	Course_id	int	课程号
3	CScore	int	课程分数

创建课程成绩表CScore_table的语句如下：

```
USE student
CREATE TABLE CScore_table
( Student_id int,
  Course_id  int,
CScore       int)
```

向表中添加数据的语句如下：

```
USE student
INSERT INTO Cscore_table
VALUES (20200101,10001,90),(20200101,10002,80),
       (20200101,10003,95),(20200101,10004,89),
       (20200101,10005,97),(20200102,10001,91),
       (20200102,10002,82),(20200102,10003,94),
```

```
        (20200102,10004,78),(20200102,10005,88),
        (20200103,10001,66),(20200103,10002,67),
        (20200103,10003,95),(20200103,10004,90),
        (20200103,10005,89),(20200104,10001,78),
        (20200104,10002,87),(20200104,10003,88),
        (20200104,10004,85),(20200104,10005,97),
        (20200105,10001,77),(20200105,10002,82),
        (20200105,10003,79),(20200105,10004,87),
        (20200105,10005,90);
```

【例 5-10】查询选修“数据结构与算法”课程的学生信息。新建查询编辑器，输入以下语句，运行结果如图 5－33 所示。

```
USE student
SELECT Name AS 选修数据结构与算法名单 FROM student_table
WHERE student_id
  IN (SELECT student_id FROM Cscore_table WHERE Course_id=10002)
```

结果　消息

	选修数据结构与算法名单
1	崔伟
2	栾琪
3	刘双
4	张龙
5	任龙

图 5－33　选修“数据结构与算法”课程的名单

【例 5-11】查询选修数据结构与算法的成绩为 90 分以上的学生的姓名。新建查询编辑器，输入以下语句，运行结果如图 5－34 所示。

```
USE student
SELECT Name AS 数据结构与算法成绩大于 90 名单
FROM student_table
WHERE student_id
IN (SELECT student_id FROM Csore_table
WHERE Course_id=10002 AND CScore>=90)
```

结果　消息

	数据结构与算法成绩大于90名单
1	张龙

图 5－34　选修成绩为 90 分以上的名单

【例 5-12】查询教过学生刘双的教师的名单。新建查询编辑器，输入以下语句，运行结果如图 5－35 所示。

```
USE student
SELECT Course_teacher AS 教过刘双教师名单 FROM course_table
WHERE course_id
IN (SELECT course_id FROM CScouse_table WHERE student_id
IN SELECT student_id FROM student_table WHERE Name=' 刘双 '))
```

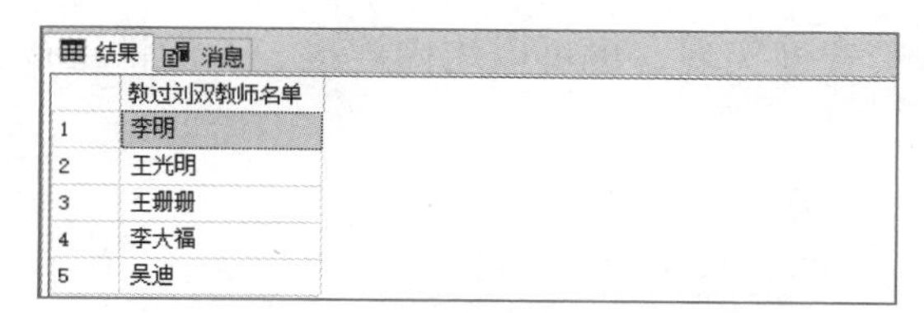

结果 消息

	教过刘双教师名单
1	李明
2	王光明
3	王珊珊
4	李大福
5	吴迪

图 5－35　教过学生刘双的教师的名单

【例 5-13】查询教师吴迪教过的学生及班级的名单。新建查询编辑器，输入以下语句，运行结果如图 5－36 所示。

```
USE student
SELECT Name AS 姓名 ,Class_id AS 班级 FROM student_table WHERE student_id
IN(SELECT student_id FROM Cscore_table WHERE Course_id
IN(SELECT course_id FROM course_table WHERE course_teacher=' 吴迪 ' )
```

结果 消息

	姓名	班级
1	崔伟	计应201
2	栾琪	计应201
3	刘双	计应202
4	张龙	计应201
5	任龙	计应202

图 5－36　教师吴迪教过的学生及班级的名单

【例 5-14】查询学生各科成绩及相应任课教师，语句如下：

```
USE student
SELECT student_table.Name,Course_table.Course_name,CScore_table.CScore,
Course_table.Course_teacher FROM Course_table,CScore_table,student_table
WHERE CScore_table.Course_id=Course_table.Course_id
AND CScore_table.Student_id=student_table.Student_id
```

【例 5-15】查询崔伟同学各科成绩及相应任课教师，语句如下：

```
USE student
SELECT student_table.Name,Course_table.Course_name,CScore_table.CScore,
Course_table.Course_teacher FROM Course_table,CScore_table,student_table
WHERE CScore_table.Course_id=Course_table.Course_id
AND CScore_table.Student_id=stu_table.Student_id
AND student_name=' 崔伟 '
```

任务 5.7　使用连接查询

021　使用连接查询

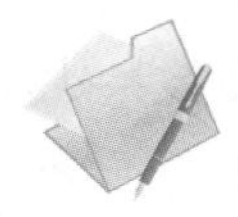

任务描述

返回学生基本信息时需要返回相关课程、分数、教师等信息，以便用户更好地读取数据。这不仅可以用嵌套查询实现，也可以用内连接、一般性连接来实现。

任务分析

内连接是 SQL 默认的连接方式。内连接通过比较两个表共同拥有的列的值，把两个表连接起来返回满足条件的行，可以理解为等值连接。仅当一个表中的一些行在另一个表中也有相应行时，内连接才会返回两表中任意一表中的这些行，而会忽略所有未满足连接条件的行。具体语法如下：

```
USE student
SELECT 列名 1，列名 2，列名 3，......
FROM 表 1 inner join 表 2
ON 条件
```

完成该任务需要明确一般性连接和内连接的异同点。

一般性连接的原理同内连接相同，只是命令格式稍有不同，一般性连接是用 WHERE 指明连接条件，内连接是用 ON 指明连接条件。相比而言，一般性连接使用起来更简单、更灵活一些。

任务实现

步骤 1：单击“新建查询”按钮进入查询编辑器，打开 student 数据库。在查询编辑器中输入以下查询语句，其中的 Cscore_table 与 student_table 采用内连接操作，inner join 是内连接的关键字，查询条件是查找刘双同学的课程信息与个人信息，运行结果如图 5－37 所示。

```
USE student
SELECT * FROM  CScore_table
INNER JOIN student_table ON CScore_table.Student_id=student_table.Student_id
WHERE student_table.Name=' 刘双 '
```

结果 消息

	Student_id	Course_id	CScore	Student_id	Name	Card	Class_id	Sex	Birth	Admission	Memo
1	20200103	10001	66	20200103	刘双	230221200001161666	计应202	女	2000-01-16 00:00:00.000	2020-09-01 00:00:00.000	NULL
2	20200103	10002	67	20200103	刘双	230221200001161666	计应202	女	2000-01-16 00:00:00.000	2020-09-01 00:00:00.000	NULL
3	20200103	10003	95	20200103	刘双	230221200001161666	计应202	女	2000-01-16 00:00:00.000	2020-09-01 00:00:00.000	NULL
4	20200103	10004	90	20200103	刘双	230221200001161666	计应202	女	2000-01-16 00:00:00.000	2020-09-01 00:00:00.000	NULL
5	20200103	10005	89	20200103	刘双	230221200001161666	计应202	女	2000-01-16 00:00:00.000	2020-09-01 00:00:00.000	NULL

图 5－37　使用内连接查询

步骤 2：单击“新建查询”按钮进入查询编辑器，打开 student 数据库。在查询编辑器中输入以下查询语句，该代码采用一般性连接，比较好理解，可以对比内连接来学习。运行结果如图 5－38 所示。

```
USE student
```

```
SELECT * FROM Course_table,student_table,CScore_table
WHERE CScore_table.Student_id=student_table.Student_id and student_table.Name=' 刘双 '
AND Course_table.Course_id=CScore_table.Course_id
```

结果 消息

	Course_id	Course_name	Course_teacher	Student_id	Name	Card	Class_id	Sex	Birth	Admission	Memo	Student_id	Course_id	CScore
1	10001	计算机组成原理	李明	20200103	刘双	230221200001161666	计应202	女	2000-01-16 00:00:00.000	2020-09-01 00:00:00.000	NULL	20200103	10001	66
2	10002	数据结构与算法	王光明	20200103	刘双	230221200001161666	计应202	女	2000-01-16 00:00:00.000	2020-09-01 00:00:00.000	NULL	20200103	10002	67
3	10003	C++程序设计基础	王栅栅	20200103	刘双	230221200001161666	计应202	女	2000-01-16 00:00:00.000	2020-09-01 00:00:00.000	NULL	20200103	10003	95
4	10004	操作系统	李大福	20200103	刘双	230221200001161666	计应202	女	2000-01-16 00:00:00.000	2020-09-01 00:00:00.000	NULL	20200103	10004	90
5	10005	网络基础	吴迪	20200103	刘双	230221200001161666	计应202	女	2000-01-16 00:00:00.000	2020-09-01 00:00:00.000	NULL	20200103	10005	89

图 5－38　一般性连接

相关知识

1. 内连接的基本语法

```
SELECT 列名列表 FROM 表名 1 [INNER] JOIN 表名 2 ON 表名 1. 列名 = 表名 2. 列名
```

说明如下：

（1）列名列表必须是表名 1 中含有的字段。

（2）如果查询中还有其他条件则使用 WHERE< 条件 > 子句。

2. 一般连接的基本语法

```
SELECT 列名列表 FROM 表名 1, 表名 2 WHERE 表名 1. 列名 = 表名 2. 列名
```

说明如下：

（1）列名列表可以是两张表中任意的字段。

（2）如果查询中还有其他条件，则写在原 WHERE< 连接条件 > 后，用 AND 连接。

3. 二者异同

内连接和一般性连接都是只包含满足连接条件的数据行，也称自然连接，这是二者的相同点，不同点主要如下：

（1）连接条件写法不同。内连接的连接条件表达式用 ON 连接；一般性连接则用 WHERE 指定连接条件。

（2）表名写的位置不同。内连接中第一个 FROM 后面只能跟一张表，即要查询的字段存在的那张表。一般性连接中 FROM 后面跟多张表，之间用“,”隔开。

4. 操作实例

【例 5-16】查询每个学生的姓名、课程及成绩。新建查询编辑器，输入以下语句：

```
USE student
SELECT Name,Course_name,CScore
FROM Course_table,student_table,CScore_table
WHERE CScore_table.Student_id=student_table.Student_id
AND Course_table.Course_id=CScore_table.Course_id
```

【例 5-17】查询每个学生的姓名、选修的课程名、成绩及任课教师。新建查询编辑器，输入以下语句：

```
USE student
```

```
SELECT Name,Course_name,CScore,Course_teacher
FROM Course_table,student_table,CScore_table
WHERE CScore_table.Student_id=student_table.Student_id
AND Course_table.Course_id=CScore_table.Course_id
```

【例 5-18】使用一般性连接查询选修课成绩大于 90 的学生的学号、姓名、课程名及分数。新建查询编辑器，输入以下语句，运行结果如图 5－39 所示。

```
USE student
SELECT student_table.student_id,Name,Course_name,CScore
FROM Course_table,student_table,CScore_table
WHERE CScore_table.Student_id=student_table.Student_id
AND Course_table.Course_id=CScore_table.Course_id
AND Cscore_table.CScore>90
```

	student_id	Name	Course_name	CScore
1	20200101	崔伟	C++程序设计基础	95
2	20200101	崔伟	网络基础	97
3	20200102	栾琪	计算机组成原理	91
4	20200102	栾琪	C++程序设计基础	94
5	20200103	刘双	C++程序设计基础	95
6	20200104	张龙	网络基础	97

图 5－39　一般性多表查询

【例 5-19】使用内连接查询选修课成绩大于 90 的学生的学号、姓名及分数。新建查询编辑器，输入以下语句，运行结果如图 5－40 所示。

```
USE student
SELECT student_table.Student_id,Name,CScore
FROM student_table join CScore_table
ON CScore_table.Student_id=student_table.Student_id and CScore>=90
```

	Student_id	Name	CScore
1	20200101	崔伟	90
2	20200101	崔伟	95
3	20200101	崔伟	97
4	20200102	栾琪	91
5	20200102	栾琪	94
6	20200103	刘双	95
7	20200103	刘双	90
8	20200104	张龙	97
9	20200105	任龙	90

图 5－40　双表内连接

友情提醒：通过对以上实例的操作，相信同学们已经对内连接和一般性连接的用法有了更进一步的认识和理解。在实际应用中，遇到连接查询时，具体采用哪种方法，可以随自己喜好而定。

【例 5-20】使用内连接查询选修课成绩大于 90 的学生的学号、姓名、课程名及分数。新建查询编辑器，输入以下语句，运行结果如图 5－41 所示。

```
USE student
SELECT student_table.student_id,Name,Course_name,CScore
FROM student_table INNER JOIN CScore_table
ON CScore_table.Student_id=student_table.Student_id
INNER JOIN Course_table
ON Course_table.Course_id=CScore_table.Course_id
AND CScore_table.CScore>90
```

结果　消息

	student_id	Name	Course_name	CScore
1	20200101	崔伟	C++程序设计基础	95
2	20200101	崔伟	网络基础	97
3	20200102	栾琪	计算机组成原理	91
4	20200102	栾琪	C++程序设计基础	94
5	20200103	刘双	C++程序设计基础	95
6	20200104	张龙	网络基础	97

图 5－41　三表内连接

更多表间的连接可以参考例 5-20。

任务 5.8　使用其他连接查询

022 使用其他连接查询

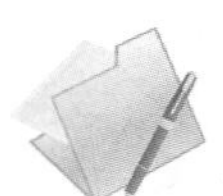

任务描述

在连接查询中，除任务 5.7 所讲的两种方式外，还有其他方式，如交叉连接查询、外连接查询、集合连接查询。这几种查询方式虽然不常用，但了解其原理对学习数据库系统、提高逻辑分析与判断能力是有一定帮助的。

任务分析

交叉连接可以生成测试数据，也可为核对表及业务模块而生成所有可能组合的清单。交叉连接将从被连接的表中返回所有可能的行的组合。如表 1 有 3 条记录，表 2 有 6 条记录，那么通过交叉连接查询到的结果就是 3×6=18 条记录。

根据返回行的主从表形式不同，外连接可分为 3 种类型，即左外连接、右外连接和完全连接。

（1）左外连接即在连接时将左边表的字段值保留下来，右边表没有相同匹配的项则以 NULL 替代，即 left join。

（2）右外连接即在连接时将右边表的字段值保留下来，左边表没有相同匹配的项则以 NULL 替代，即 right join。

（3）完全连接即左右两边表所有的字段值都保留下来，即 full join。

使用 UNION 运算符可以将两个或多个 SELECT 语句的结果组合成一个结果集，即集合连接。使用集合连接查询时要求结果集必须具有相同的结构，即列数相同，并且相应的结果集的列的数据类型必须兼容。

完成该任务需要了解交叉连接、外连接、集合连接的概念。

任务实现

步骤 1：单击“新建查询”按钮进入查询编辑器，打开 student 数据库。在查询编辑器中输入以下查询语句，运行后会产生一个交叉查询结果，由 3 个表的记录数之积生成记录数，本例中 student 表有 5 个记录，课程表有 5 个记录，分数表有 25 个记录，三者之积为 625。由于记录过多，截图略。

```
USE student
SELECT * FROM student_table, CScore_table,Course_table
```

步骤 2：单击“新建查询”按钮进入查询编辑器，打开 student 数据库。在查询编辑器中输入以下查询语句，运行后会产生一个多表左外连接结果。左外边接是在两个或多个表的自然连接的基础上保留了主表的记录，其余表中对应的列补上相应记录。由于记录过多，截图略。

```
USE student
SELECT * FROM student_table LEFT JOIN CScore_table
ON student_table.student_id=Cscore_table.student_id
LEFT JOIN Course_table
ON Cscore_table.Course_id=Course_table.Course_id
```

步骤 3：单击“新建查询”按钮进入查询编辑器，打开 student 数据库。在查询编辑器中输入以下查询语句，UNION 集合了 student_table 和 CScore_table 的共同字段 student_id 的记录，运行后可以查看运行结果。如果多个表有公共字段则可以通过多个表联合查询公共字段。

```
USE student
SELECT student_id FROM student_table
UNION
SELECT student_id FROM CScore_table
```

相关知识

1. 交叉连接查询

交叉连接的语法格式如下：

```
格式一：SELECT 列名列表 FROM 表名 1, 表名 2
格式二：SELECT 列名列表 FROM 表名 1 CROSS JOIN 表名 2
```

交叉连接的结果是两个表的笛卡儿积。

通常，交叉连接在实际应用中是没有意义的，但在数据库的数学模式上则有重要的作用。

2. 外连接查询

（1）左外连接。将左表中的所有记录分别与右表中的每条记录进行组合，结果集中除返回内部连接的记录外，还在查询结果中返回左表中不符合条件的记录，并在右表的相应列中填上 NULL。bit 类型不允许为 NULL，以 0 值填充。语法格式如下：

```
SELECT 列名列表 FROM 表名 1 AS A LEFT [OUTER] JOIN 表名 2 AS B ON A. 列名 =B. 列名
```

（2）右外连接。和左外连接类似，右外连接是将右表中的所有记录分别与左表中的每条记录进行组合，结果集中除返回内部连接的记录外，还在查询结果中返回右表中不符合条件的记录，并在左表的相应列中填上 NULL。bit 类型不允许为 NULL，以 0 值填充。语法格式如下：

```
SELECT 列名列表 FROM 表名 1 AS A RIGHT [OUTER] JOIN 表名 2 AS B ON A. 列名 =B. 列名
```

（3）全外连接。将左表中的所有记录分别与右表中的每条记录进行组合，结果集中除返回内部连接的记录以外，还在查询结果中返回两个表中不符合条件的记录，并在左表或右表的相应列中填上 NULL。bit 类型不允许为 NULL，以 0 值填充。语法格式如下：

```
SELECT 列名列表 FROM 表名 1 AS A FULL [OUTER] JOIN 表名 2 AS B ON A. 列名 =B. 列名
```

3. 集合连接查询

UNION 运算符用于将两个或多个检索结果合并成一个结果，当使用 UNION 时，需遵循以下规则：

（1）所有查询中的列数和列的顺序必须相同。

（2）所有查询中按顺序对应列的数据类型必须兼容。

4. 操作实例

【例 5-21】查询 student_table、Cscore_table、Course_table 表的信息。新建查询编辑器，输入以下语句：

```
USE student
SELECT * FROM student_table, Cscore_table, Course_table
```

【例 5-22】查看学生及其选课信息，如果学生没有选课，则将其选课成绩各项标为 NULL。新建查询编辑器，输入以下语句：

```
USE student
SELECT * FROM student_table LEFT JOIN Cscore_table
ON student_table.student_id= Cscore_table. student_id
```

【例 5-23】查询选修数据结构与算法课程的学生的信息。新建查询编辑器，输入以下语句：

```
use student
SELECT * from  student_table LEFT JOIN CScore_table
ON student_table.student_id= Cscore_table. student_id
```

```
LEFT JOIN Course_table
ON Course_table.Course_id=Cscore_table.Course_id
WHERE Course_name=' 数据结构与算法 '
```

技能检测

一、填空题

1. 在 SQL Server 中，对数据的查询使用（　　）语句。

2. SELECT 语句中的（　　）子句用于指定记录有条件的查询，（　　）表示去掉重复的记录。

3. SELECT 语句中，如果查询所有的列，则列名列表由（　　）代替。如果指明查询指定的某一列或某几列，则列名之间用（　　）号隔开。

4. SELECT 语句的 TOP N 用于指定查询结果返回的（　　）。

5. SELECT 语句中，利用（　　）子句可以从指定的组中选择满足筛选条件的记录。

6. 计算字段的求和函数是（　　），统计记录数的函数是（　　）。

7. 一个表有 *m* 条记录，另一个表有 *n* 条记录。两个表交叉连接后一共有（　　）条记录。

8. 在 WHERE 子句中使用（　　）条件，可以查询限定范围。

9. 查询时，若无法确定某条记录中具体的信息，在 WHERE 子句中使用（　　）或（　　）与通配符搭配使用，可以实现模糊查询。

10. SQL 中常用的通配符有（　　）和（　　），其中（　　）代表任意的任意个字符，（　　）代表任意的一个字符。

二、选择题

1. 在数据库标准语言 SQL 中，关于 NULL 值叙述正确的是（　　）。

   A. NULL 表示空格

   B. NULL 表示 0

   C. NULL 既可以表示 0，也可以表示空格

   D. NULL 表示空值

2. 若在两个表之间进行连接，则写法错误的是（　　）。

   A. SELECT…FROM 表 1，表 2 WHERE 表 1. 连接字段名 = 表 2. 连接字段名…

   B. SELECT…FROM 表 1 WHERE 连接字段名 IN（SELECT 连接字段名 FROM…）

   C. SELECT…FROM 表 1 INNER JOIN 表 2 ON 表 1. 连接字段名 = 表 2. 连接字段名

   D. SELECT…FROM 表 1，表 2 ON 表 1. 连接字段名 = 表 2. 连接字段名…

3. 在 SELECT 语句中，利用（　　）关键字能够去除结果表中重复的记录。

   A. TOP　　B. INTO　　C. DISTINCT　　D. ADD

4. 分别统计男女生人数，正确的 SELECT 命令为（　　）。

   A. SELECT COUNT(*) FROM student WHERE sex=' 男 ' AND sex=' 女 '

   B. SELECT COUNT(*) FROM student WHERE sex=' 男 ' OR sex=' 女 '

   C. SELECT COUNT(*) FROM student ORDER BY sex

D. SELECT COUNT(*) FROM student GROUP BY sex

5. 关于查询语句中的 ORDER BY 子句，使用正确的是（　　）。

A. 如果未指定排序字段，则默认按递增排序

B. 数据表的字段都可用于排序

C. 如果在 SELECT 子句中使用 DISTINCT 关键字，则排序字段必须出现在查询结果中

D. 连接查询不允许使用 ORDER BY 子句

6. SELECT 语句中，（　　）表示任意的任意个字符。

A. ?　　B. *　　C. !　　D. _

7. 以下选项中，（　　）不是 WHERE 子句中可用的逻辑运算符。

A. AND　　B. OR　　C. NOT　　D. &

8. HAVING< 条件 > 只能与（　　）配合使用，表示分组后将满足条件的记录输出。

A. GROUP BY　　B. WHERE　　C. AND　　D. AS

9. 在查询结果集中，可以使用（　　）子句对查询的结果重新进行排序。

A. GROUP BY　　B. WHERE　　C. ORDER BY　　D. AS

10. 在 SELECT 查询中，使用 INTO 短语时，其位置要在（　　）。

A. FROM 前，查询的列之后　　B. FROM 后，查询的列之前

C. FROM 后，与查询的列无关　　D. 位置任意

三、判断题

1. SELECT 查询中，DISTINCT 的功能是去掉重复的字段。（　　）

2. SELECT 查询中，INTO 短语只能与 ORDER BY 配合使用。（　　）

3. 内连接和一般性连接没有任何区别，使用方法一样。（　　）

4. 集合连接要求两个结果集字段名及个数一致。（　　）

5. 分组子句 GROUP BY 使用时，查询字段有一定的限制。（　　）

6. 如果查询的列不是来自库表字段，而是表达式或函数时，SQL 默认无列名。（　　）

7. 在 SELECT 查询中，不区分大小写。（　　）

8. 在 WHERE 子句中，BETWEEN…AND…表示在……和……之间，包括两个端点的值。（　　）

9. SELECT 输入记录的默认顺序是按它们在表中的顺序。（　　）

10. 在 SELECT 查询中，使用 INTO 短语可以将查询的结果保存到指定的表中。（　　）

四、实操题

1. 创建一个学生信息管理数据库 stud，并创建相应表，包括学生表 student、课程表 course、成绩表 score，教师表 teacher，然后录入相关测试数据。各表中字段名、类型如下：

（1）student(sno varchar(3) not null, sname varchar(4) not null, ssex varchar(2) not null, sbirthday datetime, class varchar(5))

（2）course(cno varchar(5) not null, cname varchar(10) not null, tno varchar(10) not null)

（3）score (sno varchar(3) not null, cno varchar(5) not null, degree numeric(10, 1) not null)

（4）teacher (tno varchar(3) not null, tname varchar(4) not null, tsex varchar(2) not null, tbirthday datetime not null, prof varchar(6), depart varchar(10) not null)

2. 对 stud 数据库完成以下查询操作：

（1）查询 student 表中的所有记录的 sname、ssex 和 class 列。

（2）查询教师所有的单位，即不重复的 depart 列。
（3）查询 student 表的所有记录。
（4）查询 score 表中成绩范围在 60 到 80 的所有记录。
（5）查询 score 表中成绩为 85、86 或 88 的记录。
（6）查询 student 表中“95031”班或性别为“女”的同学的记录。
（7）以 class 降序查询 student 表的所有记录。
（8）以 cno 升序、degree 降序查询 score 表的所有记录。
（9）查询“95031”班的学生人数。
（10）查询 score 表中的最高分的学生的学号和课程号。

项目 6

T-SQL 语言

项目导读

目前，几乎所有的关系数据库管理系统都以 SQL 为核心，在 JAVA、C#、VC++、VB、Delphi 等程序设计语言中也可使用 SQL，它是一种真正的跨平台、跨产品的语言。

Transact-SQL（简称 T-SQL）是 Microsoft 公司针对其自身的数据库产品 Microsoft SQL Server 设计开发并遵循 SQL 99 标准的结构化查询语言，并对 SQL 99 进行了扩展。它在保持 SQL 语言主要特点的基础上，增加了变量、运算符、函数、流程控制和注释等语言元素。Transact-SQL 是 SQL Server 2017 的核心，与 SQL Server 2017 实例通信的所有应用程序都是通过将 Transact-SQL 语句发送到服务器来实现的，与应用程序无关。对于开发人员，掌握 Transact-SQL 及其编程应用是管理 SQL Server 2017 和开发数据库应用程序的基础。

本项目将讲解 T-SQL 语言的组成元素，包括：批处理、脚本、注释、常量、变量、显示和输出语句、函数、流程控制语句，以及游标的概念和应用。

学习目标

1. 了解 T-SQL 语言的基本元素。
2. 掌握 T-SQL 程序控制语句的使用方法。
3. 熟悉函数的应用。
4. 掌握游标的基本概念及使用。

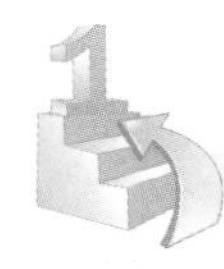

思政目标

通过对流程控制、事务处理等 T-SQL 案例的学习，提升在工作中解决实际问题的能力，加深对专业知识和技能的认可度与专注度。

任务 6.1 T-SQL 语言基础

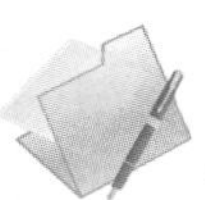

任务描述

023 T-SQL
语言基础

T-SQL 是一门非过程化语言，在 student 数据库中，用户和应用程序都是通过 T-SQL 来操作数据库的。当要执行的任务不能由单一的 SQL 语句实现时，就要通过某种方式将多条 SQL 语句组织到一起，共同完成该项任务，即 SQL 编程。

任务分析

对于 T-SQL 语言，我们要了解它能识别的字或字符、变量的定义方法以及语法规则。完成该任务需要学习以下几方面知识：

（1）批处理、脚本和注释。

（2）常量和变量。

（3）运算符。

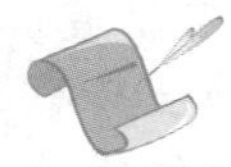

任务实现

1. 批处理、脚本和注释

步骤 1：单击“新建查询”按钮进入查询编辑器，输入以下语句，运行结果如图 6－1 所示。可见，几条 SQL 语句即可构成一个批处理程序，GO 为批处理结束标志。

```
USE student
SELECT * from student_table
SELECT * from Cscore_table
GO
```

结果　消息

	Student_id	Name	Card	Class_id	Sex	Birth	Admission	Memo
1	20200101	崔伟	230228200110100219	计应201	男	2001-10-10 00:00:00.000	2020-08-31 00:00:00.000	先报到
2	20200102	栾琪	231229200111110333	计应201	女	2001-11-11 00:00:00.000	2020-08-31 00:00:00.000	先报到
3	20200103	刘双	230221200001161666	计应202	女	2000-01-16 00:00:00.000	2020-09-01 00:00:00.000	NULL
4	20200104	张龙	221203200012121345	计应201	男	2000-12-12 00:00:00.000	2020-08-31 00:00:00.000	NULL
5	20200105	任龙	222111200008080123	计应202	男	2000-08-08 00:00:00.000	2020-09-01 00:00:00.000	NULL

	Course_id	Course_name	Course_teacher
1	10001	计算机组成原理	李明
2	10002	数据结构与算法	王光明
3	10003	C++程序设计基础	王珊珊
4	10004	操作系统	李大福
5	10005	网络基础	吴迪

图 6－1 批处理示例

步骤 2：右击查询编辑器顶部，在弹出的快捷菜单中选择“保存 SQLQuery2.sql”，可以将 SQL 语句保存到一个文件中，如图 6－2 所示，扩展名为 .SQL，即脚本。下次使用时可通过“文件”菜单打开。

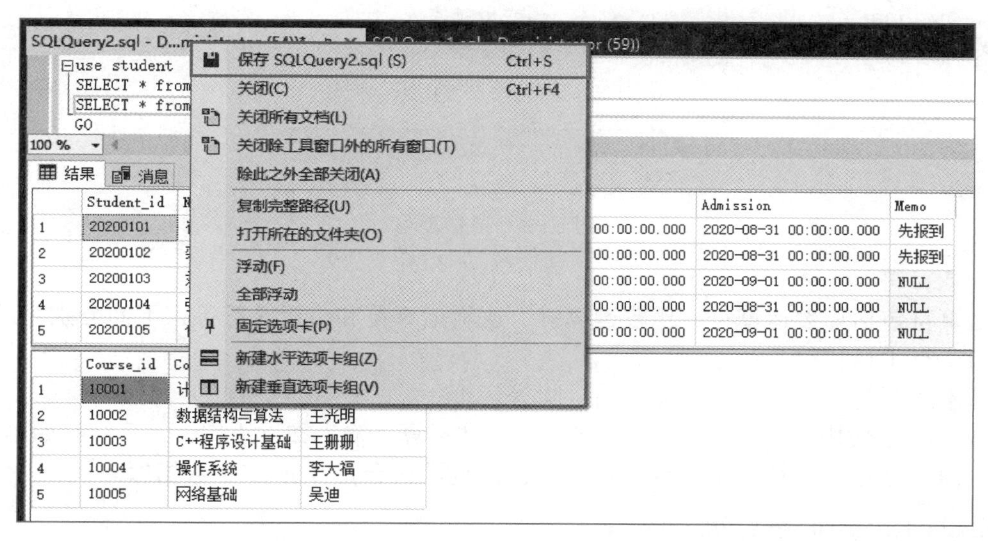

图 6－2　保存文件

步骤 3：打开文件。在“菜单栏”中依次选择“文件”|“打开”|“文件夹”，如图 6－3 所示，即可在弹出的对话框中选择要打开的 SQL 文件。

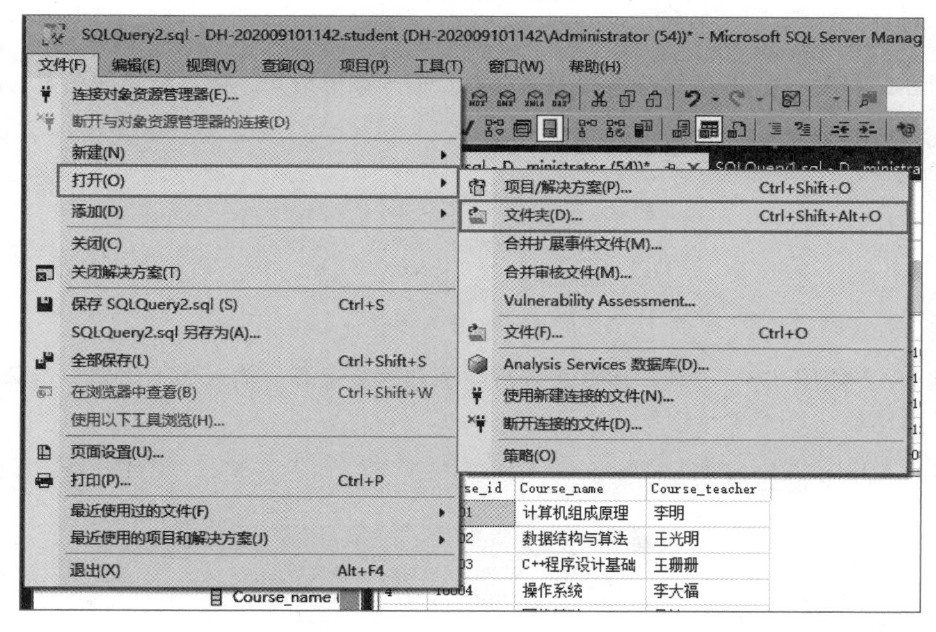

图 6－3　打开文件

2. 常量和变量

以下是变量声明及打印程序片段，运行结果如图 6－4 所示。其中 Declare 用于声明变量 @abc 为整型变量；Set 用于对变量赋值，此处将 @abc 赋值为 123；Print 用于输出变量的值。

```
Declare  @abc int                    -- 声明变量
Set abc=123                          -- 为变量赋值
Print @abc                           -- 打印变量
GO                                   -- 运行到此截止
```

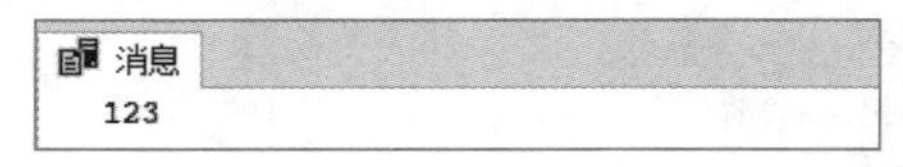

图 6－4　变量声明

3. 运算符

运算符包括算数运算符、比较运算符、逻辑运算符和位运算符等，下面分别介绍。

（1）算术运算符。

算术运算符主要用于加、减、乘、除等运算。

【例 6-1】使用“+”“－”运算符进行加减法运算。输入如下语句，运算结果如图 6－5 所示。由于是数学运算，不用打开数据库，系统默认会打开 master 数据库。

```
SELECT 10+20,0.8+5.9,40-35,0.9-2.8
```

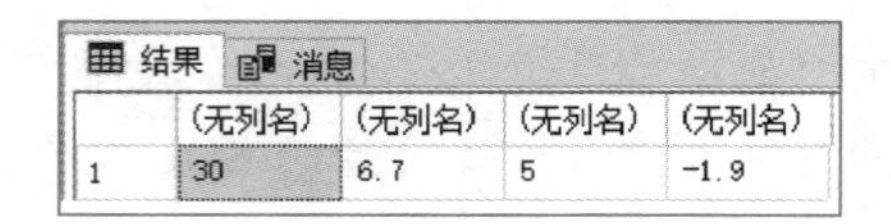

结果　消息

	(无列名)	(无列名)	(无列名)	(无列名)
1	30	6.7	5	-1.9

图 6－5　加减法运算

【例 6-2】使用“*”运算符进行乘法运算。输入如下语句，运算结果如图 6－6 所示。

```
SELECT 10*20,0.8*5.9,40*35,0.9*2.8
```

结果　消息

	(无列名)	(无列名)	(无列名)	(无列名)
1	200	4.72	1400	2.52

图 6－6　乘法运算

【例 6-3】使用“/”“%”运算符进行除法和求余运算。输入如下语句，运算结果如图 6－7 所示。

```
SELECT 10/3,8.8/5.9, 10%3,8.8%5.9
```

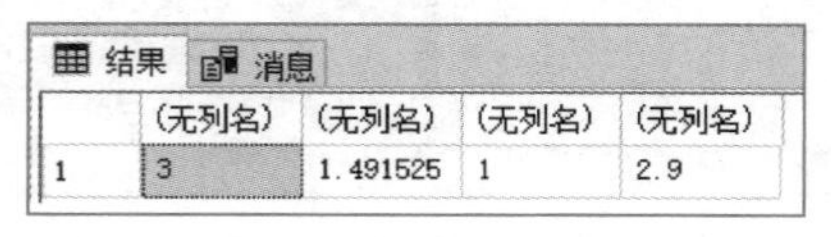

结果　消息

	(无列名)	(无列名)	(无列名)	(无列名)
1	3	1.491525	1	2.9

图 6－7　除法与求余运算

（2）比较运算符。

比较运算符用于对两个操作数进行比较，比较的结果是一个布尔类型，即真假值，分别用 TRUE 和 FALSE 表示。比较运算符不能直接用在 SELECT 语句后面，通常在查询语句中的 WHERE 子句或 T-SQL 编程时的语句中作为判断条件语句使用。比较运算符如下：

```
>          大于                  <      小于
>=         大于等于              <=     小于等于
<> 或 !=   不等于                !<     不小于
!>         不大于
```

（3）逻辑运算符。

逻辑运算主要包括与或非等运算，结果也是布尔类型，主要用在 WHERE 子句中，具体如下：

```
AND            与运算
OR                     或运算
NOT            非运算
ALL            是否满足全部条件
ANY            满足其中一个条件
IN                     判断一个值是否在指定范围内
BETWEEN                与 AND 连用判断一个值是否在一个范围内
EXISTS         判断是否能查出数据
SOME           同 ANY
```

（4）位运算符。

位运算包括按位与、按位或、按位异或，具体如下：

```
&              按位与运算
|              按位或运算
^              按位异或运算
~              返回运算数的补数
```

【例 6-4】使用“&”“|”“^”运算符计算。输入如下语句，运算结果如图 6－8 所示。其结果是二进制数值，10 的二进制数是 1010，3 的二进制数是 0011，运算表达式分别是 1010&0011=0010，1010|0011=1011，1010^0011=1001，~1010=1011。

```
SELECT 10&3,10|3,10^3,~10
```

结果　消息

	(无列名)	(无列名)	(无列名)	(无列名)
1	2	11	9	-11

图 6－8　位运算

（5）运算符优先级。

运算符的优先如下：

```
优先级          运算符
1                      ~
2                      *、%、/
3                      +、-、&
4                      =、>、<、>=、<=、!=、!>、!<
5                      ^、|
```

6	NOT
7	AND
8	ALL、SOME、ANY、BETWEEN、OR
9	=（赋值符）

相关知识

1. 批处理

批处理是指包含一条或多条 T-SQL 语句的语句组被一次性执行，是作为一个单元发出的一个和多个 SQL 语句的集合，以 GO 为结束标志。批处理中如果某处发生编译错误，整个计划都无法执行。批处理具有以下特点：

（1）批处理中包含的一条或多条 T-SQL 语句的语句组，从应用程序一次性发送到 SQL server 服务器执行。

（2）SQL Server 服务器将批处理语句编译成一个单元，这种单元称为执行单元。

（3）批处理的过程中某条语句编译出错，则无法执行。若运行出错，则视情况而定。

（4）编译批处理时，GO 语句作为批处理的结束标志，当编译器读取到 GO 语句时，会把 GO 语句前的所有语句当作一个批处理，并将这些语句打包发送给服务器。GO 语句本身不是 T-SQL 语句的组成部分，只是一个表示批处理结束的指令。

2. 批处理必须遵守的规则

（1）create default,create rule,create trigger,create procedure 和 create view 等语句在同一个批处理中只能提交一个。

（2）不能在删除一个对象之后，在同一批处理中再次引用这个对象。

（3）不能把规则和默认值绑定到表字段或者自定义字段上之后，立即在同一批处理中使用它们。

（4）不能定义一个 check 约束之后，立即在同一个批处理中使用。

（5）不能修改表中一个字段名之后，立即在同一个批处理中引用这个新字段。

（6）使用 Set 语句设置的某些 Set 选项不能应用于同一个批处理中的查询。

（7）若批处理中第一个语句是执行某个存储过程的 EXECUTE 语句，则 EXECUTE 关键字可以省略。若该语句不是第一个语句，则必须写上。

3. 批处理结束语句

批处理以 GO 作为结束语句，GO 语句和 T-SQL 语句不可在同一行，在批处理中的第一条语句后执行任何存储过程均必须包含 EXECUTE 关键字。局部（用户定义）变量的作用域限制在一个批处理中，不可在 GO 语句后引用。

4. 脚本

脚本是包含一到多个 SQL 命令的 T-SQL 语句，扩展名为 .SQL，该文档可以在 SSMS 中运行。

一个脚本可以包含一个或多个批处理，脚本中的 GO 语句标识一个批处理的结果，如果一个脚本中没有包含任何 GO 语句，则它被视为一个批处理。

5. 注释

注释是程序中不被执行的文本字符串，也称为备注。注释有以下两个作用：

（1）对程序进行说明，便于将来维护。

（2）可以把程序中暂时不用的语句注释掉，使它们暂时不被执行，等需要这些语句时，再将它们恢复。

SQL Server 2017 支持以下两种类型的注释字符：

（1）注释单行：用 --（双连字符）。

```
-- 建立数据库 student
```

（2）注释多行：用 /*…*/。

```
/* 建立数据库，数据库名称为 student*/
```

友情提醒：可以使用快捷键来添加注释，方法是选中语句后，先按“Ctrl+K”，再按“Ctrl+C”；取消注释时，先按“Ctrl+K”，再按“Ctrl+U”。

6. 常量

常量是指在程序运行中值不变的量。在 SQL Server 中，所有基本数据类型表示的值都可以作为常量使用。根据类型不同，常量可分为字符型常量、UNICODE 字符串常量、整型常量、日期时间型常量、实型常量、货币常量等。常量的格式取决于它所表示的值的数据类型。

（1）字符型常量。用单引号括起来的由 ASCII 构成的字符串。包含字母、数字字符（A~Z, 0~9, a~z）以及特殊字符，如感叹号（！），“at”符号 @ 和数字字符 #。字符串常量示例如下：

```
'abcd1234'
'sqlserver2017@126.com'
```

（2）UNICODE 字符串常量。前面有一个 N，如 'abcde' 是字符串常量，而 N 'abcde' 是 UNICODE 字符串常量。（N 在 SQL 92 规范中表示国际语言，必须大写）。Unicode 常量主要用于控制和比较区分大小写。

Unicode（统一码、万国码、单一码）是一种在计算机上使用的字符编码。它为每种语言中的每个字符设定了统一并且唯一的二进制编码，以满足跨语言、跨平台进行文本转换、处理的要求。建议使用单括号括住字符串常量。

（3）整型常量。整型常量是指不包含小数点的数，不必用单引号括起来，通常包括二进制整型常量、十进制整型常量和十六进制整型常量。其中，二进制整型常量由 0，1 组成，如 11111001。十进制整型常量如 2789；十六进制整型常量用 0x 开头，如 0x7e，0x，只有 0x 表示空十六进制数。

（4）日期时间型常量。日期和时间常量是 datetime 类型的数据，且用单引号将日期时间字符串括起来，格式有多种。日期型常量的示例如下，最后两个是时间常量，其余皆是日期常量。

```
'2006-01-12'
'06-24-1983'
```

```
'06/24/1988'
'1989-05-23'
'19820624'
'1982 年 10 月 1 日 '
'06-24-1983'
'06/24/1988'
'1989-05-23'
'19820624'
'1982 年 10 月 1 日 '
'08:08:08'
'07:36 PM'
```

（5）实型常量。实型常量包含定点和浮点，如 165.234，10E23。

（6）货币常量。以货币符号开头，如￥542324432.25、$123。SQL Server 不强制分组，有时每隔 3 个数字插一个逗号。

7. 变量

变量是 SQL Server 用来在其语句之间传递数据的方式之一，由系统或用户定义并赋值。分局部变量和全局变量两种，局部变量是指名称以“@”字符开始，由用户自己定义和赋值的变量；全局变量是指由系统定义和维护，名称以“@@”字符开始的变量。

（1）局部变量。

T-SQL 中用 DECLARE 语句声明变量，并在声明后将变量的值初始化为 NULL。DECLARE 语句的基本语法格式如下：

```
DECLARE @ variable_name date_type
[,@variable_name date_type…]
```

其中，@ variable_name 表示局部变量的名字，必须以“@”开头。date_type 表示指定的数据类型。如果需要，后面还要指定数据长度。局部变量不能是 text、ntext 或 image 数据类型。

变量声明后，DECLARE 语句将变量初始化为 NULL，这时，我们可以调用 SET 语句或 SELECT 语句为变量赋值。SET 语句的基本语法格式如下：

```
SET @variable_name = expression
```

SELECT 语句为变量赋值的基本语法格式如下：

```
SELECT @variable_name = expression [FROM < 表名 > WHERE < 条件 >]
```

expression 为有效的 SQL Server 表达式，它可以是一个常量、变量、函数、列名和子查询等。

（2）全局变量。

全局变量不能由用户定义，全局变量不可以赋值，并且在相应的上下文中随时可用。使用全局变量时应该注意以下几点：

1）全局变量不是由用户的程序定义的，它们是在服务器级定义的。

2）用户只能使用预先定义的全局变量。

3）引用全局变量时，必须以“@@”开头。

局部变量名称不能与全局变量名称相同，否则会在应用程序中出现不可预测的结果。系统提供了约 30 个全局变量，说明如下：

```
@@CONNECTIONS          返回 SQL Server 自上次启动后的连接数
@@CPU_BUSY             返回上次启动后的时间
@@CURSOR_ROWS          返回连接打开的上一个游标中当前限定的行数
@@DATEFIRST            针对会话返回 SET DATEFIRST 当前值
@@DBTS                 返回当前数据库的时间戳数据类型值
@@ERROR                最后一个 T-SQL 错误的错误号
@@FETCH_STATUS         返回针对当前连接打开的任何游标
@@IDLE                 返回 SQL Server 自上次启动后的空闲时间
@@IO_BUSY              返回 SQL Server 最近启动执行输入输出的时间
@@LANGID               返回当前使用语言的本地语言标识符
@@LOCK_TIMEOUT         返回当前会话的当前锁定超时设置
@@IDENTITY             最后一个插入的标识值
@@LANGUAGE             当前使用语言的名称
@@MAX_CONNECTIONS      可以创建的同时链接的最大数目
@@MAX_PRECISION        返回 decimal 和 numeric 数据类型的所用精度
@@NESTLEVEL            返回执行存储过程的嵌套级别
@@OPTIONS              返回有关 SET 选项的信息
@@PACK_RECRIVED        返回上次启动网络时读取的输入数据包数
@@PACK_SENT            返回写入网络的输出数据包数
@@ROWCOUNT             受上一个 SQL 语言影响的行数
@@PROCID               返回 T-SQL 当前模块的对象标识符
@@SERVERNAME           本地服务器的名称
@@SERVICENAME          该计算机上的 SQL 服务的名称
@@SPID                 返回当前用户进程的会话 ID
@@TEXTSIZE             返回 SET 语句的 TEXTSIZE 选项的当前值
@@TIMETICKS            当前计算机上每刻度的微秒数
@@TOTAL_ERRORS         返回上次启动所遇到的磁盘写入数
@@TOTAL_READ           返回上次读取（非缓存读取）的磁盘数目
@@TOTAL_WRITE          返回所执行的磁盘写入数
@@TRANSCOUNT           当前连接打开的事务数
@@VERSION              SQL Server 的版本信息
```

【例 6-5】声明两个变量 @var1 和 @char1，它们的数据类型分别为 int 和 char。并且分别赋值为 100，' 中国 '，执行并查看结果，如图 6－9 所示。

```
declare @var1 INT,@char1 CHAR(4)     -- 声明 var1,char1 变量
set @var1=100                        -- 给 var1 变量赋值 100
set @char1=' 中国 '                  -- 给 char1 变量赋值中国
select @var1 AS 数值 ,@char1 AS 字符串
go
```

	数值	字符串
1	100	中国

图 6－9　变量的定义与使用

【例 6-6】用 SELECT 语句将 Cscore_table 表中的最高学分赋值给变量 @max，其中

PRINT 是打印语句，用于打印变量的值，运行结果如图 6－10 所示。

```
USE student
DECLARE @max  INT                                   -- 声明 @max 变量
SELECT @max = MAX(CScore)FROM Cscore_table          --@max 变量赋值
PRINT @max                                          -- 输出 @maxxf 的值
GO
```

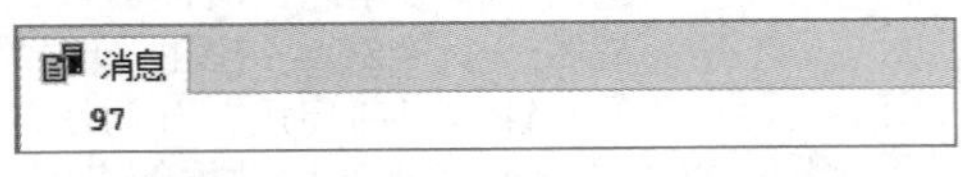
消息
97

图 6－10　变量的定义与使用

【例 6-7】查询档案表 File 中的职工姓名、性别和职称，并分别取适当的名字。新建查询编辑器，输入如下语句，运行并查看结果，如图 6－11 所示，包括版本信息和服务器名称。

```
PRINT @@VERSION                                     -- 查看版本信息
PRINT @@SERVERNAME                                  -- 查看服务器名称
GO
```

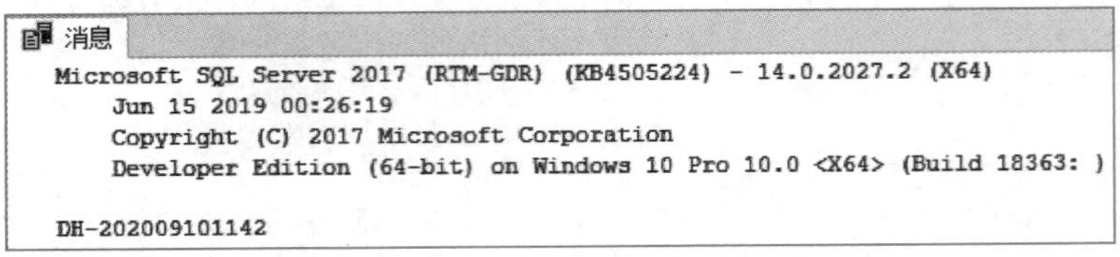

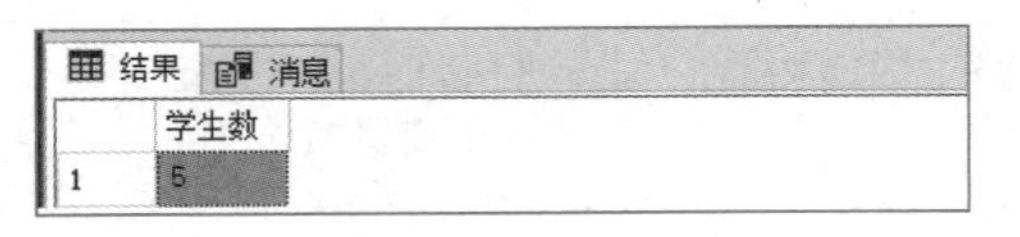
消息
Microsoft SQL Server 2017 (RTM-GDR) (KB4505224) - 14.0.2027.2 (X64)
Jun 15 2019 00:26:19
Copyright (C) 2017 Microsoft Corporation
Developer Edition (64-bit) on Windows 10 Pro 10.0 <X64> (Build 18363:)

DH-202009101142

图 6－11　查看版本信息和服务器名称

【例 6-8】查询学生表 student_table 中的学生人数，使用 SET 语句为变量赋值。新建查询编辑器，输入如下语句，运行结果如图 6－12 所示。

```
USE student
DECLARE @rows int                                   -- 声明变量
SET @rows=(SELECT COUNT(*) FROM student_table)
PRINT @ROWS AS 学生数                               -- 输出各变量的值
GO
```

	学生数
1	5

图 6－12　查看学生人数

任务 6.2　使用函数

任务描述

对于类似 student 的数据库，要想顺利完成特定的数据查询或统计，除了要掌握必要的查询方法外，还要能够熟练地使用一些函数。

任务分析

函数对于任何程序设计语言来说都是非常关键的组成部分。SQL Server 2017 提供的函数非常丰富，主要分成两大类：系统函数和用户自定义函数。其中，系统函数包括数学函数、字符串函数、数据类型转换函数以及日期和时间函数等，在系统函数不能满足需要的情况下，用户可以创建、修改和删除用户定义函数。

完成该任务需要掌握系统函数和用户自定义函数的应用方法。

任务实现

步骤 1：单击“新建查询”按钮进入查询分析器，输入如下语句并执行，结果如图 6－13 所示。

```
PRINT ROUND(134.627,2)
PRINT SUBSTRING(' 纪念抗美援朝战争 70 年 ',3,6)
PRINT ' 中国人民志愿军 '+convert(char,70)+ ' 年 '
PRINT year(getdate())
GO
```

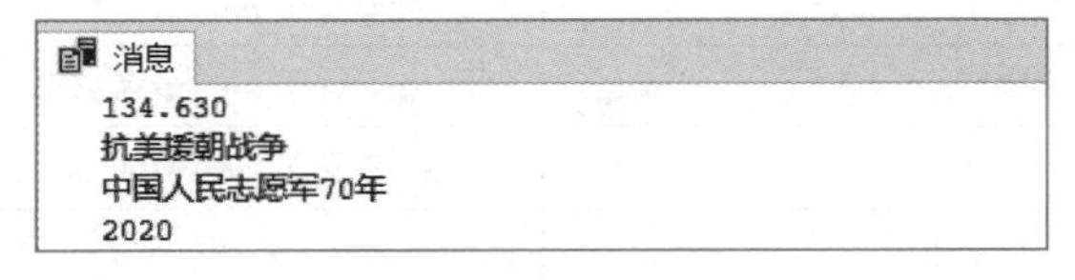

图 6－13　系统函数

步骤 2：输入以下语句，单击“执行”按钮即可在 student 数据库中创建一个函数 MMAX()，用于计算两个数的最大值。

```
CREATE FUNCTION MMAX(@X REAL,@Y REAL)
RETURNS REAL
AS
BEGIN
  DECLARE @Z REAL
  IF @X>@Y
    SET @Z=@X
  ELSE
    SET @Z=@Y
  RETURN @Z
END
```

步骤 3：新建查询，输入如下语句并执行，实现对函数的调用，结果如图 6－14 所示。

```
PRINT DBO.MMAX(100,90);
```

图 6－14　用户自定义函数调用

相关知识

1. 系统函数

如同其他编程语言一样，T-SQL 语言也提供了丰富的数据操作函数，常用的有数学函数、字符串函数、数据类型转换函数、日期和时间函数等。

下面以表格形式列出常见的函数及其说明。

（1）数学函数，见表 6－1。

表 6－1　数学函数

函数名称	说明
ABS(n)	返回 *n* 的绝对值
RAND()	返回 0 ～ 1 之间的随机数
EXP(n)	返回 *n* 的指数值
SQRT(n)	返回 *n* 的平方根
SQUARE(n)	返回 *n* 的平方
POWER(n,m)	返回 *n* 的 *m* 次方
CEILING(n)	返回大于等于 *n* 的最小整数
FLOOR(n)	返回小于等于 *n* 的最大整数
ROUND(n,m)	对 *n* 四舍五入，保留 *m* 位
LOG10(n)、LOG(n)	返回 *n* 以 10 为底的对数、返回 *n* 的自然对数
SIGN(n)	返回 *n* 的正号 (+1)、零 (0) 或负号 (–1)
PI	返回 π 的常量值 3.141 592 653 589 79
ASIN(n)、ACOS(n)、ATAN(n)	反正弦、反余弦、反正切函数，其中 *n* 用弧度表示
SIN(n)、COS(n)、TAN(n)、COT(n)	正弦、余弦、正切、余切函数，其中 *n* 用弧度表示
DEGREES(n)	将指定的弧度值转换为相应角度值
RADIANS(n)	将指定的角度值转换为相应弧度值

（2）字符串函数，见表 6－2。

表 6－2　字符串函数

种类	函数名称	说明
转换函数	ASCII(< 字符表达式 >)	返回字符串表达式最左边字符的 ASCII 码值
	char(< 整型表达式 >)	将 ASCII 码值转换成字符
	STR(< 浮点型表达式 >[,< 长度 [,< 小数长度 >]>])	将数值数据转换为字符数据

续表

种类	函数名称	说明
转换函数	LOWER(< 字符表达式 >)	将大写字母转换为小写字母
	UPPER(< 字符表达式 >)	将小写字母转换为大写字母
取子串函数	SUBSTRING（< 字符串表达式 >，< 起始位置 >，< 长度 >）	在目标字符串或列值中，返回指定起始位置和长度的子串
	LEFT(< 字符串表达式 >,n)	从字符串的左边取 *n* 个字符
	RIGHT（< 字符串表达式 >,n）	从字符串的右边取 *n* 个字符
去空格函数	LTRIM（< 字符串表达式 >）	删除字符串头部的空格
	RTRIM（< 字符串表达式 >）	删除字符串尾部的空格
字符串比较函数	CHARINDEX(< 字符串 2>,< 字符串 1>)	返回字符串 2 在字符串 1 表达式中出现的起始位置
	PATINDEX(%< 模式 >%,< 字符串 >)	返回指定模式在字符串中第一次出现的起始位置；若未找到，则返回零
基本字符串函数	SPACE(n)	返回由 *n* 个空格组成的字符串
	REPLICATE(< 字符串 >,n)	返回一个按指定字符串重复 *n* 次的字符串
	LEN（< 字符串 >）	返回指定字符串的字符个数
	STUFF（< 字符串 1>,< 起始位置 >,< 长度 >,< 字符串 2>）	用字符串 2 替换字符串 1 中指定起始位置、长度的子串
	REPLACE（< 字符串 1>,< 字符串 2>,< 字符串 3>）	在字符串 1 中，用字符串 3 替换字符串 2
	REVERSE（< 字符串 > | < 列名 >）	取字符串的逆序

（3）数据类型转换函数，见表 6－3。

表 6－3　数据类型转换函数

函数名称	功能
CAST(< 表达式 > AS < 数据类型 >)	将某种数据类型的表达式显式转换为另一种数据类型
CONVERT(< 数据类型 >[< 长度 >],< 表达式 >[, 日期格式])	将某种数据类型的表达式显式转换为另一种数据类型，可以指定长度；style 为日期格式样式

（4）日期和时间函数，见表 6－4。日期和时间函数中参数 datepart 的取值见表 6－5。

表 6－4　日期和时间函数

函数名称	说明
GETDATE()	以 datetime 数据类型的标准格式返回当前系统的日期和时间
DAY(date)	返回指定日期的天数
MONTH(date)	返回指定日期的月份
YEAR(date)	返回指定日期的年份
DATEADD(<datepart>,n,<date_expression>)	返回在指定日期按指定方式加上一个时间间隔 *n* 后的新日期时间值

续表

函数名称	说明
DATEDIFF(< datepart >,<date1>,<date2>)	以指定的方式给出日期 2 和日期 1 之差
DATENAME(<datepart>,< date_expression >)	返回指定日期中指定部分所对应的字符串
DATEPART(<datepart>,< date_expression >)	返回指定日期中指定部分所对应的整数值

表 6－5　日期和时间函数中参数 datepart 的取值

日期组成部分	缩写	取值
year	yy, yyyy	1 753 ～ 9 999
quarter	qq, q	1 ～ 4
month	mm, m	1 ～ 12
Day of year	dy, y	1 ～ 366
day	dd, d	1 ～ 31
week	wk, ww	1 ～ 54
weekday	dw, w	1 ～ 7
hour	hh	0 ～ 23
minute	mi, n	0 ～ 59
second	ss, s	0 ～ 59
millisecond	ms	0 ～ 999

（5）获取系统参数函数，见表 6－6。

表 6－6　获取系统参数函数

函数名称	说明
HOST_NAME()	获取数据库所在的计算机名
HOST_ID()	获取数据库所在的计算机标识号
DB_NAME()	获取数据库名称
DB_ID()	获取数据库标识号
APP_NAME()	获取当前应用程序名
USER_NAME()	获取数据库用户名称
USER_ID()	获取数据库用户标识号
SUSER_SNAME()	获取数据库登录名

2. 用户自定义函数

用户在编写程序的过程中，除了可以调用系统函数外，还可以根据应用需要自定义函数，以便用在允许使用系统函数的任何地方。用户自定义函数包括标量函数和表值函数两类，其中表值函数又包括内联表值函数和多语句表值函数。

（1）标量函数。

标量函数用于返回一个确定类型的标量。其返回类型为除 TEXT、NTEXT、IMAGE、CURSOR、TIMESTAMP 和 TABLE 类型以外的其他数据类型。函数体语句定义在 BEGIN…END 语句内。

创建标量函数的语法格式如下：

```
CREATE FUNCTION function_name
(@Parameter scalar_ parameter_data_type[=default],[…n])
RETURNS scalar_ return_data_type
AS
BEGIN
  Function body
  RETURN scalar _expresstion
END
```

参数说明如下：

- function_name：指定要创建的函数名。
- @Parameter：为函数指定一个或多个标量参数的名称。
- scalar_parameter_data_type：指定标量参数的数据类型。
- default：指定标量参数的默认值。
- scalar_return_data_type：指定标量函数返回值的数据类型。
- Function body：指定实现函数功能的函数体。
- scalar_expresstion：指定标量函数返回的标量值表达式。

（2）内联表值函数。

内联表值函数的返回值是一个表。内联表值函数没有由 BEGIN…END 语句括起来的函数体，其返回的表由一个位于 RETURN 语句中的 SELECT 语句从数据库中筛选出来。内联表值函数的功能相当于一个参数化的视图。

创建内联表值函数的语法格式如下：

```
CREATE FUNCTION function_name
(@Parameter scalar_ parameter_data_type[=default],[…n])
RETURNS TABLE
AS
RETURN select_stmt
```

参数说明如下：

- TABLE：指定返回值为一个表。
- select_stmt：单条 SELECT 语句，确定返回表的数据。

其余参数与标量函数相同。

（3）多语句表值函数。

多语句表值函数的返回值是一个表。函数体包括多个 SELECT 语句，并定义在 BEGIN…END 语句内。

创建多语句表值函数的语法格式如下：

```
CREATE FUNCTION function_name
```

```
(@Parameter scalar_ parameter_data_type[=default],[…n])
RETURNS table_varible_name TABLE
(<colume_definition>)
AS
BEGIN
function_body
RETURN
END
```

参数说明如下：

- table_varible_name：指定返回的表变量名。
- colume_definition：返回表中各个列的定义。

（4）调用用户自定义函数。

1）调用标量函数。

当调用用户自定义的标量函数时，需提供由两部分组成的函数名称，即所有者 . 函数名，自定义函数的默认所有者为 dbo。

可以利用 PRINT、SELECT 和 EXEC 语句调用标量函数。

2）调用表值函数。

表值函数只能通过 SELECT 语句调用，在调用时可以省略函数的所有者。

3. 函数应用

【例 6-9】输入如下语句进行数值运算。

```
SELECT square(5)                -- 计算 5 的平方
SELECT sqrt(64)                 -- 计算 64 的开方
SELECT power(2,5)               -- 求 2 的 5 次幂
SELECT pi()*square(5)           -- 计算半径为 5 的圆面积
SELECT floor(3.14)              -- 取不大于 3.14 的最大整数
SELECT ceiling(3.14)            -- 取不小于 3.14 的最大整数
```

【例 6-10】输入如下语句进行三角函数运算。

```
SELECT sin(5)                   -- 计算 5 的正弦值
SELECT cos(5)                   -- 计算 5 的余弦值
SELECT tan(5)                   -- 计算 5 的正切值
SELECT cot(5)                   -- 计算 5 的余切值
SELECT asin(0.5)                -- 计算 0.5 的反正弦值
SELECT atan(5)                  -- 计算 5 的反正切值
```

【例 6-11】输入如下语句进行字符串运算。

```
SELECT replace('good', 'g', 'G')     -- 将字符串中的 g 用 G 代替
SELECT len('good')                   -- 求字符串的长度
SELECT left('good',2)                -- 取字符串左起的 2 个字符
SELECT right('good',2)               -- 取字符串右起的 2 个字符
SELECT upper('good')                 -- 将字符串转换为大写字母
SELECT reverse('good')               -- 将字符串逆向输出
SELECT charindex('o', 'good')        -- 求字符 o 在字符串中首次出现的位置
```

【例 6-12】输入如下语句完成日期和时间的运算。

```
SELECT getdate()                              -- 获取当前日期
SELECT year(getdate())                        -- 获取当前日期中的年份
SELECT month(getdate())                       -- 获取当前日期中的月份
SELECT day(getdate())                         -- 获取当前日期中的日期
SELECT datepart(month,getdate())              -- 获取当前日期中的月份
SELECT dateadd(day,10,getdate())              -- 当前日期加上 10 天
SELECT dateadd(year,-10,getdate())            -- 当前日期减去 10 年
SELECT datediff(day,getdate(),'2001-1-1')     -- 计算当前日期与 2001-1-1 的时间间隔
```

【例 6-13】输入如下语句完成数据类型转换运算。

```
SELECT convert(varchar(20),getdate(),111)     -- 将当前日期转换为字符串
SELECT cast(getdate() as varchar(25))         -- 将当前日期转换为字符串
SELECT convert(decimal(3,1), '3.14')          -- 将字符串转换为数值型
SELECT cast('3.14' as decimal(3,1))           -- 将字符串转换为数值型
```

与 convert() 相比，cast() 更简单一些。其中，convert() 中的参数 111 是一种日期格式，格式要求如下：

```
SELECT CONVERT(varchar(100), GETDATE(), 0) --05 16 2020 10:57AM
SELECT CONVERT(varchar(100), GETDATE(), 1) --05/16/20
SELECT CONVERT(varchar(100), GETDATE(), 2) --20.05.16
SELECT CONVERT(varchar(100), GETDATE(), 3) --16/05/20
SELECT CONVERT(varchar(100), GETDATE(), 4) --16.05.20
SELECT CONVERT(varchar(100), GETDATE(), 5) --16-05-20
SELECT CONVERT(varchar(100), GETDATE(), 6) --16 05 20
SELECT CONVERT(varchar(100), GETDATE(), 7) --05 16, 20
SELECT CONVERT(varchar(100), GETDATE(), 8) --10:57:46
SELECT CONVERT(varchar(100), GETDATE(), 9) --05 16 2020 10:57:46:827AM
SELECT CONVERT(varchar(100), GETDATE(), 10) --05-16-20
SELECT CONVERT(varchar(100), GETDATE(), 11) --20/05/16
SELECT CONVERT(varchar(100), GETDATE(), 12) --200516
SELECT CONVERT(varchar(100), GETDATE(), 13) --16 05 2020 10:57:46:937
SELECT CONVERT(varchar(100), GETDATE(), 14) --10:57:46:967
SELECT CONVERT(varchar(100), GETDATE(), 20) --2020-05-16 10:57:47
SELECT CONVERT(varchar(100), GETDATE(), 21) --2020-05-16 10:57:47.157
SELECT CONVERT(varchar(100), GETDATE(), 22) --05/16/20 10:57:47 AM
SELECT CONVERT(varchar(100), GETDATE(), 23) --2020-05-16
SELECT CONVERT(varchar(100), GETDATE(), 24) --10:57:47
SELECT CONVERT(varchar(100), GETDATE(), 25) --2020-05-16 10:57:47.250
SELECT CONVERT(varchar(100), GETDATE(), 100) --05 16 2020 10:57AM
SELECT CONVERT(varchar(100), GETDATE(), 101) --05/16/2020
SELECT CONVERT(varchar(100), GETDATE(), 102) --2020.05.16
SELECT CONVERT(varchar(100), GETDATE(), 104) --16.05.2020
SELECT CONVERT(varchar(100), GETDATE(), 105) --16-05-2020
SELECT CONVERT(varchar(100), GETDATE(), 106) --16 05 2020
SELECT CONVERT(varchar(100), GETDATE(), 107) --05 16, 2020
SELECT CONVERT(varchar(100), GETDATE(), 108) --10:57:49
SELECT CONVERT(varchar(100), GETDATE(), 109) --05 16 2020 10:57:49:437AM
SELECT CONVERT(varchar(100), GETDATE(), 110) --05-16-2020
SELECT CONVERT(varchar(100), GETDATE(), 111) --2020/05/16
```

```
SELECT CONVERT(varchar(100), GETDATE(), 112) --20200516
SELECT CONVERT(varchar(100), GETDATE(), 113) --16 05 2020 10:57:49:513
SELECT CONVERT(varchar(100), GETDATE(), 114) --10:57:49:547
SELECT CONVERT(varchar(100), GETDATE(), 120) -- 2020-05-16 10:57:49
SELECT CONVERT(varchar(100), GETDATE(), 121) --2020-05-16 10:57:49.700
SELECT CONVERT(varchar(100), GETDATE(), 126) --2020-05-16T10:57:49.827
SELECT CONVERT(varchar(100), GETDATE(), 130) --26 ????? ??????? 1429 10:23:49:607AM
SELECT CONVERT(varchar(100), GETDATE(), 131) --18/04/1427 10:57:49:920AM
```

【例 6-14】分别用 3 中不同方法调用标量函数 mmax。

（1）用 PRINT 调用函数 mmax。

```
SELECT dbo.mmax(44,22)        -- 用 PRINT 语句调用标量函数
```

（2）用 SELECT 调用函数 mmax。

```
SELECT dbo.mmax(44,22)        -- 用 SELECT 语句调用标量函数
```

（3）用 EXEC 调用函数 mmax。

```
DECLARE @m real
EXEC @m=dbo.mmax 44,22
PRINT @m                      -- 用 EXEC 语句调用标量函数
```

【例 6-15】在 student 数据库中创建一个内联表值函数，先使用 use student 打开数据库，之后输入如下语句，该函数返回指定学号的学生姓名信息。

```
CREATE  FUNCTION  fun(@id int)
RETURN  TABLE
AS
RETURN  SELECT student_id,Name FROM student_table
WHERE student_table.student_id=@id
```

接着使用如下语句调用该函数，运行结果如图 6－15 所示。

```
SELECT * FROM dbo.fun(20200101)
```

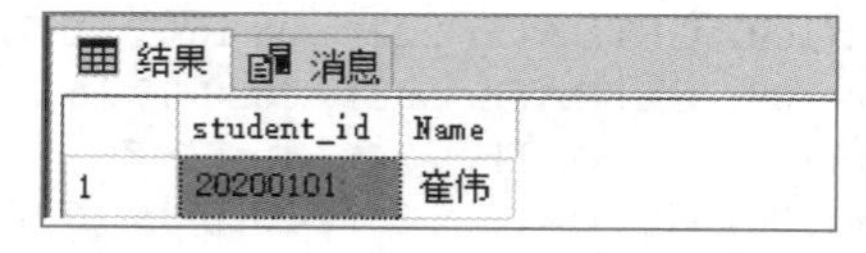

	student_id	Name
1	20200101	崔伟

图 6－15　内联表值函数调用

【例 6-16】创建一个标量函数，计算前 5 年是哪一年。输入如下语句，创建该函数并运行，结果如图 6－16 所示。

```
CREATE FUNTION  fun_year()
RETURNS INT
AS
BEGIN
RETURN  CAST(YEA(GETDATE()) AS INT)-5
END
```

```
GO
SELECT dbo.fun_year()
```

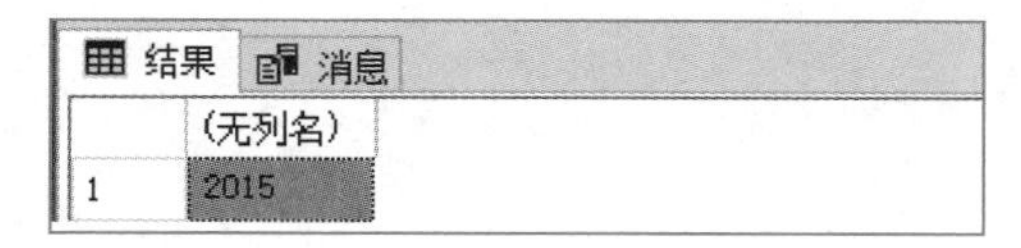

	(无列名)
1	2015

图 6－16　标量函数调用

【例 6-17】创建一个带参数的标量函数，计算指定年份与今年相差多少年。输入如下语句，创建该函数并运行，结果如图 6－17 所示。

```
CREATE FUNTION  fun_year_sub(@year int)
RETURNS INT
AS
BEGIN
RETURN  @year-CAST(YEAR(GETDATE()) AS INT)
END
GO
SELECT dbo.fun_year_sub(2030)
```

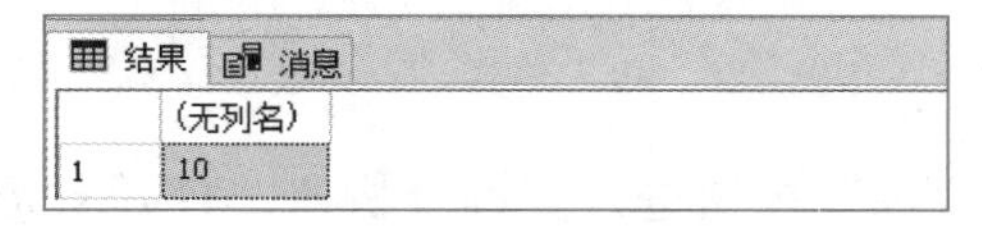

	(无列名)
1	10

图 6－17　带参数函数调用

【例 6-18】修改例 6-15 的函数 fun()，除了查询学号、姓名外，再查询班级。输入如下语句，创建该函数并运行，结果如图 6－18 所示。

```
USE student
GO
LATER  FUNCTION  fun(@id int)
RETURNS TABLE
AS
RETURN SELECT student_id,Name,Class_id FROM student_table
WHERE student_table.student_id=@id
GO
SELECT * FROM dbo.fun(20200101)
```

	student_id	Name	Class_id
1	20200101	崔伟	计应201

图 6－18　修改自定义函数

【例 6-19】可将不用的函数删除，以释放更多空间。使用如下语句，删除 fun_year() 函数。

```
USE student
DROP FUNCTION dbo.fun_year
```

任务 6.3　使用流程控制语句

任务描述

025 使用流程控制语句

编程时少不了对流程进行控制，流程控制语句可以使 SQL 中的各语句相互连接和关联，以实现更加强大的程序功能。

任务分析

T-SQL 提供了称为控制流语言的特殊关键字，用于控制 T-SQL 语句、语句块的执行。按执行方式的不同，可分为顺序语句、分支语句和循环语句。

完成该任务需要掌握 BEGIN…END；IF…ELSE；CASE…END；WHILE 语句的用法。

任务实现

步骤 1：单击“新建查询”按钮进入查询分析器，打开 student 数据库。输入查询语句并执行，结果如图 6－19 所示。BEGIN…END 将多条语句括在一起表示一个语句块，统一编译执行。

```
USE STUDENT
BEGIN
  SELECT * FROM student_table
  SELECT * FROM CScore_table
END
GO
```

结果　消息

	Student_id	Name	Card	Class_id	Sex	Birth	Admission
1	20200101	崔伟	230228200110100219	计应201	男	2001-10-10 00:00:00.000	2020-08-31 00:00:00.000
2	20200102	栾琪	231229200111110333	计应201	女	2001-11-11 00:00:00.000	2020-08-31 00:00:00.000
3	20200103	刘双	230221200001161666	计应202	女	2000-01-16 00:00:00.000	2020-09-01 00:00:00.000
4	20200104	张龙	221203200012121345	计应201	男	2000-12-12 00:00:00.000	2020-08-31 00:00:00.000
5	20200105	任龙	222111200008080123	计应202	男	2000-08-08 00:00:00.000	2020-09-01 00:00:00.000

	Course_id	Course_name	Course_teacher
1	10001	计算机组成原理	李明
2	10002	数据结构与算法	王光明
3	10003	C++程序设计基础	王姗姗
4	10004	操作系统	李大福
5	10005	网络基础	吴迪

图 6－19　BEGIN…END 语句的作用

步骤 2：打开查询分析器，输入语句，比较两个数的大小，如图 6－20 所示。

```
DECLARE @a int,@b int
SET @a=100
SET @b=200
IF @a>@b
  PRINT 'a>b'
ELSE
  PRINT 'a<b'
```

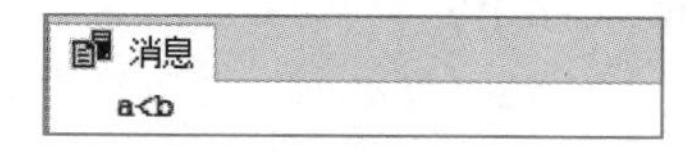

图 6-20　分支语句

步骤 3：单击“新建查询”按钮进入查询分析器，打开 student 数据库，输入查询语句并执行，结果如图 6-21 所示。该查询使用了 CASE…WHEN…WHEN…END 多分支操作。

```
USE STUDENT
SELECT NAME AS 姓名 , ' 班级 '=
CASE class_id
  WHEN ' 计应 201' THEN ' 计算机应用一班 '
  WHEN ' 计应 202' THEN ' 计算机应用二班 '
END
FROM student_table
GO
```

步骤 4：单击“新建查询”按钮进入查询分析器，打开 student 数据库，输入查询语句并执行，结果如图 6-22 所示。该查询使用 WHILE 循环结构产生 9 个数，并输出这些数，其中 CONVERT 是类型转换函数，用于转换指定类型的数据。

```
DECLARE @i INT
SET @i=0
WHILE @i<9
BEGIN
  SET @i=@i+1
  PRINT 'i='+CONVERT(CHAR(2), @i)
END
```

结果　消息

	姓名	班级
1	崔伟	计算机应用一班
2	栾琪	计算机应用一班
3	刘双	计算机应用二班
4	张龙	计算机应用一班
5	任龙	计算机应用二班

图 6-21　分支语句

消息
i=1
i=2
i=3

图 6-22　WHILE 循环结构

相关知识

T-SQL 语言支持基本的流控制逻辑，允许按照给定的某种条件执行程序流和分支。

T-SQL 提供的控制流有：IF…ELSE 分支，CASE 多重分支，WHILE 循环结构，GOTO 语句，WAITFOR 语句和 RETURN 语句。

1. BEGIN…END 语句

该语句用于将多条 T-SQL 语句封装起来，构成一个语句块。用在 IF…ELSE、WHILE 等语句中，使语句块内的所有语句作为一个整体被执行。BEGIN…END 语句可以嵌套使用。

BEGIN…END 语句的基本格式如下：

```
BEGIN
  {SQL 语句 | 语句块 }
END
```

其中，语句块是指多条 SQL 语句。

2. IF…ELSE 分支语句

IF…ELSE 分支语句是条件判断语句，其中，ELSE 子句是可选的，最简单的 IF 语句没有 ELSE 子句部分。IF 语句主要用于对 T-SQL 语句进行判断，使用比较频繁。在执行的过程中，如果满足 IF 后面的条件则执行 IF 后面的语句，否则不执行。此外，IF 还可以同 ELSE 搭配，当条件不满足时执行 ELSE 后面的语句。

IF…ELSE 语句的基本格式如下：

```
IF  < 布尔表达式 >
  {SQL 语句 | 语句块 }
[ELSE
  {SQL 语句 | 语句块 }]
```

【例 6-20】使用 IF 语句判断变量的值是否为偶数，如果为偶数，输出"该数是偶数"，否则输出"该数是奇数"。

具体语句如下：

```
DECLARE @num int;
SET @num = 10;
IF(@num % 2 = 0)
BEGIN
PRINT ' 该数是偶数 ';
END
ELSE
BEGIN
PRINT ' 该数是奇数 ';
END
```

执行结果如图 6－23 所示。

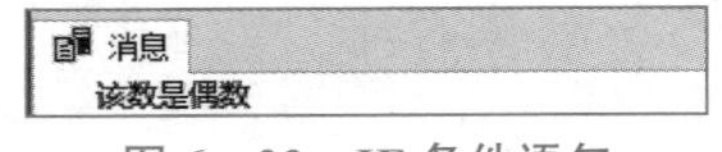

图 6－23　IF 条件语句

【例 6-21】使用 IF 语句查询数据库中有没有选修数据结构课程的学生。如果有则统计其数量，否则显示"数据库中没有选修数据结构的学生"。运行结果如图 6－24 所示。

```
USE student
GO
IF EXISTS(SELECT * FROM course_table WHERE course_name like '数据结构%')
  SELECT COUNT(*) AS 选课学生数量
  FROM Course_table,student_table,CScore_table
  WHERE  course_name like '数据结构%'
          and student_table.Student_id=CScore_table.Student_id
          and CScore_table.Course_id=Course_table.Course_id
ELSE
  PRINT '数据库中没有选修数据结构的学生'
```

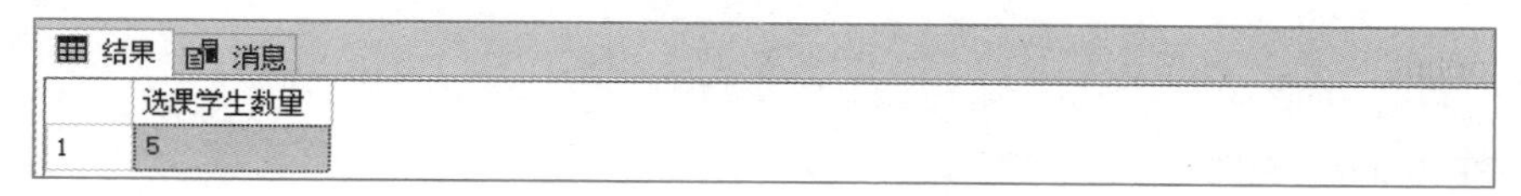

图 6－24　查询选课学生数量

【例 6-22】嵌套 IF 课程查询，首先查询数据结构的选课学生数量，若无则查询计算机组成课程的选课学生数量，否则打印“数据库中没有选修数据结构与计算机组成的学生”。此例使用了 IF…ELSE(IF…ELSE…)ELSE…的嵌套模块。涉及多语句时可以使用 BEGIN…END 将其括起来形成一个语句块。运行结果如图 6－25 所示。

```
USE student
GO
IF EXISTS(SELECT * FROM course_table WHERE course_name like '数据结构%')
  SELECT COUNT(*) AS 选数据结构课程的学生数量
  FROM Course_table,student_table,CScore_table
  WHERE  course_name like '数据结构%'
          and student_table.Student_id=CScore_table.Student_id
          and CScore_table.Course_id=Course_table.Course_id
ELSE
  IF EXISTS(SELECT * FROM course_table WHERE course_name like '计算机组成%')
  SELECT COUNT(*) AS 选课计算机组成课程的学生数量
  FROM Course_table,student_table,CScore_table
  WHERE  course_name like '计算机%'
          and student_table.Student_id=CScore_table.Student_id
          and CScore_table.Course_id=Course_table.Course_id
ELSE
  PRINT '数据库中没有选修数据结构与计算机组成的学生'
```

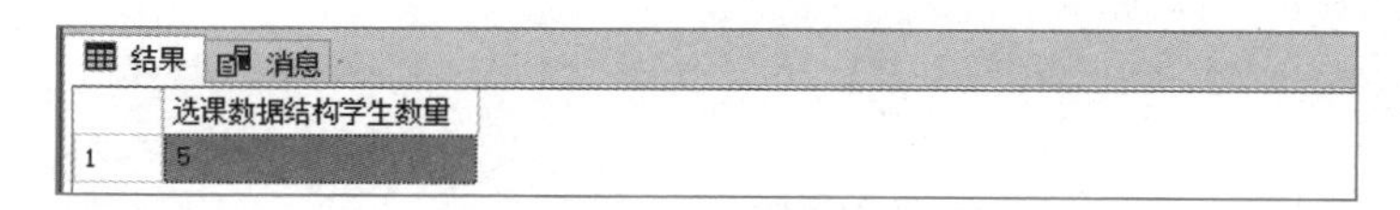

图 6－25　查询选课学生数量

3. CASE 多重分支

CASE 表达式是用于计算条件列表并返回多个可能结果的表达式之一。CASE 具有两种格式：简单 CASE 表达式将某个表达式与一组简单表达式进行比较以确定结果；CASE 搜索表达式通过计算一组逻辑表达式以确定结果。

（1）简单表达式。

```
CASE 表达式
  WHEN 表达式的值 1  THEN 返回表达式 1
  WHEN 表达式的值 2  THEN 返回表达式 2
  …
ELSE 返回表达式 n
END
```

【例 6-23】使用 CASE…WHEN…WHEN 显示学生性别提示，运行结果如图 6－26 所示。

```
USE student
GO
SELECT  Name,' 性别 '=
CASE Sex
 WHEN ' 男 ' THEN ' 男同学 '
 WHEN ' 女 ' THEN ' 女同学 '
END
FROM student_table
```

	Name	性别
1	董伟	男同学
2	栾琪	女同学
3	刘双	女同学
4	张龙	男同学
5	任龙	男同学

图 6－26　多分支程序设计

（2）搜索表达式。

```
CASE
  WHEN 逻辑表达式 1 THEN 返回表达式 1
  WHEN 逻辑表达式 2 THEN 返回表达式 2
  …
ELSE 返回表达式 n
END
```

【例 6-24】使用 CASE…WHEN…WHEN 显示学生课程分数等级，按照五级分制显示，运行结果如图 6－27 所示。

```
USE student
GO
SELECT Name,course_name,Cscore, ' 等级 '=
CASE
  WHEN CScore>=90 THEN ' 优秀 '
  WHEN CScore>=80 THEN ' 良好 '
  WHEN CScore>=70 THEN ' 中等 '
  WHEN CScore>=60 THEN ' 及格 '
  WHEN CScore<60 THEN ' 不及格 '
```

```
end
FROM Cscore_table,student_table,Course_table
WHERE (CScore_table.Student_id=student_table.Student_id
AND Course_table.Course_id=CScore_table.Course_id)
AND student_table.Name=' 崔伟 'AND student_table.Name=' 崔伟 '
```

	Name	course_name	Cscore	等级
1	崔伟	计算机组成原理	90	优秀
2	崔伟	数据结构与算法	80	良好
3	崔伟	C++程序设计基础	95	优秀
4	崔伟	操作系统	89	良好
5	崔伟	网络基础	97	优秀

图 6－27　多分支程序设计

4. 循环语句

WHILE…CONTINUE…BREAK 语句用于设置重复执行 SQL 语句或语句块的条件。只要指定的条件为真，就重复执行语句。

WHILE 语句的基本格式如下：

```
WHILE   <布尔表达式>
  {SQL 语句 | 语句块 }
  [BREAK]
  {SQL 语句 | 语句块 }
  [CONTINUE]
  [SQL 语句 | 语句块 ]
```

说明如下：

（1）CONTINUE 语句可以使程序跳过 CONTINUE 语句后面的语句，回到 WHILE 循环的第一行。

（2）BREAK 语句则使程序完全跳出循环，结束 WHILE 语句的执行。例 6-25 可说明 WHILE 结构的用法。

（3）如果嵌套了两个或多个 WHILE 循环，则内层的 BREAK 将退至下一个外层循环。将首先运行内层循环结束之后的所有语句，然后重新开始下一个外层循环。

【例 6-25】求 1+2+3+…+100 的和。

```
DECLARE @i int,@s int,@f int
SET @i=1
SET @s=0
SET @f=1
WHILE (@i<=100)
BEGIN
SET @f=@f*@i
SET @s=@s+@f
SET @i=@i+1
END
PRINT @s
```

结果为：5 050。

读者可以根据此题思路，试着求解 1 到 100 之间奇数的和、偶数的和、累乘积（如 10!）。

5. GOTO 语句

GOTO 语句将执行语句无条件跳转到标签处，并从标签位置继续处理。GOTO 语句和标签可在过程、批处理或语句块中的任何位置使用。其语法格式如下：

```
GOTO  label
```

6. WAITFOR 语句

WAITFOR 语句又称为延迟语句，就是暂停执行一个指定的时间间隔或者到一个指定的时间。其语法格式如下：

```
WAITFOR
{ DELAY 'time_to_pass'   /* 设定等待时间 */
| TIME 'time_to_execute'  /* 设定等待到某一时刻 */
}
```

说明：'time' 是要等待的时间。可以按 datetime 数据可接受的格式指定 time，也可用局部变量指定此参数。不能指定日期，只能指定时间。

【例 6-26】延迟 30 秒执行查询。

```
USE student
GO
WAITFOR DELAY '00:00:30'
SELECT  * FROM  student_table
```

【例 6-27】在时刻 21:20:00 执行查询。

```
USE student
GO
WAITFOR TIME '21:20:00'
SELECT * FROM  stu_table
```

7. TRY…CATCH 语句

该语句是捕获异常的语句，其语法格式如下：

```
BEGIN TRY
   { SQL 语句块 } -- 可能会发生异常的语句
END TRY
BEGIN CATCH
   { SQL 语句块 } -- 发生异常时执行的语句
END CATCH
```

表 6－7 是获取异常的函数。下面通过实例讲解。

表 6－7　获取异常的函数

序号	函数	说明
1	ERROR_NUMBERS()	返回错误号
2	ERROR_STATE()	返回错误状态号
3	ERROR_PROCEDURE()	返回发生错误的存储过程或触发器

续表

序号	函数	说明
4	ERROR_LINE()	返回导致错误的例程行号
5	ERROR_MESSAGE()	返回错误信息的内容

【例 6-28】插入一条学生记录，学号是已经存在的 20200101。捕捉错误信息并给出错误号及错误信息，运行结果如图 6－28 所示。

```
USE student
BEGIN TRY
INSERT INTO student_table(student_id,name)
VALUES(20200101, ' 杨白雪 ')
END TRY
BEGIN CATCH
ERROR_NUMBER() AS ' 错误号 ',
ERROR_MESSAGE() AS ' 错误信息 ';
END CATCH;
```

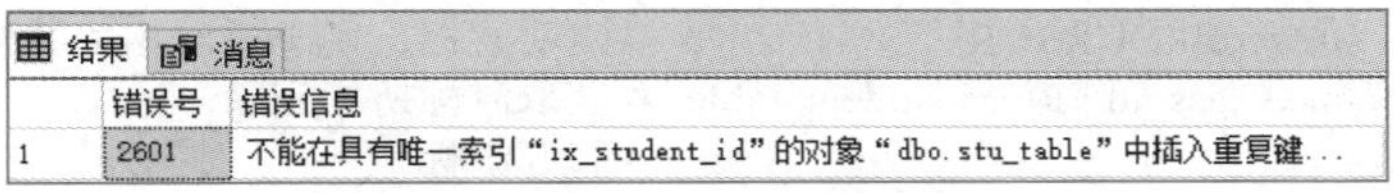

结果 消息

	错误号	错误信息
1	2601	不能在具有唯一索引“ix_student_id”的对象“dbo.stu_table”中插入重复键...

图 6－28　捕捉错误信息

任务 6.4　使用游标

026 使用游标

任务描述

应用程序，特别是交互式联机应用程序，并不总能将整个查询的结果集作为一个单元而进行有效的处理。应用程序需要一种机制以便每次处理一行或多行，游标便是这样一个机制。

任务分析

游标（cursor）是一种数据访问机制，它允许用户单独访问数据行，类似于 C 语言的指针。通常用游标结果集来返回所定义的游标的 SELECT 语句返回的行集，具体从哪个位置开始，则由某一行的指针即游标位置来指定。

完成该任务需要掌握游标结果集和游标位置的应用。

任务实现

步骤 1：单击“新建查询”按钮进入查询分析器，打开 student 数据库，输入相关语句并执行，结果如图 6－29 所示。

```
USE student
GO
DECLARE cur CURSOR                              -- 声明游标，用于返回相关结构
FOR
SELECT Name,Class_id FROM  student_table        -- 获取游标所指记录
OPEN cur                                        -- 打开游标
FETCH cur                                       -- 获取结果
```

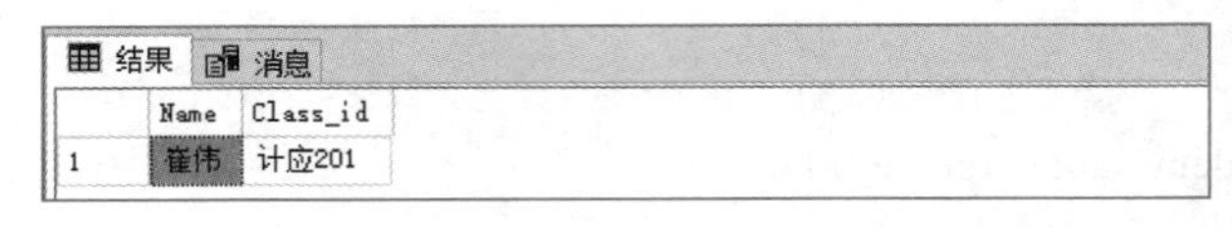
	Name	Class_id
1	崔伟	计应201

图 6－29　游标的使用

步骤 2：单击“新建查询”按钮进入查询分析器，打开 student 数据库，输入相关语句并执行，结果如图 6－30 所示。

```
USE student
GO
DECLARE cur_stu scroll CURSOR                      -- 声明游标，用于返回相关结构
FOR SELECT Name,Class_id FROM student_table        -- 获取游标所指记录
OPEN cur_stu                                       -- 打开游标
FETCH absolute 3 FROM cur_stu                      -- 游标定位到第三个记录
CLOSE cur_stu                                      -- 关闭及释放游标
DEALLOCATE cur_stu                                 -- 删除游标
```

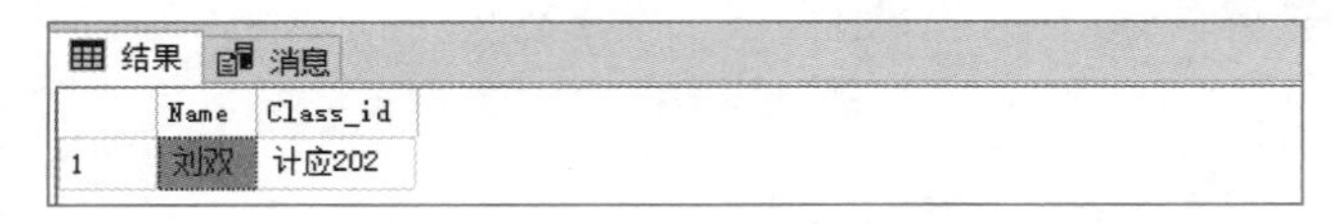
	Name	Class_id
1	刘双	计应202

图 6－30　游标定位举例

相关知识

1. T-SQL 游标的组成

游标提供了一种从表中检索数据并进行操作的灵活手段，游标主要用在服务器上，处理由客户端发送给服务器端的 SQL 语句，或是批处理、存储过程、触发器中的数据处理请求。游标的优点在于它可以定位到结果集中的某一行，并可以对该行数据执行特定操作，为用户处理数据提供了很大方便。一个完整的游标由 5 部分组成，并应符合如下顺序：

声明游标→打开游标→提取游标→关闭游标→释放游标。

（1）声明游标：DECLARE CURSOR。

基本语法格式如下：

```
DECLARE cursor_name CURSOR
FOR SELECT_statement
```

参数含义如下：

- cursor_name：所定义的 T-SQL 服务器游标的名称。
- SELECT_statement：定义游标结果集的标准 SELECT 语句。

（2）打开游标：OPEN。

基本语法格式如下：

```
OPEN cursor_name
```

（3）提取游标：FETCH。

从 T-SQL 服务器游标中检索特定的一行。基本语法格式如下：

```
FETCH[ [ NEXT | PRIOR | FIRST | LAST | ABSOLUTE n | RELATIVE n | ] FROM ]
cursor_name [ INTO @variable_name [ ,...n ] ]
```

参数含义如下：

- NEXT：返回紧跟当前行之后的结果行。如果 FETCH NEXT 为对游标的第一次提取操作，则返回结果集中的第一行。
- PRIOR：返回紧临当前行前面的结果行。如果 FETCH PRIOR 为对游标的第一次提取操作，则没有行返回并且游标置于第一行之前。
- FIRST：返回游标中的第一行并将其作为当前行。
- LAST：返回游标中的最后一行并将其作为当前行。
- ABSOLUTE n：如果 *n* 为正数，返回从游标头开始的第 *n* 行并将返回的行变成新的当前行。如果 *n* 为负数，返回游标尾之前的第 *n* 行并将返回的行变成新的当前行。如果 *n* 为 0，则没有行返回。
- RELATIVE n：返回当前行之前或之后的第 *n* 行并将返回的行变成新的当前行。
- cursor_name：要从中进行提取的开放游标的名称。
- INTO @variable_name[,...n]：允许将提取操作的列数据放到局部变量中。列表中的各个变量从左到右与游标结果集中的相应列相关联。各变量的数据类型必须与相应的结果列的数据类型匹配。变量的数目必须与游标选择列表中的列的数目一致。

（4）关闭游标：CLOSE。

释放当前结果集并且解除定位游标的行上的游标锁定。游标关闭后还可以重新打开，但不允许提取和定位更新。

基本语法格式如下：

```
CLOSE cursor_name
```

（5）释放游标：DEALLOCATE。

基本语法格式如下：

```
DEALLOCATE cursor_name
```

2. 与游标相关的函数

（1）@@CURSOR_ROWS：返回打开的游标中的记录行数。CURSOR_ROWS 函数见表 6－8。

表 6－8　CURSOR_ROWS 函数

返回值	描述
-m	游标被异步填充。返回值（-m）是键集中当前的行数
-1	游标为动态。因为动态游标可反映所有更改，所以符合游标的行数不断变化。永远不能确定地说所有符合条件的行均已检索到
0	没有被打开的游标，没有符合最后打开的游标的行，或最后打开的游标已被关闭或被释放
n	游标已完全填充。返回值（n）是在游标中的总行数

（2）@@FETCH_STATUS：返回被 FETCH 语句执行的最后游标的状态，而不是任何当前被连接打开的游标的状态。FETCH_STATUS 函数见表 6－9。

表 6－9　FETCH_STATUS 函数

返回值	描述
0	FETCH 语句成功
-1	FETCH 语句失败或此行不在结果集中
-2	被提取的行不存在

3. 操作实例

【例 6-29】建立游标 cur_student，查询学生表中的所有班级是计应 201 的学生的学号与姓名，并使用 FETCH 读取游标中的数据。新建查询编辑器，输入如下语句，运行结果如图 6－31 所示。

```
USE student
GO
DECLARE @sno nchar(10), @sname nchar(10)
DECLARE cur_student CUESOR
FOR SELECT 学号 , 姓名 FROM student WHERE  班级 =' 计应 201'
OPEN cur_student                                          -- 打开游标
FETCH NEXT FROM cur_student        INTO @sno,@sname       -- 第一次提取
WHILE @@FETCH_STATUS = 0                                  -- 检查 @@FETCH_STATUS
BEGIN                                             -- 确定游标中是否有尚未提取的数据
PRINT ' 学号：'+@sno+' 姓名 :'+@sname
FETCH NEXT FROM cur_student INTO @sno,@sname
END
CLOSE cur_student                                         -- 关闭游标
DEALLOCATE cur_student                                    -- 删除游标
```

```
消息
  学号: 20200101    姓名: 崔伟
  学号: 20200102    姓名: 栾琪
  学号: 20200104    姓名: 张龙
```

图 6－31　绝对游标定位

友情提醒：游标是系统为用户开设的一个数据缓冲区，存放 SQL 语句的执行结果，每个游标区都有一个名字，用户可以用 SQL 语句逐一从游标中获取记录，并赋给主变量，交由主语言进一步处理。

任务 6.5　使用事务控制语句

027 事务控制语句

任务描述

事务管理主要是确保一批相关数据库中的数据操作能够全部完成，进而保证数据完整性。系统通过锁机制实现对多个活动事务执行并发控制。事务通常具备以下几个特性：原子性、一致性、隔离性和持久性。

（1）原子性：事务是应用中不可再分的最小的逻辑执行体，也称为事务的不可分割性。

（2）一致性：事务要确保数据的一致性。

（3）隔离性：各个事务的执行互不干扰，任意一个事务的内部操作对其他并发的事务都是隔离的。

（4）持久性：当一个事务提交完成后，无论结果是否正确，都会永久保存在数据库中，提交过的事务是不能够恢复的。

任务分析

事务可以看作一件具体的事。在 SQL Server 数据库中，事务被理解为一个独立的语句单元。

完成该任务需要做到以下几点：

（1）启动和保存事务。

（2）提交和回滚事务。

任务实现

步骤 1： 单击“新建查询”按钮进入查询编辑器，打开 student 数据库。使用事务向 student_table 表中添加一条记录，输入如下语句，运行结果如图 6 - 32 所示。

```
USE student
BEGIN TRANSATION                          -- 开始事务
INSERT INTO student_table values(20200106, '大灰狼',2322222, '计应 204', '男',1999-06-23,1999-08-28, '已报道')
COMMIT                          -- 提交事务
```

消息

(1 行受影响)

图 6-32 使用事务

步骤 2：单击“新建查询”按钮进入查询编辑器，打开 student 数据库。使用事务将学号是 20200106 的学生的姓名改成“灰太狼”，然后设置断点 savepoint，接着删除学号是 20200106 的学生的记录，最后回滚事务到保存点 savepoint。输入如下语句，运行结果如图 6-33 所示。

```
USE student
BEGIN TRANSACTION                                          -- 开始事务
UPDATE student_table set name=' 灰太狼 ' WHERE Student_id=20200106
SAVE TRANSACTION SAVEPOINT1                                -- 设置断点
DELETE student_table WHERE Student_id=20200106
ROLLBACK TRANSACTION SAVEPOINT1                            -- 回滚事务
```

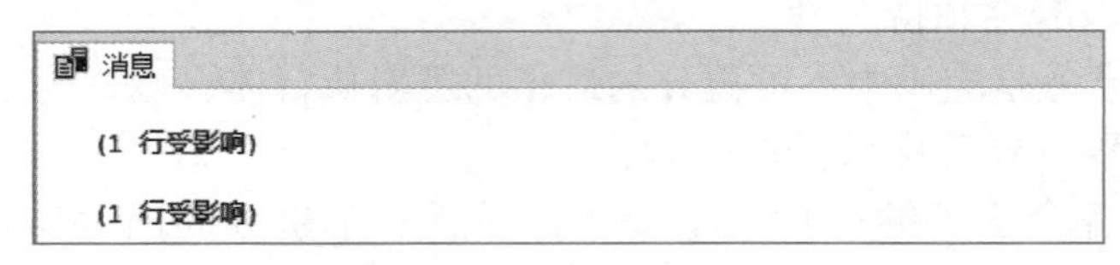

图 6-33 回滚事务

步骤 3：运行回滚事务的时间稍微长一些。接着使用查询语句验证结果，如果被删除的记录存在，说明 ROLLBACK 回滚操作将语句回滚到了保存点，即事务被回滚了。输入如下语句，运行结果如图 6-34 所示。

```
USE student
SELECT * FROM student_table
```

结果 消息

	Student_id	Name	Card	Class_id	Sex	Birth	Admission	Memo
1	20200101	崔伟	23022820010219	计应201	男	2020-10-10 00:00:00.000	2020-08-31 00:00:00.000	先报到
2	20200102	栾琪	231229200111110333	计应201	女	2001-11-11 00:00:00.000	2020-08-31 00:00:00.000	先报到
3	20200103	刘双	230221200001161666	计应202	女	2000-01-16 00:00:00.000	2020-09-01 00:00:00.000	NULL
4	20200104	张龙	221203200012121345	计应201	男	2000-12-12 00:00:00.000	2020-08-31 00:00:00.000	NULL
5	20200105	任龙	222111200008080123	计应202	男	2000-08-08 00:00:00.000	2020-09-01 00:00:00.000	NULL
6	20200106	灰太狼	2322222	计应204	男	1905-05-25 00:00:00.000	1905-05-18 00:00:00.000	已报道

图 6-34 验证结果

相关知识

事务在数据库中采用交通信号灯管理机制，合理调度各个语句，以确保数据库中的数据安全和准确。

1. 启动和保存事务

启动和保存事务是用户接触事务时要做的第一件事情。执行每一个事务前都要告诉数据库现在要开启一个事务，在事务执行过程中还要设置保存点，这样能够避免事务出现错误。

（1）启动事务。

启动事务使用 BEGIN TRANSACTION 语句来完成，具体的语法格式如下：

```
BEGIN {TRAN | TRANSACTION} transaction_name
```

这里，transaction_name 和 TRAN | TRANSACTION 都表示事务名称，用哪个都可以。

（2）保存事务。

保存事务与保存文件类似。可以写几行文本就保存一次，若后面的内容写错了，可以恢复之前保存的状态。数据库中的事务也是一样的，可以通过设置保存点来保存语句执行的状态，若后面的内容执行错了，可以回滚到保存点。保存事务的语法格式如下：

```
SAVE {TRAN | TRANSACTION} savepoint_name
```

这里，savepoint_name 是保存点的名称。需要特别注意的是保存点的名字和变量名不同，它在一个事务中是可以重复的，但不建议读者在一个事务中设置重复的保存点，否则事务回滚时，只能回滚到离当前语句最近的保存点。

2. 提交和回滚事务

启动了事务并设置了保存点后，接下来最关键的就是提交事务和回滚事务。没有这两个环节，设置再多的保存点也无法完成事务的操作。

（1）提交事务。

所谓提交事务是指事务中所有内容都执行完成。这就好像考试提交试卷，一旦提交就不能再做更改，这也体现了事务的持久性特点。提交事务的语法格式如下：

```
COMMIT {TRAN | TRANSACTION} transaction _name
```

这里，transaction_name 是指事务的名称。

（2）回滚事务。

回滚事务是指可以将事务全部撤销或者回滚到保存点中，提交后的事务是无法进行回滚的。

回滚事务使用 ROLLBACK TRANSACTION 语句来完成，具体的语法格式如下：

```
ROLLBACK {TRAN | TRANSACTION}
[transaction_name | savepoint_name]
[;]
```

transaction_name：事务名称。

savepoint_name：保存点的名称，必须是已经在事务中设置过的保存点。

技能检测

一、填空题

1. 全局变量是系统给定的特殊的变量，通常变量名前面有 @@，局部变量名前需加

（　　）。

2. 批处理的结束标志为（　　）。

3. 变量的赋值一般用（　　）和（　　），变量的输出一般用（　　）和（　　）。

4. 在使用游标时，若读下一行，则用 FETCH（　　）。

5. 用户自定义函数包括两类：（　　）和（　　）。

6.（　　）语句可使程序完全跳出循环，结束 WHILE 语句的执行。

7.（　　）是指包含一条或多条 T-SQL 语句的语句组，可被一次性执行。

8. 脚本是包含一到多个 SQL 命令的 T-SQL 语句，扩展名为（　　），该文档可以在 SSMS 中运行。

9. 变量的声明用（　　）语句。

10.（　　）语句可以使程序跳过 CONTINUE 语句后面的语句，回到 WHILE 循环的第一行。

二、选择题

1. SQL 语言中常用的给变量赋初值的语句为（　　）。

A. set　　B. declare　　C. =　　D. print

2. SQL 语言中局部变量的写法正确的是（　　）。

A. ab　　B. @ab　　C. @@ab　　D. 'ab'

3. 以下选项中正确的字符型常量为（　　）。

A." 中国 "　　B.[中国]　　C. ' 国 '　　D.< 中国 >

4. 脚本是批处理存在的方式，其扩展名为（　　）。

A. .sql　　B. .dbf　　C. .mdf　　D. .ldf

5. 下面哪个函数属于字符串运算函数？（　　）

A. ABS　　B. SIN　　C. STR　　D. ROUND

6. 下列函数中，返回值数据类型为 int 的是（　　）。

A. LEFT　　B. LEN　　C. LTRIM　　D. SUNSTRING

7. 在 Transact-SQL 的模式匹配中，使用（　　）符号表示匹配任意长度的字符串。

A. *　　B. –　　C. %　　D. #

8. 下列不可能在游标使用过程中应用的关键字是（　　）。

A. OPEN　　B. CLOSE　　C. DEALLOCATE　　D. DROP

9. SQL 语言中，不是逻辑运算符号的是（　　）。

A. AND　　B. NOT　　C. OR　　D. XOR

10. T-SQL 中的全局变量以（　　）作前缀。

A. @@　　B. @　　C. #　　D. ##

三、判断题

1. select 16%4, 的执行结果是 :4。（　　）

2. 2005.11.09 是 SQL 中的日期型常量。（　　）

3. select 和 print 都可以打印变量的值，二者没有任何区别。（　　）

4. 变量必须先定义后使用，常用的声明变量的语句为 declare。（　　）

5. 在游标中能删除数据记录。（　　）

6. 常量是指在程序运行中值不变的量。（　　）

7. 注释是程序中可以执行的文本字符串。(　　)

8. 1.34E+3 是合法的常量。(　　)

9. Substr("abc134",1,4) 的结果为 ab。(　　)

10. 表值函数包括内联表值函数和多语句表值函数。(　　)

四、简答题

1. 简述游标的使用步骤。

2. 流程控制语句包括哪些语句？各自的作用是什么？

项目 7

视图操作

项目导读

在使用数据库的过程中，往往需要频繁地调用多个表中的数据，运用视图功能可以使操作更加便捷。通过视图可以将不在一个表中的数据集中在一起，使得原本对多个表的操作，变成对一个表的操作。视图本质上是数据库中的一个虚拟表，是多个表中若干个字段的组合。视图的操作与表基本相同，能够实现与表相似的功能。

视图并不存储数据，只是从一个或多个表中导出数据，视图中的数据是动态生成的。数据库中只存储视图的定义，对视图的数据操作，实际上是由系统根据视图的定义去操作与视图相关的表。本项目将以创建视图和管理视图两个任务为基点，全面讲解视图操作的基本知识。

学习目标

1. 熟练掌握视图相关知识。
2. 熟练掌握创建视图的基本操作。
3. 熟练掌握修改视图的基本操作。
4. 掌握视图删除、通过视图更新数据和加密视图的方法。

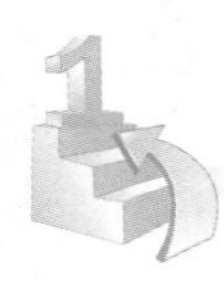

思政目标

通过学习视图的概念和应用，体会并理解团队协作的重要性，培养诚信友善、团结协作的意识。

任务 7.1　创建视图

任务描述

028 创建视图

视图是数据库中重要而又特殊的对象。从外观来看，视图就是一个表格，但它是一个虚表，是一个建立在其他基本表基础上的查询结构，有助于用户更加方便、快捷、高效、安全地使用数据库。这里我们先以 student 实例数据库为例，进行简单的视图创建。

任务分析

视图其实是一段被定义为固定结构的查询语句。用户使用视图的时候，系统按照实现定义的结构，从基本表中将数据读取出来，所以视图本身并不包含任何数据。视图的创建有两种方式：界面方式和输入 SQL 语句的命令方式。前者侧重于用户在界面中的设置，后者侧重于核心查询语句的编写。

本任务要求将 Student_table 表中的“Student_id”字段、“Name”字段与 CET_level 表中的“Level”字段组成一个视图对象。

完成该任务需要做到以下几点：

（1）设置视图所需的数据平台，例如表、视图等。

（2）设置视图的条件，例如约束、排序等。

（3）验证及保存。

任务实现

1. 通过界面方式创建视图

步骤 1：创建视图。启动 SSMS，在“对象资源管理器”中展开数据库“student”节点，右击其中的“视图”子节点，在弹出的快捷菜单中选择“新建视图”，如图 7-1 所示。

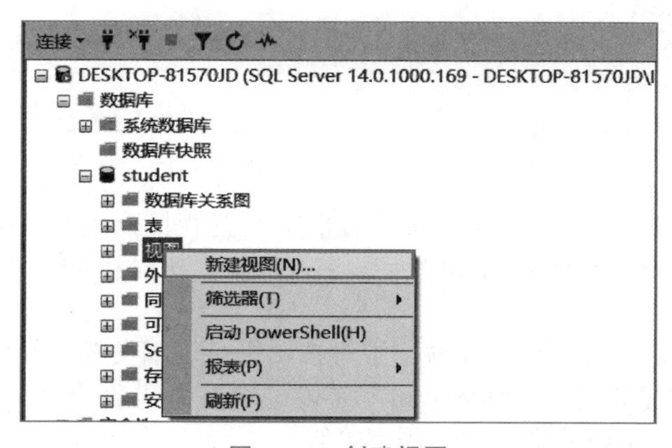

图 7-1　创建视图

步骤 2：添加表。执行步骤 1 后，弹出“添加表”对话框，该对话框共有“表”“视图”“函数”“同义词”4 个选项卡，可以在这些选项卡中选择创建视图所需关联的对象。对象可以是一个，也可以是多个。选中对象，单击“添加”按钮，可以将目标对象插入视图编辑窗口，如图 7 - 2 所示。单击“关闭”按钮可关闭“添加表”对话框。

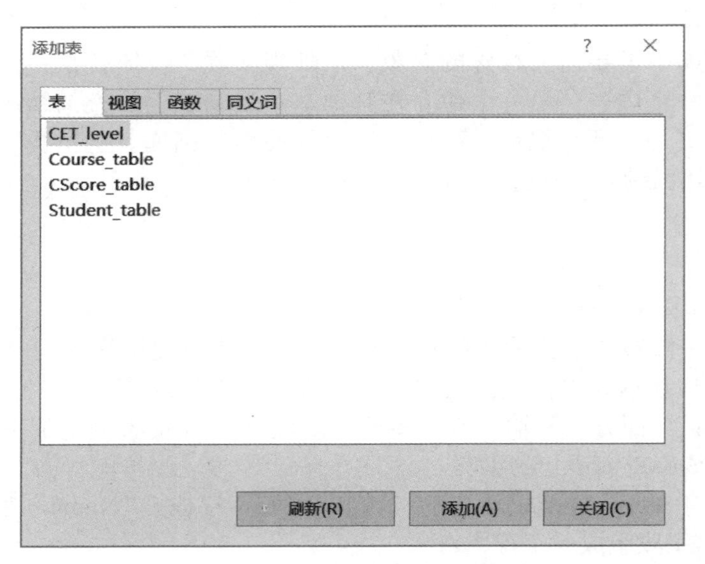

图 7 - 2　添加表

步骤 3：根据任务需求，将“表”选项卡中的“Student_table”表与“CET_level”表添加到视图编辑窗口中。添加完成后关闭“添加表”对话框，便可激活视图编辑窗口，可以看到 Student_table 表与 CET_level 表已经被填入关系图窗格中，并建立了相应关联，如图 7 - 3 所示。

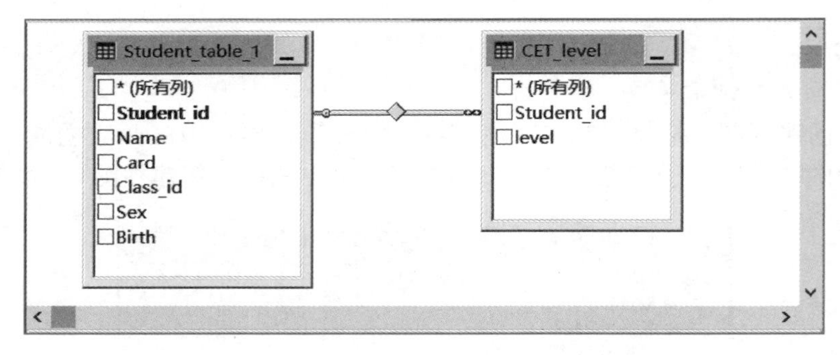

图 7 - 3　关系图窗格

步骤 4：设置字段。在生成的关系图窗格中设置视图所需的字段，根据任务要求，选中 Student_table 表中的“Student_id”字段、“Name”字段和 CET_level 表中的“Level”字段，如图 7 - 4 所示。

步骤 5：其他设置。可以在条件窗格中对视图进行详细设置，如别名、约束、是否输出和显示排序等。这里设置“Student_id”字段的别名为“学号”，“Name”字段的别名为“姓名”，“Level”字段的别名为“语言等级”。

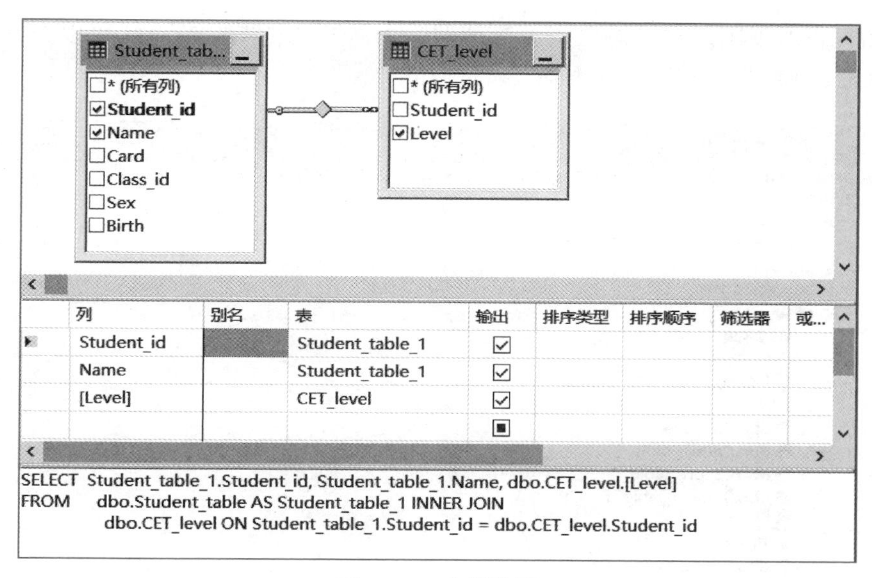

图 7－4　字段设置

步骤 6：系统会自动将前面的设置转化为 SQL 语句，显示在 SQL 窗格中，用户可以在此窗格中对语句进行修改，所做的修改也会体现在其他窗格中。

步骤 7：确定视图设置完毕后，单击视图设计器工具栏中的“执行 SQL”按钮，可以在显示结果窗格中查看当前设置的视图的效果，如图 7－5 所示。确认无误后，保存退出。

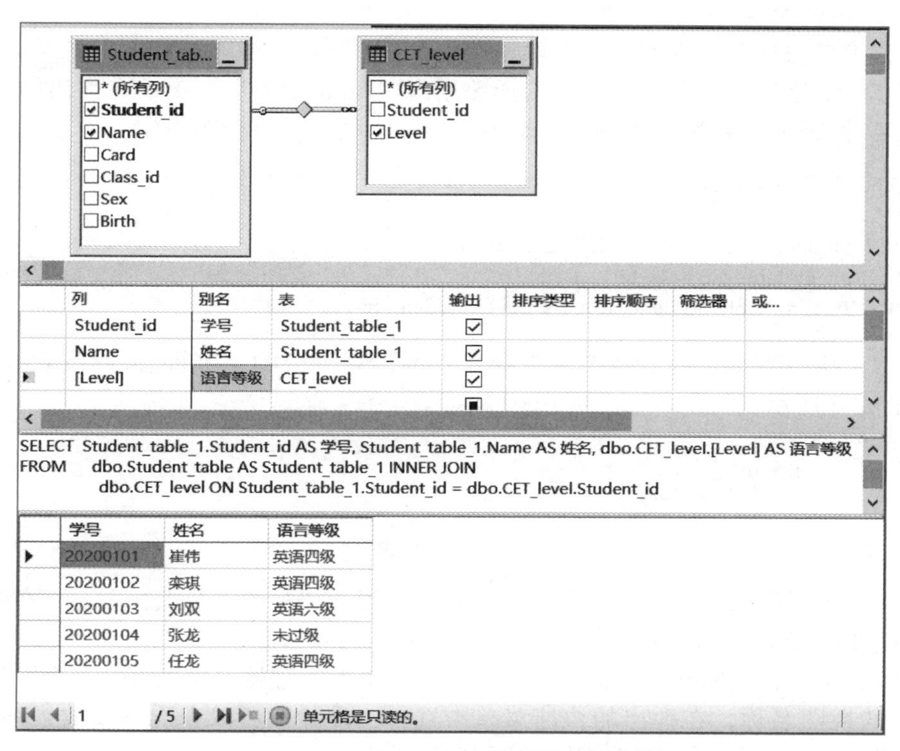

图 7－5　视图的执行

步骤 8：查看视图。在“对象资源管理器”中展开“视图”节点，可以查看创建的视图“学生 CET 成绩”，如图 7－6 所示。

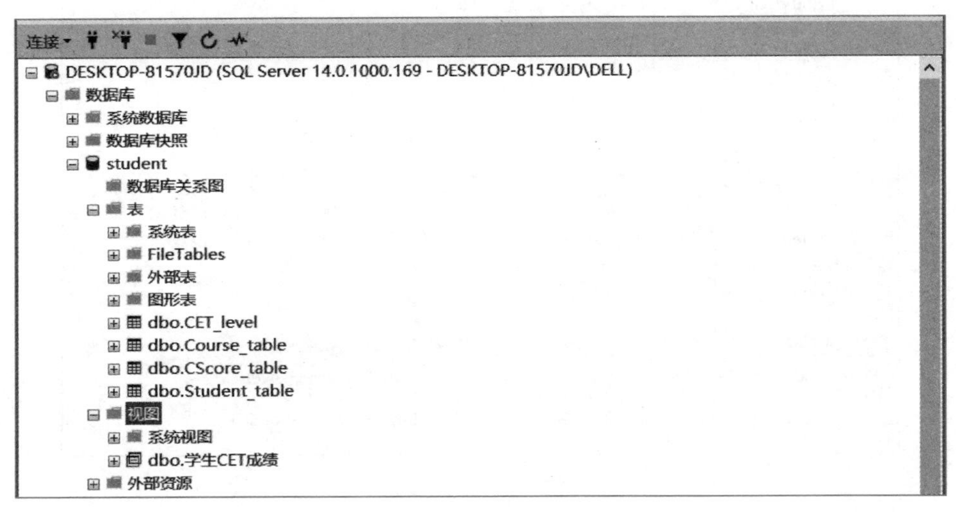

图 7－6　查看视图

友情提醒：因为“Level”在数据库系统中是一个保留关键字，所以在执行的过程中，需要强调此处是字段名，而不是关键字。强调方式是用 [] 将其括起来。

2. 通过命令方式创建视图

步骤 1：创建视图。在 SSMS 中选择数据库“student”后右击，在弹出的快捷菜单中选择“新建查询”，在新建查询的编辑器窗口输入如下创建视图语句。

```
CREATE VIEW CETrank_view
AS
SELECT Student_table.Student_id,Name,[Level]
FROM Student_table,CET_level
WHERE Student_table.Student_id=CET_level.Student_id
```

步骤 2：执行查询。在 SSMS 中选择“查询”菜单中的“执行”，或按 F5 键执行查询，如图 7－7 所示。

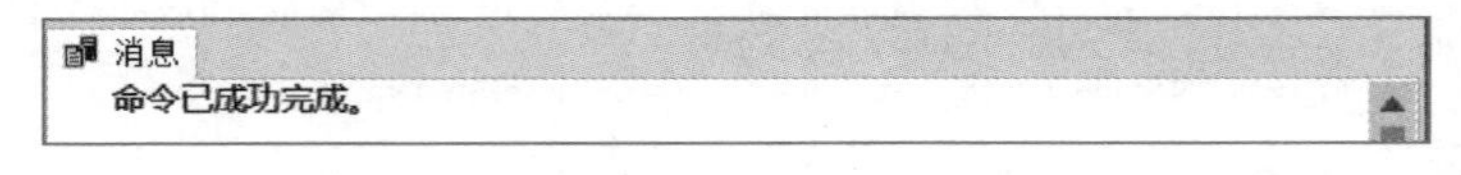

图 7－7　执行查询

步骤 3：查看视图。在“对象资源管理器”中展开“视图”节点，右击，在弹出的快捷菜单中选择“刷新”，可以查看创建的视图“CETrank_view”。

步骤 4：查看视图结构或数据内容。在“对象资源管理器”中展开“视图”节点，右击要查看的视图名称，在弹出的快捷菜单中选择“设计”可以查看并修改视图的结构，选择“编辑前 200 行”可以查看视图数据内容，如图 7－8 所示。

	Student id	Name	Level
▶	20200101	崔伟	英语四级
	20200102	栾琪	英语四级
	20200103	刘双	英语六级
	20200104	张龙	未过级
	20200105	任龙	英语四级
*	*NULL*	*NULL*	*NULL*

图 7－8　查看视图数据内容

相关知识

1. 视图的概念

视图就是将一个或多个表中的目标字段抽取出来形成的一个虚拟表，这个虚拟表和真实的表具有相同的功能。和真实表一样，视图也包含行和列，其中的字段就是来自一个或多个真实表的字段。可以向视图添加 SQL 函数，以及 WHERE 和 JOIN 语句，也可以提交数据，就像这些数据来自某个单一的表。

2. 创建视图的语法

在 SQL Server 中，创建视图的语法比较简单，其核心是一段 SELECT 查询语句。创建视图的语法格式如下：

```
CREATE VIEW view_name
AS
SELECT column_name(s)
FROM table_name
WHERE conditions
```

有关说明如下：

（1）CREATE VIEW 语句用于指定创建视图。

（2）view_name 子句用于指定视图名称。

（3）SELECT column_name(s) 子句用于选择返回的字段。

（4）FROM table_name 子句是指字段所在的表名。

（5）WHERE conditions 子句是控制条件。

3. 视图的类型

视图可以分为三大类：标准视图、索引视图和分区视图，如图 7－9 所示。

（1）标准视图。标准视图是应用最广泛的视图，一般由用户创建。对用户数据表进行查询、修改等操作的视图都是标准视图。

（2）索引视图。一般的视图是虚拟的，并不是实际保存在磁盘上的表。索引视图是在视图上创建了索引并被物理化了的视图，该视图已经过计算并记录在磁盘上。

（3）分区视图。分区视图用于在一个或多个服务器间水平连接一组成员表中的分区数据，使数据看起来就像来自一个表，可以分为本地分区视图和分布式分区视图。

4. 视图的优点

（1）集中数据。数据库中的字段非常多，但用户的注意力不可能放在全部数据上，通常实际使用的只是其中一部分。视图可以只保存用户感兴趣的数据，将分布在数据库

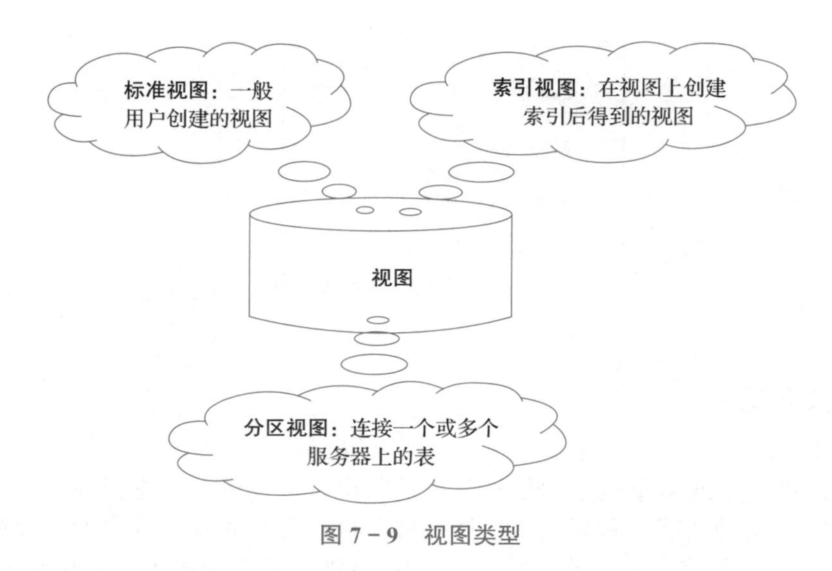

图 7－9　视图类型

各个表中的字段集中在一个表中使用和管理。

（2）简化操作。引入视图后，原本需要对多表的操作，就变成了对一个表的操作，用户再次使用这些表中的数据时打开已经创建的视图即可，不需要和多个表打交道。

（3）数据多样。视图中的数据来源于一个或多个表，这些表中的数据经过视图处理，可以呈现多种输出方式，从而实现数据的多样化。

（4）安全性强。如果管理员不希望数据库中的一部分基本表或者其中的一部分数据被其他用户访问，可以将允许访问的数据定义为视图，这种做法极大地增强了数据的安全性。

5. 创建视图的注意事项

（1）一旦视图来源的基表被删除，视图就失去功能，不可再使用。

（2）定义视图的时候，若引入的某一列是函数、数学表达式、常量或者来自多个表的同名列，则必须为字段定义新的名称。

（3）不能在视图上创建索引，不能在规则、默认、触发器的定义中引用视图。

（4）使用视图查询数据时，系统要检查语句中涉及的所有数据库对象是否存在，并保证数据修改语句不能违反数据完整性规则。

（5）视图的名称不能与数据库中任何表的名称相同。

友情提醒：只有在当前数据库中才能创建视图。

在 SSMS 中，修改视图的名称有两种比较简单的方法。

（1）右击该视图，从弹出的快捷菜单中选择“重命名”。

（2）选中目标视图，然后再次单击，该视图的名称变成可输入状态，直接输入新的视图名称即可。

6. 操作实例

【例 7-1】本操作实例实现将 student 数据库中的视图“学生 CET 成绩”作为数据源，

创建视图“CET成绩人数”，以统计不同语言等级的学生人数。分别使用界面方式和命令方式完成。

（1）通过界面方式创建视图。

步骤1：启动SSMS，展开数据库“student”节点，右击其中的“视图”子节点，在弹出的快捷菜单中选择“新建视图”。

步骤2：执行步骤1后，弹出“添加表”对话框，在“视图”选项卡中选择创建视图所需的视图“学生CET成绩”，然后单击“添加”按钮，完成视图的添加，如图7-10所示。单击“关闭”按钮，关闭“添加表”对话框。

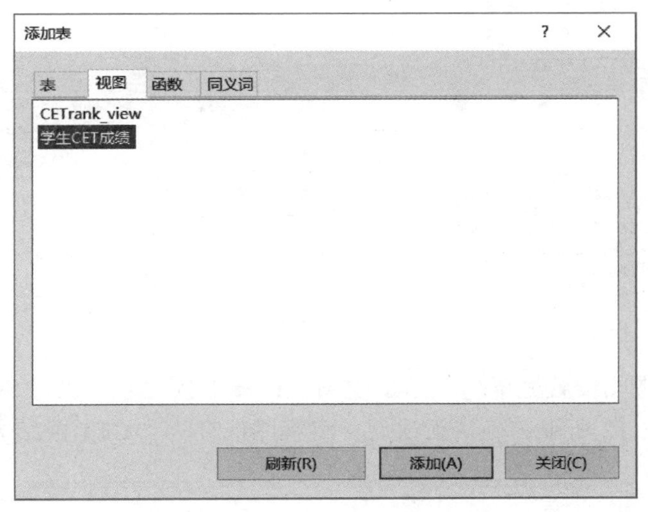

图7-10　添加视图

步骤3：在激活的视图编辑窗口中的关系图窗格中选择创建视图所需的字段，根据要求，选中“学生CET成绩”视图中的“语言等级”和“学号”字段，如图7-11所示。

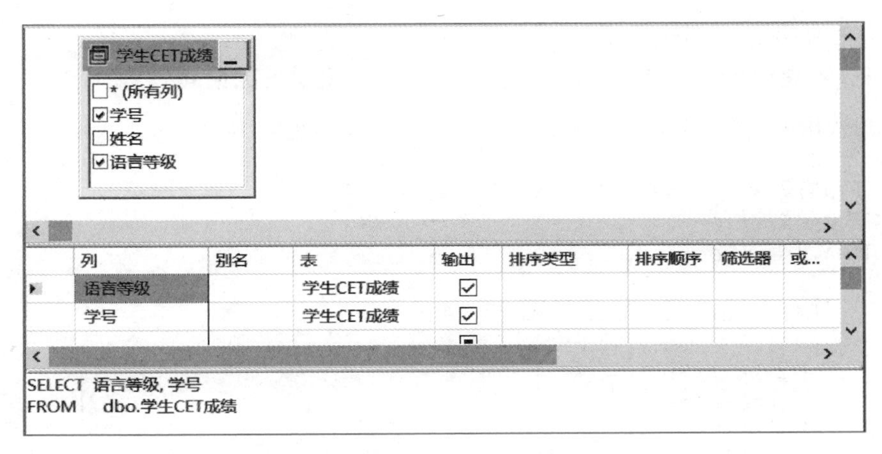

图7-11　设定目标字段

步骤4：在条件窗格中对视图进行详细设置。实例要求查询不同语言等级的学生人数，需要按照语言等级分组后再统计学号的个数。在视图设计器工具栏上单击“添加分组依据”按钮，条件窗格的“排序顺序”列后面增加了“分组依据”列，然后在“学号”字段所对应的“分组依据”单元格上单击，在列表中选择“Count”，再将“学号”字段所对应的“别名”列中默认的“Expr1”修改为“学生人数”，如图 7－12 所示。

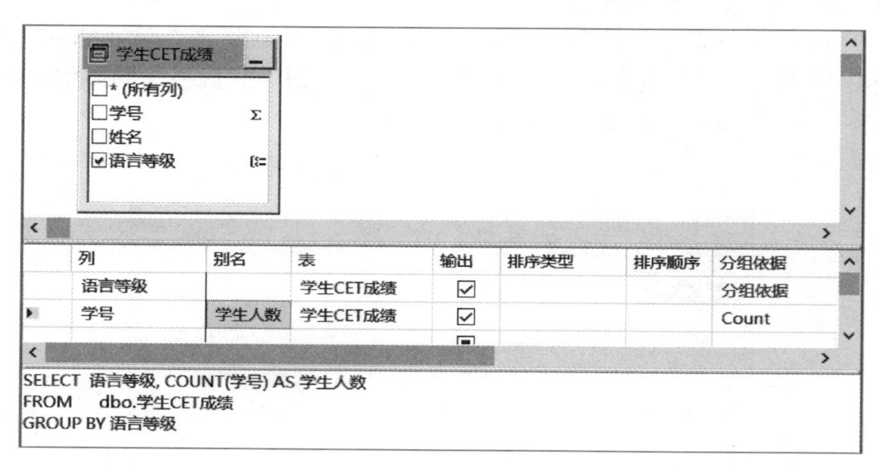

图 7－12　视图条件设置

步骤 5：确定视图设置完毕后，单击视图设计器工具栏的“执行 SQL”按钮执行视图，结果如图 7－13 所示。确认无误后，将视图保存为“CET 成绩人数”。

语言等级	学生人数
未过级	1
英语六级	1
英语四级	3

1 /3 单元格是只读的。

图 7－13　视图结果

（2）通过命令方式创建视图。

步骤 1：新建查询，在查询编辑器中输入如下创建视图的语句。

```
CREATE VIEW CETranknum_view
AS
SELECT 语言等级 ,COUNT( 学号 ) AS 学生人数
FROM 学生 CET 成绩
GROUP BY 语言等级
```

步骤 2：执行上述语句，结果如图 7－14 所示。

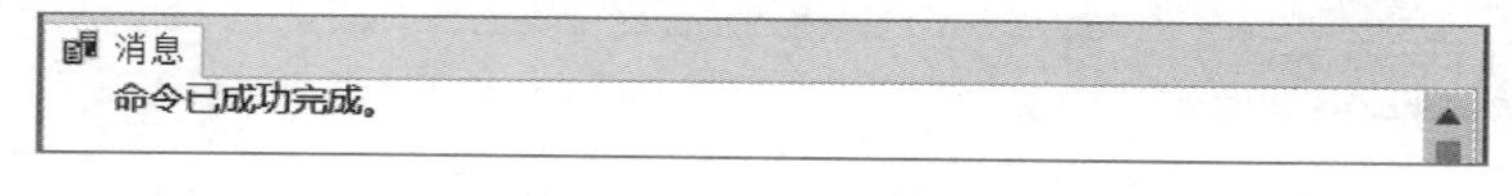

图 7－14　语句执行结果

步骤 3：保存查询，将查询命名为“创建 CETranknum_view.sql”。

步骤 4：对该视图进行查询，其过程就像查询基本表一样，如图 7 - 15 所示。

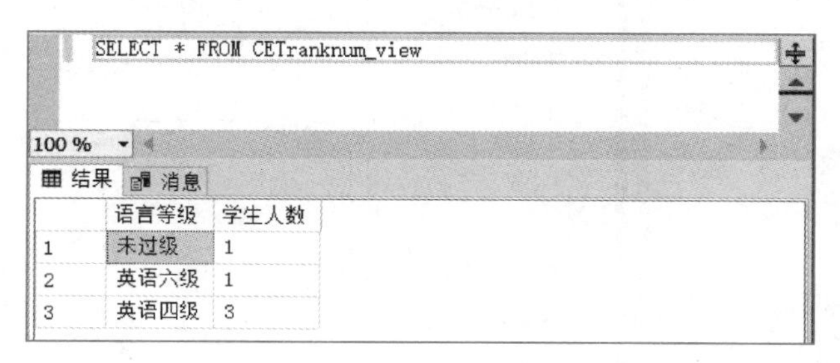

图 7 - 15　查询视图

任务 7.2　管理视图

029　管理视图

任务描述

在使用视图的过程中，可能会根据需要对其结构进行修改。因为视图本身只是存储在数据库系统中的一个架构，所以对视图的修改就是对这个架构的修改。

本任务主要是修改一个视图，以达到在查询时只能看到要查询的信息的目的。同时对视图进行删除、更新和加密操作。

任务分析

对视图的管理，主要是对视图进行修改、删除，并通过视图更新数据的过程，此外，加密也是视图管理的一项重要内容。视图的修改分为两种方式：界面方式和命令方式，不论使用何种方式，其修改过程与创建视图的过程都十分相似。

完成该任务需要做到以下几点：

（1）通过界面方式修改视图。

（2）通过命令方式修改视图。

（3）删除视图。

（4）通过视图更新数据。

（5）加密视图。

任务实现

1. 通过界面方式修改视图

步骤 1：启动 SSMS，从目标数据库“ student ”中的“视图”节点中找到目标视图“学生 CET 成绩”，右击“学生 CET 成绩”节点，在弹出的快捷菜单中选择“设计”，打开视图编辑窗口，如图 7 - 16 所示。

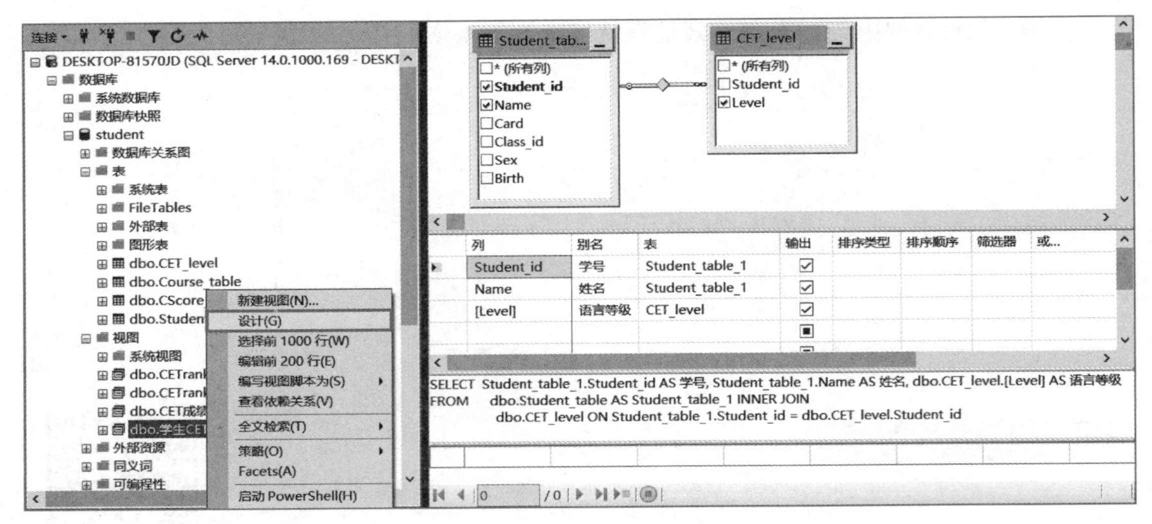

图 7－16　打开视图编辑窗口

步骤 2：打开的视图编辑窗口与创建视图时的窗口完全一样，只要根据任务做出相应调整即可。在关系图窗格中添加目标字段“Sex”和“Birth”，分别设置别名为“性别”和“出生日期”，并按性别升序排序，性别相同的学生按出生日期降序排列。修改后的视图如图 7－17 所示。注意：设置排序方式后，SQL 窗格内的语句发生了变化。

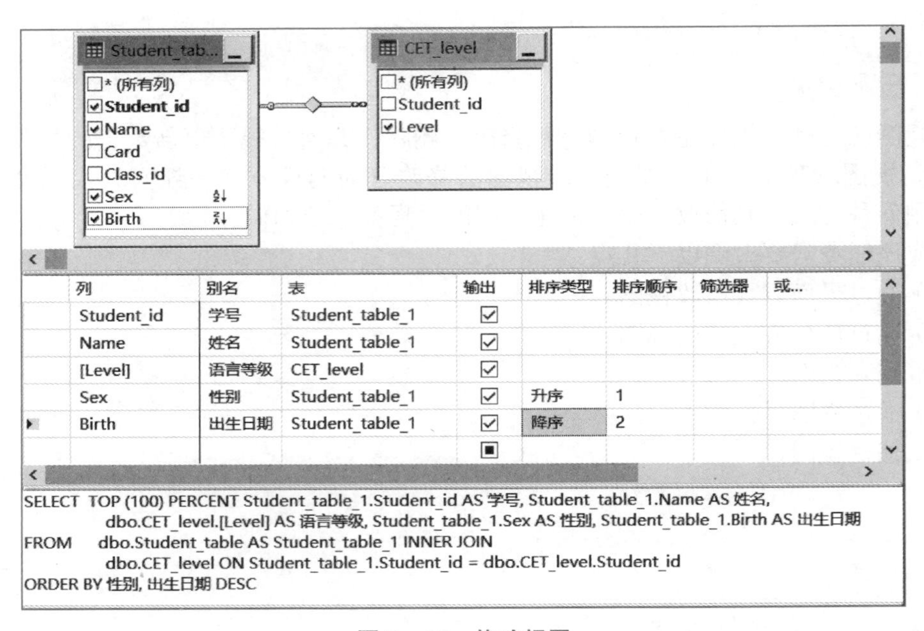

图 7－17　修改视图

步骤 3：保存视图时系统会给出提示，如图 7－18 所示。

步骤 4：查看视图，结果如图 7－19 所示。确认无误后退出。

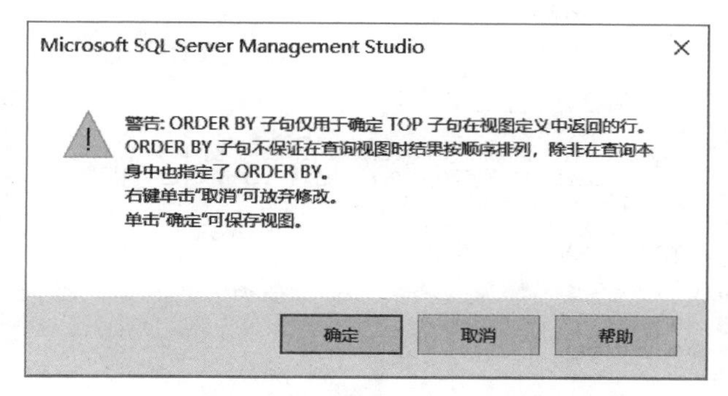

图 7-18　保存视图时的提示信息

学号	姓名	语言等级	性别	出生日期
20200101	崔伟	英语四级	男	2001-10-10 00:00:00.000
20200104	张龙	未过级	男	2000-12-12 00:00:00.000
20200105	任龙	英语四级	男	2000-08-08 00:00:00.000
20200102	栾琪	英语四级	女	2001-11-11 00:00:00.000
20200103	刘双	英语六级	女	2000-01-16 00:00:00.000

1 /5 单元格是只读的。

图 7-19　视图修改结果

2. 通过命令方式修改视图

步骤 1：修改视图的语句与创建视图的语句基本一致，区别在于基本命令的使用，创建视图使用 CREATE 语句，修改视图使用 ALTER 语句。新建查询，并根据要求在查询编辑器中输入如下视图修改语句。

```
ALTER VIEW CETrank_view
AS
SELECT Student_table.Student_id AS 学号 , Name AS 姓名 ,
    [Level] AS 语言等级 , Sex AS 性别 , Birth AS 出生日期
FROM Student_table INNER JOIN CET_level
ON Student_table.Student_id=CET_level.Student_id
ORDER BY 性别 , 出生日期 DESC
```

步骤 2：在 SQL 编辑器工具栏上单击“执行”按钮，执行查询时出现系统提示，如图 7-20 所示。

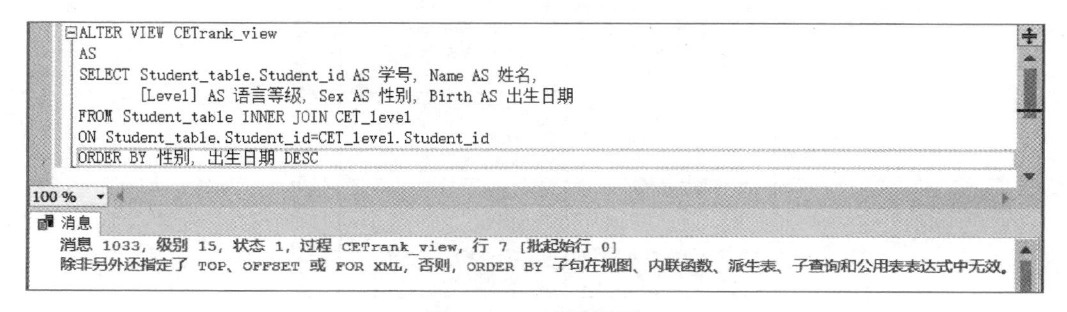

图 7-20　系统提示

步骤 3：在 SQL 编辑器中的 SELECT 后增加 TOP(10)，在工具栏上单击“执行”按

钮，如图 7－21 所示。

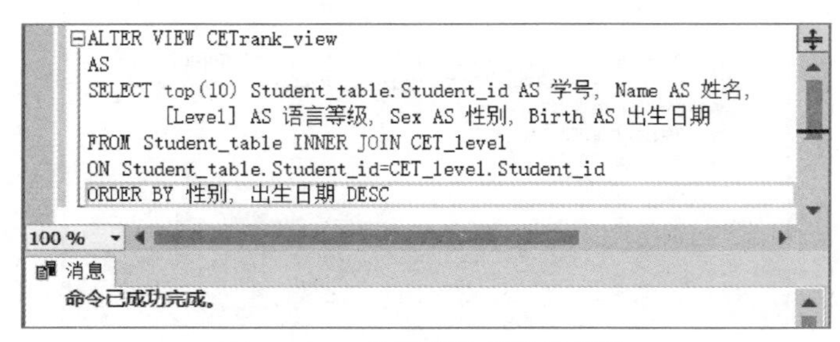

图 7－21 执行修改视图的查询

步骤 4：查看修改后的 CETrank_view 视图，在“对象资源管理器”中展开“视图”节点，右击要查看的视图名称 CETrank_view，在弹出的快捷菜单中选择“编辑前 200 行”以查看视图数据内容，如图 7－22 所示。

	学号	姓名	语言等级	性别	出生日期
▶	20200101	崔伟	英语四级	男	2001-10-10 00:00:00.000
	20200104	张龙	未过级	男	2000-12-12 00:00:00.000
	20200105	任龙	英语四级	男	2000-08-08 00:00:00.000
	20200102	栾琪	英语四级	女	2001-11-11 00:00:00.000
	20200103	刘双	英语六级	女	2000-01-16 00:00:00.000
*	NULL	NULL	NULL	NULL	NULL

图 7－22 修改视图后的数据内容

3. 删除视图

步骤 1：启动 SSMS，从目标数据库“student”中的“视图”节点中找到目标视图“CETrank_view”，右击“CETrank_view”节点，在弹出的快捷菜单中选择“删除”，如图 7－23 所示。

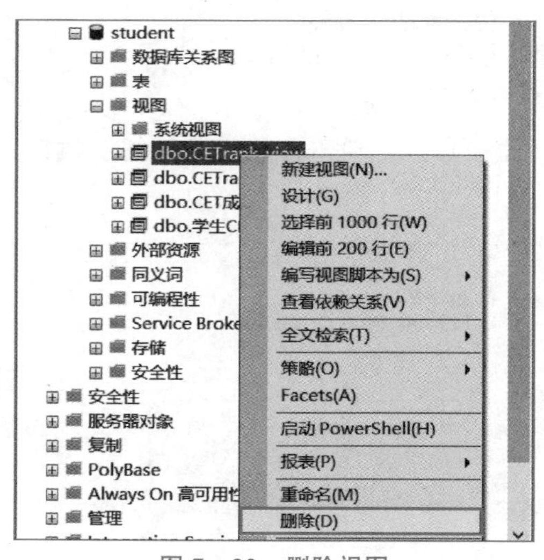

图 7－23 删除视图

步骤 2：在弹出的“删除对象”对话框中单击“确定”按钮，完成删除。

4. 通过视图更新数据

可使用 INSERT、UPDATE 和 DELETE 语句通过视图更新数据。因为视图中不存储数据，所以通过视图更新数据实际上是对基本表进行插入记录、更新记录和删除记录的操作。

（1）通过视图插入数据。

使用 INSERT 语句可向单个表组成的视图插入记录，但不能向两个或多个表组成的视图插入记录。

步骤 1：创建一个视图“Student_view”，显示 Student_table 表中所有同学的“Student id”“Name”“Card”“Class_id”“Sex”“Birth”。新建查询，创建 Student_view.sql，并在查询编辑器中根据要求输入如下的创建视图语句。

```
CREATE VIEW Student_view
AS
SELECT Student_id AS 学号 , Name AS 姓名 , Card AS 身份证号 ,
        Class_id AS 班级 , Sex AS 性别 , Birth AS 出生日期
FROM Student_table
```

步骤 2：在 SQL 编辑器工具栏上单击“执行”按钮，完成视图创建，执行结果如图 7－24 所示。

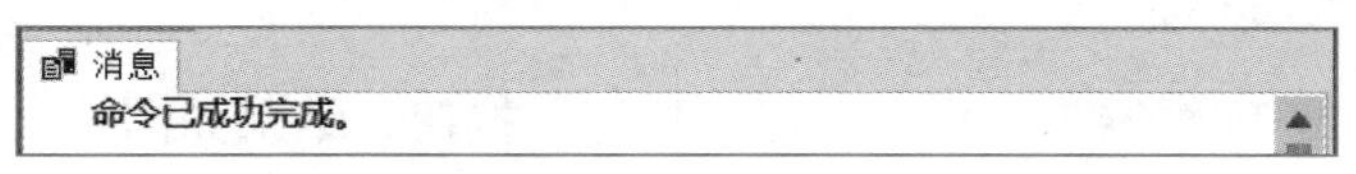

图 7－24　创建视图

步骤 3：查询基本表 Student_table，如图 7－25 所示。

SELECT * FROM Student_table

100 %

结果　消息

	Student_id	Name	Card	Class_id	Sex	Birth
1	20200101	崔伟	282001200002190123	计应201	男	2001-10-10 00:00:00.000
2	20200102	栾琪	231229200111110246	计应201	女	2001-11-11 00:00:00.000
3	20200103	刘双	230221200001160357	计应202	女	2000-01-16 00:00:00.000
4	20200104	张龙	221203200012120468	计应201	男	2000-12-12 00:00:00.000
5	20200105	任龙	222111200008080579	计应202	男	2000-08-08 00:00:00.000

图 7－25　查询基本表

步骤 4：新建查询，通过 Student_view 插入记录 .sql，并在查询编辑器中输入如下语句。

```
INSERT INTO dbo.Student_view                    -- 插入一条新记录
VALUES (20200106,' 赵敏 ','230203200205271794',' 计应 201',' 女 ','2002-05-27')
```

步骤 5：在 SQL 编辑器工具栏上单击“执行”按钮，即可通过视图插入一条记录，结果如图 7－26 所示。

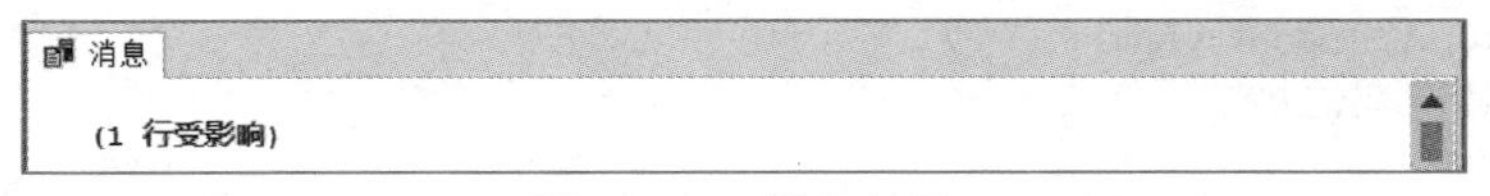

图 7－26　插入记录

步骤 6：查询基本表 Student_table，如图 7－27 所示。

```
SELECT * FROM Student_table
```

	Student_id	Name	Card	Class_id	Sex	Birth
1	20200101	崔伟	282001200002190123	计应201	男	2001-10-10 00:00:00.000
2	20200102	栾琪	231229200111110246	计应201	女	2001-11-11 00:00:00.000
3	20200103	刘双	230221200001160357	计应202	女	2000-01-16 00:00:00.000
4	20200104	张龙	221203200012120468	计应201	男	2000-12-12 00:00:00.000
5	20200105	任龙	222111200008080579	计应202	男	2000-08-08 00:00:00.000
6	20200106	赵敏	230203200205271794	计应201	女	2002-05-27 00:00:00.000

图 7－27　通过视图对基本表插入记录

（2）通过视图修改数据。

使用 UPDATE 语句可以更新基本表中的记录的某些列值。

步骤 1：新建查询。通过 Student_view 更新记录 .sql，并在查询编辑器中输入如下语句：

```
UPDATE Student_view
SET 姓名 =' 赵之敏 '
WHERE 学号 =20200106
```

步骤 2：在 SQL 编辑器工具栏上单击“执行”按钮，结果如图 7－28 所示。

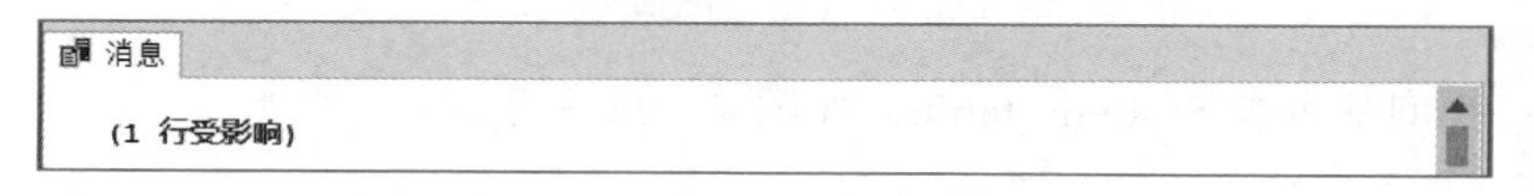

图 7－28　更新记录

步骤 3：查询基本表 Student_table，如图 7－29 所示。

```
SELECT * FROM Student_table
```

	Student_id	Name	Card	Class_id	Sex	Birth
1	20200101	崔伟	282001200002190123	计应201	男	2001-10-10 00:00:00.000
2	20200102	栾琪	231229200111110246	计应201	女	2001-11-11 00:00:00.000
3	20200103	刘双	230221200001160357	计应202	女	2000-01-16 00:00:00.000
4	20200104	张龙	221203200012120468	计应201	男	2000-12-12 00:00:00.000
5	20200105	任龙	222111200008080579	计应202	男	2000-08-08 00:00:00.000
6	20200106	赵之敏	230203200205271794	计应201	女	2002-05-27 00:00:00.000

图 7－29　通过视图更新基本表中的记录

（3）通过视图删除数据。

步骤 1：新建查询。通过 Student_view 删除记录 .sql，并在查询编辑器中输入如下语句：

```
DELETE FROM Student_view
WHERE 姓名 =' 赵之敏 '
```

步骤 2：在 SQL 编辑器工具栏上单击“执行”按钮，结果如图 7－30 所示。

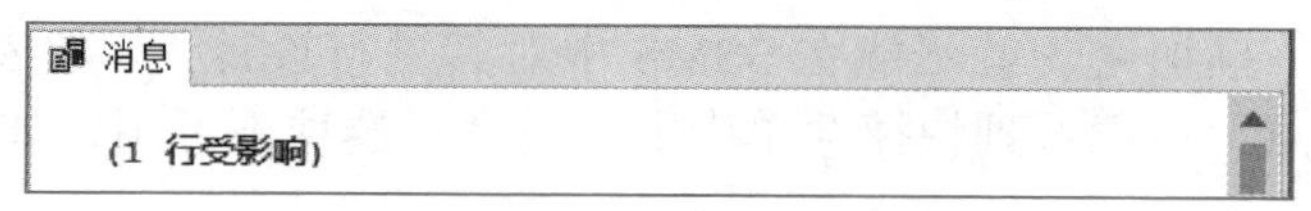

图 7－30　更新记录

步骤 3：查询基本表 Student_table，如图 7－31 所示。

```
SELECT * FROM Student_table
```

100 %

结果　消息

	Student_id	Name	Card	Class_id	Sex	Birth
1	20200101	崔伟	282001200002190123	计应201	男	2001-10-10 00:00:00.000
2	20200102	栾琪	231229200111110246	计应201	女	2001-11-11 00:00:00.000
3	20200103	刘双	230221200001160357	计应202	女	2000-01-16 00:00:00.000
4	20200104	张龙	221203200012120468	计应201	男	2000-12-12 00:00:00.000
5	20200105	任龙	222111200008080579	计应202	男	2000-08-08 00:00:00.000

图 7－31　通过视图删除基本表中的记录

5. 视图加密

步骤 1：查看未加密时视图的查询效果。在 SSMS 中打开目标数据库“student”，在“视图”节点中找到目标视图“学生 CET 成绩”，右击该节点，从弹出的快捷菜单中可以看到“设计”选项是可选的，如图 7－32 所示。

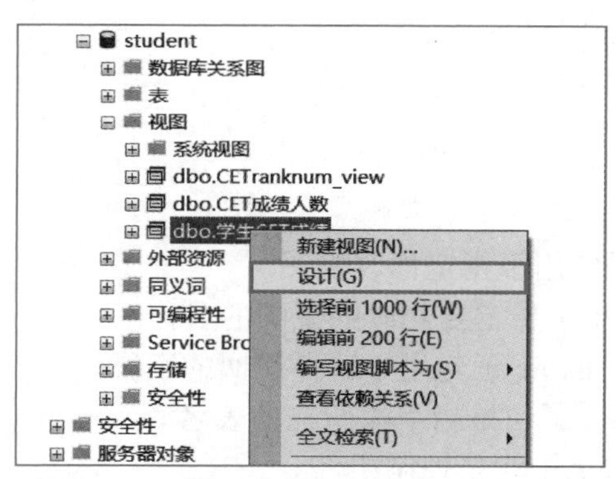

图 7－32　处于可选状态的“设计”选项

步骤 2：新建查询。在查询编辑器中输入和前面的修改视图任务中相似的语句（CETrank_view 已经被删除，需要注意：修改视图时视图名应该是一个已经存在的视图，否则会提示视图名无效），然后在 ALTER VIEW 子句和 AS 子句之间插入 WITH ENCRYPTION，如图 7－33 所示。

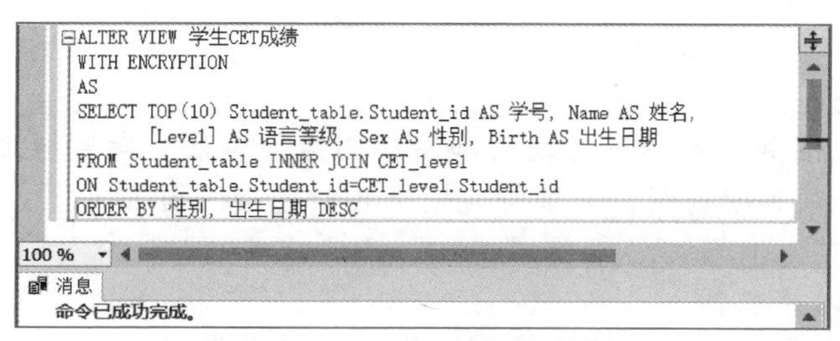

图 7－33　进行视图加密

步骤 3：视图一旦加密，就不能在 SSMS 中对其进行设计，其图标上会显示锁形标记。右击该视图节点，可以看到快捷菜单中的“设计”选项不可用，如图 7 - 34 所示。

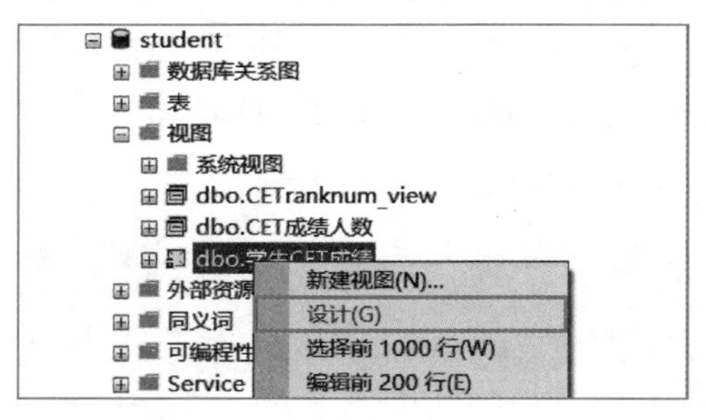

图 7 - 34 “设计”选项不可用

相关知识

1. 修改视图

修改视图的基本语法格式如下：

```
ALTER VIEW view_name
AS
SELECT column_name
FROM table_name
WHERE conditions
```

有关说明如下：

（1）ALTER VIEW 语句用于指定修改视图。

（2）view_name 子句用于指定要修改的视图的名称。

（3）SELECT column_name 子句用于选择返回的字段。

（4）FROM table_name 子句是指字段所在的表名。

（5）WHERE conditions 子句是控制条件。

修改视图的语句与创建视图的语句基本一致，这里不再赘述。

2. 加密视图

如果程序员不希望别人看到自己设计的视图结构，可以使用 SQL Server 2017 提供的视图加密功能将其加密，这样便可永久隐藏视图的程序文本。

前面已经通过实例讲解了加密视图的方法，即在定义视图名称的语句中键入 WITH ENCRYPTION。

> 友情提醒：视图加密操作不可逆，加密视图后，无法再看到视图定义，所以无法再修改视图。要修改加密视图，必须将其删除再创建新视图。

3. 操作视图数据

视图的数据来源于表，对视图中数据的操作实质就是对表中数据的操作。通过视图可以在数据库表中插入数据、修改数据和删除数据。但视图并不是一个真实存在的表，其中的数据实际上是分散在其他表中的，因此，对视图中的数据进行操作时需要注意以下几点：

（1）原表必须是可操作的。使用 INSERT 语句向视图中插入数据，必须保证所涉及的原表允许插入数据操作，否则操作会失败。

（2）注意非空字段。如果视图中没有包括相应基表中所有属性为 NOT NULL 的字段，那么添加数据时会因为那些字段被填入 NULL 值而失败。

（3）如果视图中包含使用统计函数的结果，或者包含多个字段值的组合，则不能进行数据操作。

（4）不能在使用了 DISTINCT、GROUP BY 或者 HAVING 语句的视图中操作数据。

（5）如果创建视图的 CREATE VIEW 语句中使用了 WITH CHECK OPTION，那么所有通过视图来操作数据的语句必须符合 WITH CHECK OPTION 中限定的条件。

4. 删除视图

可通过 DROP VIEW 语句来删除视图，基本语法格式如下：

```
DROP VIEW view_name
```

5. 操作实例

【例 7-2】修改和删除视图。本实例的操作对象是上一操作实例中创建的“Student_view”视图。通过界面方式将视图由返回所有学生变为返回男同学的所有信息，通过命令方式将视图由返回男同学的所有信息变为返回女同学的所有信息。最后，删除视图 Student_view。

（1）通过界面方式修改视图。

步骤 1：启动 SSMS，从目标数据库“student”中找到视图“Student_view”，右击该节点，在弹出的快捷菜单中选择“设计”，打开视图编辑器，如图 7－35 所示。

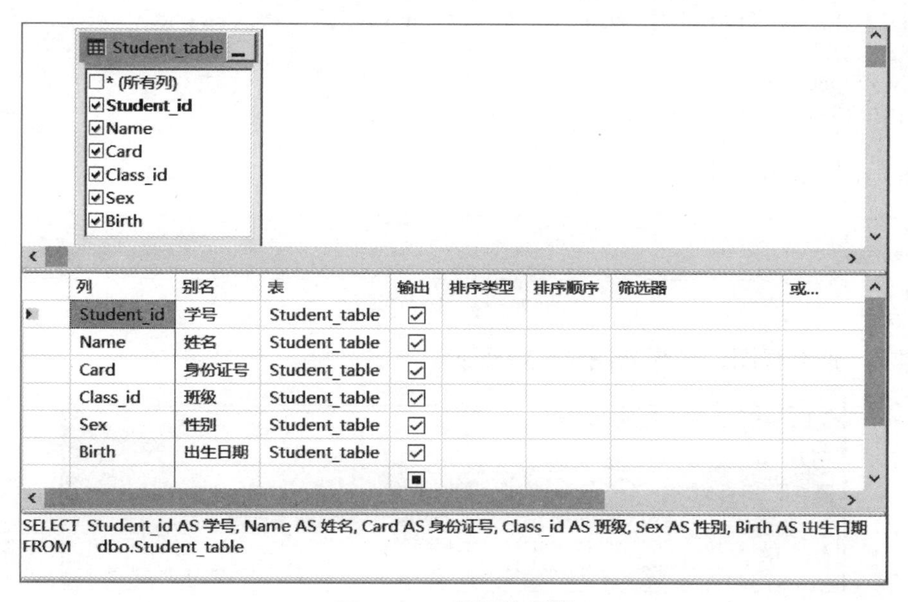

图 7－35　视图编辑器

步骤 2：根据任务要求，在 “Sex” 字段的 “筛选器” 中输入 “= '男'”，或者在 SQL 窗格中将条件语句改为 “WHERE (Sex = '男')”，修改后的视图如图 7 - 36 所示。

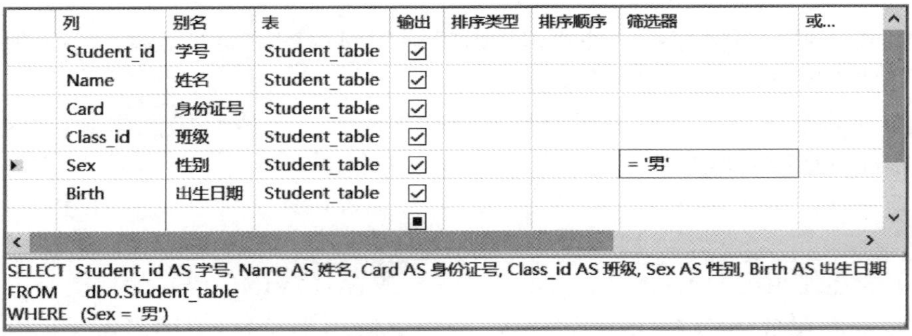

	列	别名	表	输出	排序类型	排序顺序	筛选器	或...
	Student_id	学号	Student_table	☑				
	Name	姓名	Student_table	☑				
	Card	身份证号	Student_table	☑				
	Class_id	班级	Student_table	☑				
▶	Sex	性别	Student_table	☑			= '男'	
	Birth	出生日期	Student_table	☑				
				■				

```
SELECT  Student_id AS 学号, Name AS 姓名, Card AS 身份证号, Class_id AS 班级, Sex AS 性别, Birth AS 出生日期
FROM    dbo.Student_table
WHERE   (Sex = '男')
```

图 7 - 36　视图修改后的效果

步骤 3：视图结果如图 7 - 37 所示，确认无误后保存退出。

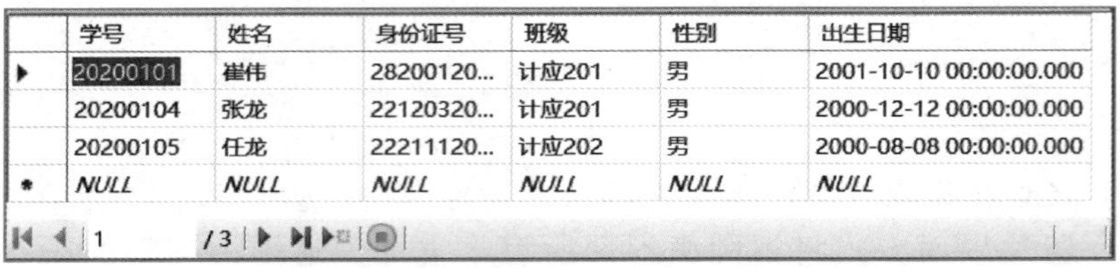

	学号	姓名	身份证号	班级	性别	出生日期
▶	20200101	崔伟	28200120...	计应201	男	2001-10-10 00:00:00.000
	20200104	张龙	22120320...	计应201	男	2000-12-12 00:00:00.000
	20200105	任龙	22211120...	计应202	男	2000-08-08 00:00:00.000
*	NULL	NULL	NULL	NULL	NULL	NULL

1　/3

图 7 - 37　视图修改后的运行结果

（2）通过命令方式修改视图。

步骤 1：在查询编辑器内输入如下修改视图的语句。

```
ALTER VIEW Student_view
AS
SELECT  Student_id AS 学号 , Name AS 姓名 , Card AS 身份证号 , Class_id AS 班级 , Sex AS 性别 ,
Birth AS 出生日期
FROM   Student_table
WHERE  (Sex = '女')
```

步骤 2：执行结果如图 7 - 38 所示。

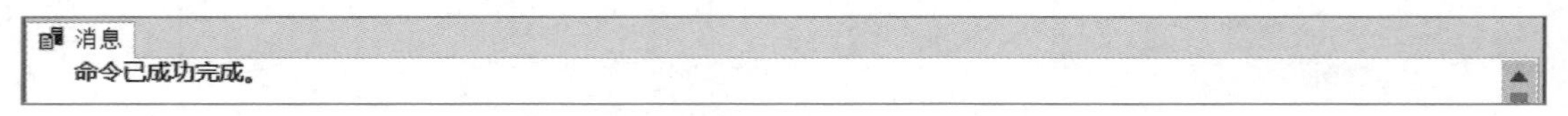

图 7 - 38　修改视图

步骤 3：查看视图，结果如图 7 - 39 所示。

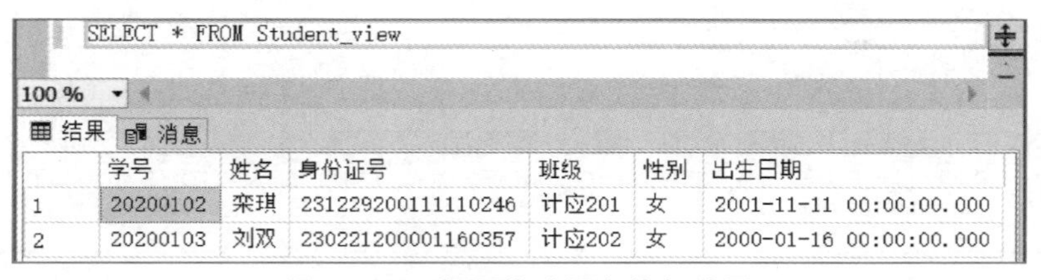

	学号	姓名	身份证号	班级	性别	出生日期
1	20200102	栾琪	231229200111110246	计应201	女	2001-11-11 00:00:00.000
2	20200103	刘双	230221200001160357	计应202	女	2000-01-16 00:00:00.000

图 7 - 39　视图修改语句执行结果

（3）通过界面方式删除视图。

步骤 1：从 SSMS 中找到实例中创建的视图“Student_view”，右击“Student_view”节点，在弹出的快捷菜单中选择“删除”。

步骤 2：在打开的“删除对象”对话框中单击“确定”按钮，完成删除。

（4）通过命令方式删除视图。

步骤 1：在查询编辑器中输入如下视图删除语句。

```
DROP View Student_view
```

步骤 2：执行结果如图 7－40 所示。

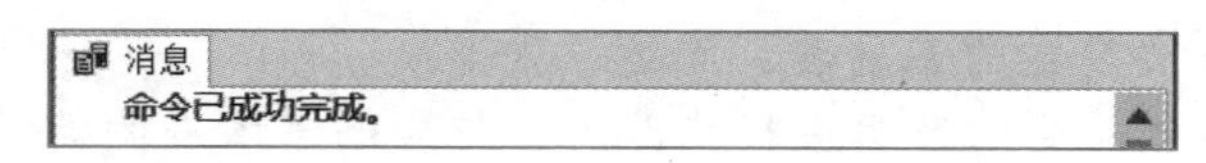

图 7－40　删除视图

技能检测

一、填空题

1. 视图是一个虚表，其数据实际上来源于（　　　　　　）。
2. 在 SQL 中，使用（　　　　　　）语句创建视图。
3. 在 SQL 中，使用（　　　　　　）语句修改视图。
4. 在 SQL 中，使用（　　　　　　）语句删除视图。
5. 在 SQL 中，使用（　　　　　　）语句查看视图中的数据。
6. 在修改视图的过程中，WITH ENCRYPTION 的作用是（　　　　　　）。
7. 视图的主要优点之一是可以（　　）用户的操作，使得一些经常进行的查询变得简单。
8. 视图的命名（　　）与基本表同名。
9. 视图可以分为三大类：（　　　　　　）、索引视图和分区视图。
10. 视图的创建和管理通常包括（　　　　　　）和（　　　　　　）两种方式。

二、选择题

1. 关于视图，说法错误的是（　　）。

　A. 视图中的数据并不存放于视图中　　B. 视图中的数据不可以修改

　C. 视图中的数据实际是来源于表　　D. 视图中的数据可以来源于多个表

2. 删除视图 VIEW1 的语句应该是（　　）。

　A. DROP VEIW1　　B. ALTER VEIW1

　C. DROP VIEW VIEW1　　D. ALTER VIEW VIEW1

3. 如果执行下列语句，结果会出现错误，原因是（　　）。

```
CREATE VIEW VIEW1
AS
SELECT * FROM [File] WHERE Sex='男' ORDER BY Name
```

A. 表名使用了 []
B. 没有使用 WITH CHECK OPTION 选项
C. 未指定 TOP、OFFSET 或 FOR XML、ORDER BY 子句在视图中无效
D. 创建视图不能包含条件

4. 以下关于通过视图更新数据的说法，错误的是（　　）。
A. 在视图中修改数据，对于基本表中的数据是没有作用的
B. 视图中的数据已经修改，表中的也会修改
C. 视图中的数据在修改的过程中也受到表中的限制
D. 视图中的数据一旦被删除，就不能恢复了

5. 以下关于视图的描述中，错误的是（　　）。
A. 视图不是真实存在的基础表，而是一张虚表
B. 当对通过视图看到的数据进行修改时，相应的基本表的数据也会发生变化
C. 在创建视图时，若其中某个目标列是聚合函数，必须指明视图的全部列名
D. 在一个语句中，一次可以修改一个以上的视图对应的基表

6. 在 SQL 中，CREATE VIEW 语句用于建立视图。如果要求对视图更新时必须满足查询中的表达式，应当在该语句中添加（　　）。
A. WITH UPDATE　　B. WITH INSERT
C. WITH DELETE　　D. WITH CHECK OPTION

7. 数据库中只存放视图的（　　）。
A. 操作　　B. 对应的数据　　C. 定义　　D. 限制

8. 视图可以在（　　）基础上创建。
A. 基本表　　B. 视图　　C. 基本表或视图　　D. 数据库

9. 在视图上不能完成的操作是（　　）。
A. 更新数据　　B. 查询数据
C. 在视图上创建表　　D. 在视图上创建视图

10. 视图在多种情况下都需要删除。下列哪种情况需要删除视图?（　　）
A. 视图的名称发生了变化　　B. 视图中的数据发生了变化
C. 视图中的条件发生了变化　　D. 用户不再需要

三、判断题

1. 视图内的数据实际上就是表中的，所以一旦在视图内修改了数据，表中的数据也会做出相应修改。（　　）
2. 视图可以和表一样直接用于查询数据。（　　）
3. 视图是数据库中非常重要的对象，不可或缺。（　　）
4. 创建视图的同时，其中的数据就被保存到视图中了。（　　）
5. 视图可以简化用户操作，提高数据库的安全性。（　　）
6. 通过创建视图，可以使不同的用户通过不同的视角看同一个表格。（　　）

四、实操题

1. 通过界面方式创建一个视图，显示“Student_table”表中所有男同学的“Student id”“Name”“Class id”“Birth”。
2. 通过命令方式完成第 1 题的要求。

3. 将第 1 题中创建的视图修改为 2001 年 1 月 1 日后出生的女同学信息，通过界面方式和命令方式都可以。

4. 删除上述视图。

5. 通过命令方式创建视图“学生选课成绩”，显示“Student_table”表中的“Name”、“Course_table”表中的“Course name”、“CScore_table”表中的“CScore”。

6. 通过命令方式修改视图“学生选课成绩”，统计每个学生选修的所有课程的总成绩。

7. 创建视图“学生成绩”，显示“CScore_table”表中成绩范围为 60 ～ 80 分的所有记录。

项目 8

数据完整性

项目导读

保证数据库中数据的准确性是十分重要的工作。数据可能会由于某种原因导致输入无效或错误，数据一旦出现问题，也就失去了存在的价值，对用户来说，损失是不可估量的。在数据库管理系统中，确保数据的准确性首先要从保证数据的完整性做起。数据完整性是指数据的可靠性和精确性。数据完整性一般包括实体完整性、参照完整性（引用完整性）、域完整性和用户定义完整性。我们可以通过多种完整性约束来保证数据库中的数据值处于正确的状态，防止由于数据不正确导致的严重后果。

本项目将通过规则的创建与管理，以及 PRIMARY KEY 约束、FOREIGN KEY 约束和其他约束的创建这 4 个任务，全面讲解保证数据完整性的方法。

学习目标

1. 掌握规则、约束的创建与管理方法。
2. 掌握 PRIMARY KEY 约束的创建与管理方法。
3. 掌握 FOREIGN KEY 约束的创建与管理方法。
4. 掌握其他约束的创建与管理方法。

思政目标

通过学习数据完整性的概念和应用，了解数据不正确可能导致的严重后果，理解在实际应用中确保数据完整性的重要性，培养责任意识和安全意识。

任务 8.1　创建并管理规则

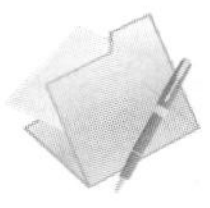

任务描述

030 创建并管理规则

规则就是要求大家遵守的制度或章程，那什么是数据库规则呢？简单地说，数据库规则就是对数据库中某一字段的数据进行约束，让它们处于规定的范围内。规则提供了一种在数据库中实现域完整性和用户定义完整性的方法。在 SQL Server 数据库中，规则分为数据库级规则和表级规则，二者的区别在于应用范围。

本任务要求对 student 数据库中的某一字段创建一个规则，让这一字段的所有数据值都遵守这一规则。

任务分析

对于存储在数据库中的数据来说，有的数据不需要做任何的限制，但是有的数据就需要通过一些手段去限制其值的范围。本任务分别使用数据库级规则和表级规则为 CScore_table 表中的“CScore”字段创建一个规则。

完成该任务需要做到以下几点：

（1）创建并管理数据库级规则。

（2）创建并管理表级规则。

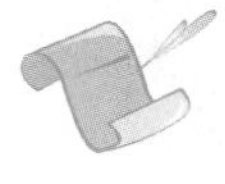

任务实现

1. 创建并管理数据库级规则

步骤 1： 新建查询。启动 SSMS，在“对象资源管理器”中展开数据库“student”节点，右击，在弹出的快捷菜单中选择“新建查询”；或者启动 SSMS 后，单击标准工具栏上的“新建查询”按钮，在 SQL 编辑器工具栏上的可用数据库列表中选择“student”为当前数据库，如图 8－1 所示。

步骤 2： 创建数据库级规则。在查询编辑器中输入如下语句并执行，结果如图 8－2 所示。

```
CREATE RULE CScore_rule    -- 创建一个限定成绩介于 0 ～ 100 的规则
AS @CScore >=0 and @CScore <=100
```

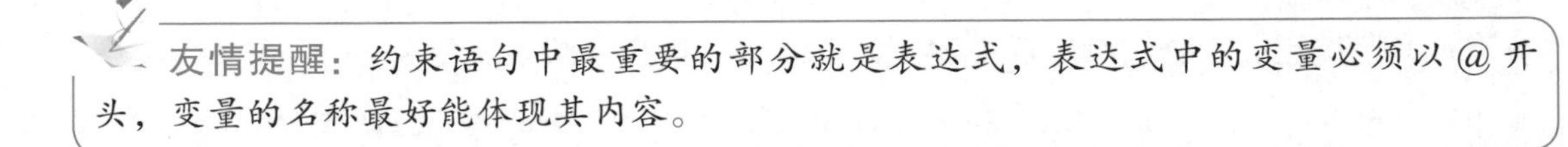

友情提醒：约束语句中最重要的部分就是表达式，表达式中的变量必须以 @ 开头，变量的名称最好能体现其内容。

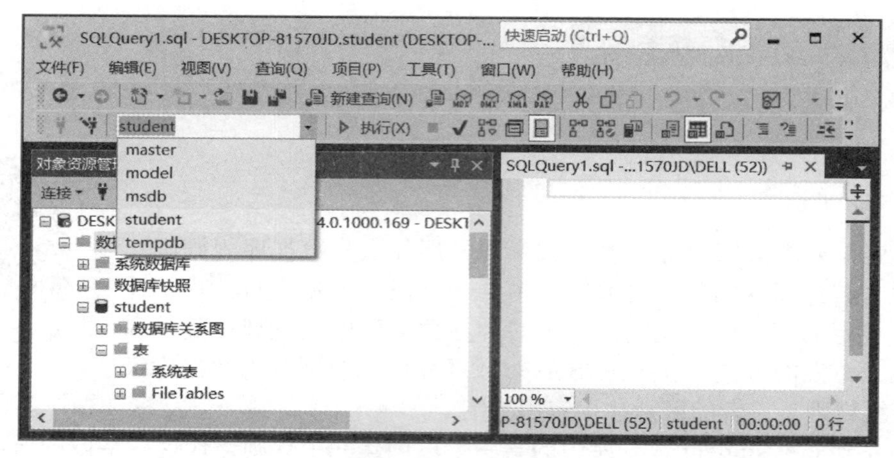

图 8－1 新建查询

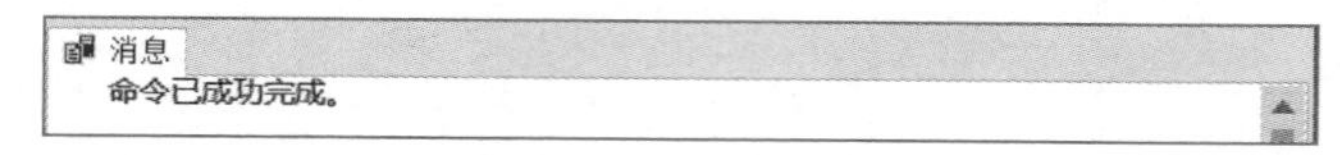

图 8－2 创建规则

步骤 3：查看规则。刷新“student”数据库。打开“student”数据库节点，在其中的“可编程性”子节点中选择“规则”节点，可以看到新创建的名为“CScore_Rule”的规则，如图 8－3 所示。

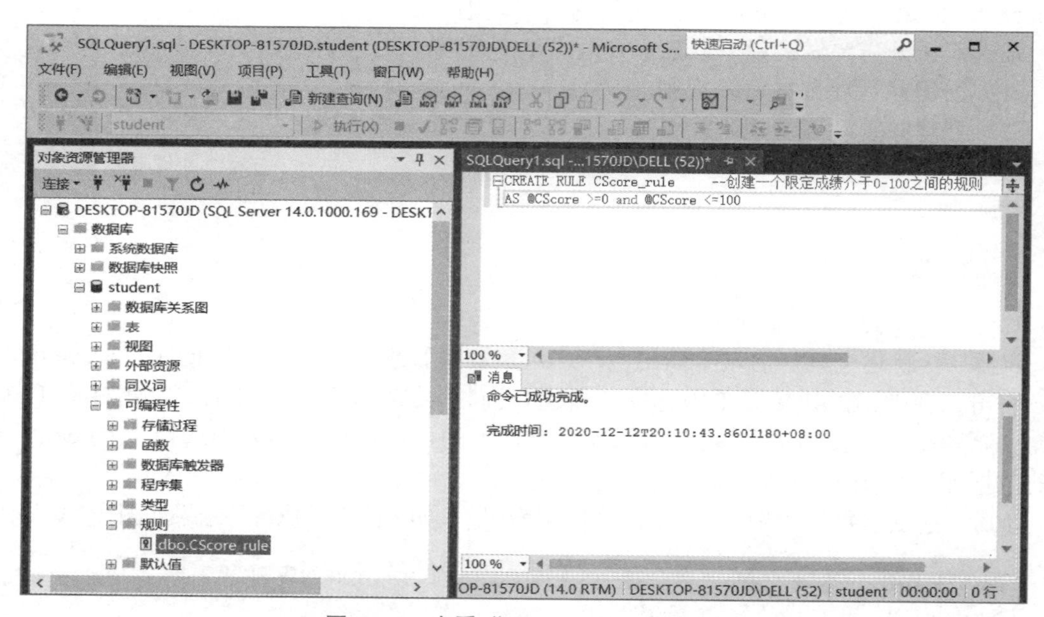

图 8－3 查看“CScore_Rule”规则

步骤 4：规则绑定。规则建立成功后，需要将规则与数据表中的目标字段绑定。单击“新建查询”按钮，在查询编辑器中输入如下语句并执行，结果如图 8－4 所示。

```
EXEC sp_bindrule CScore_Rule,'CScore_table.CScore'    -- 将 CScore_Rule 绑定到 CScore_table 数据表中的 CScore 字段
```

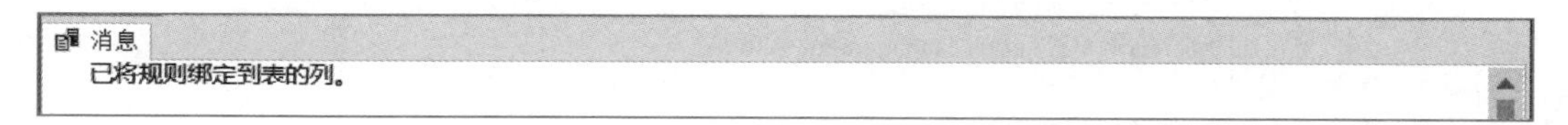

图 8－4　规则绑定

友情提醒：EXEC 是调用存储过程命令，如果单独执行这一条命令，EXEC 可以省略。sp_bindrule 是绑定约束的系统存储过程。

步骤 5：查看规则绑定情况。在 SSMS 中依次展开“student”｜“表”｜“CScore_table”｜“列”节点，右击“CScore”字段节点，在弹出的快捷菜单中选择“属性”，打开“列属性”对话框，如图 8－5 所示。可以看到“规则”一栏后面的文本框内容为“CScore_rule”，说明该字段已经绑定了规则。

图 8－5　“列属性”对话框

步骤 6：验证规则。对 CScore_table 数据表中的数据进行修改，如果“CScore”字段的值的范围不是 0 ～ 100，系统会弹出错误提示，如图 8－6 所示。

步骤 7：解除绑定。如果绑定规则的字段不再需要此规则限制，可以将规则与字段解除绑定，以取消字段的限制条件。规则解除后，规则仍存在于数据库中，只是不再与字段有关联。

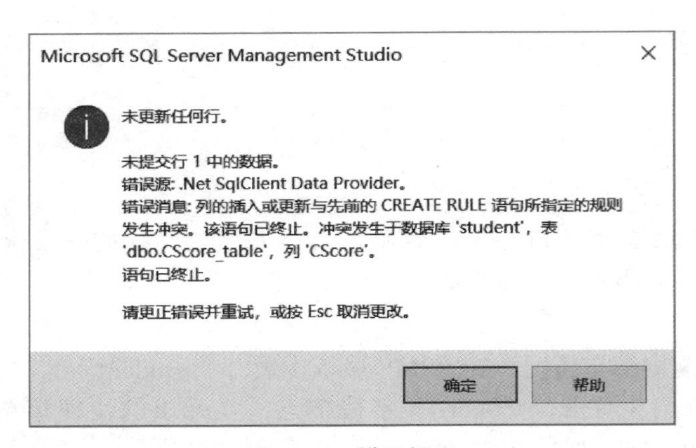

图 8-6　错误提示

单击“新建查询”按钮，在查询编辑器中输入如下语句并执行。

```
sp_unbindrule 'CScore_table.CScore'    -- 解除 CScore_table 数据表中 CScore 字段绑定的规则
```

友情提醒：解除绑定命令与绑定命令只差“un”两个字母，也就是“反义”的意思，便于大家记忆。

步骤 8：删除规则。如果数据库不再需要某个规则，则可将该规则删除。启动 SSMS，依次展开“student”｜“可编程性”｜“规则”节点，右击规则“CScore_Rule”子节点，在弹出的快捷菜单中选择“删除”，打开“删除对象”对话框，如图 8-7 所示。单击“确定”按钮，删除“CScore_Rule”规则。

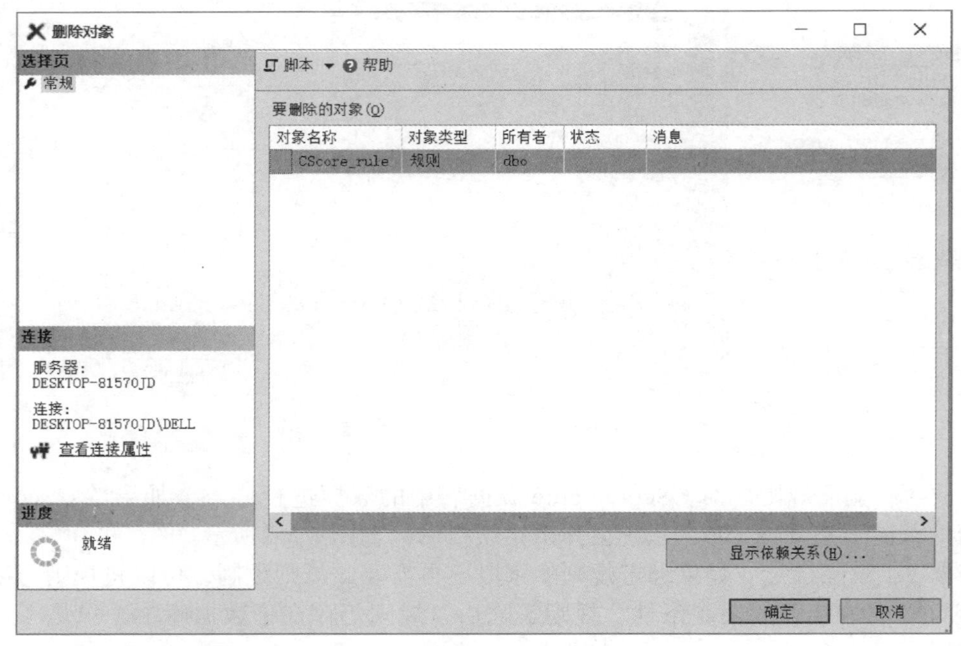

图 8-7　“删除对象”对话框

> 友情提醒：当要删除的约束与字段处于绑定状态时，不能删除此约束。只有解除约束绑定后，才能进行删除操作。

2. 创建并管理表级规则

因为表级规则直接作用于字段，所以不存在后期绑定与解除的问题，创建的同时直接与字段绑定。

（1）通过界面方式创建规则。

步骤 1： 在 SSMS 中选择数据库“student”，打开目标数据表“CScore_table”节点，右击“约束”子节点，在弹出的快捷菜单中选择“新建约束”，打开“检查约束”对话框，如图 8－8 所示。

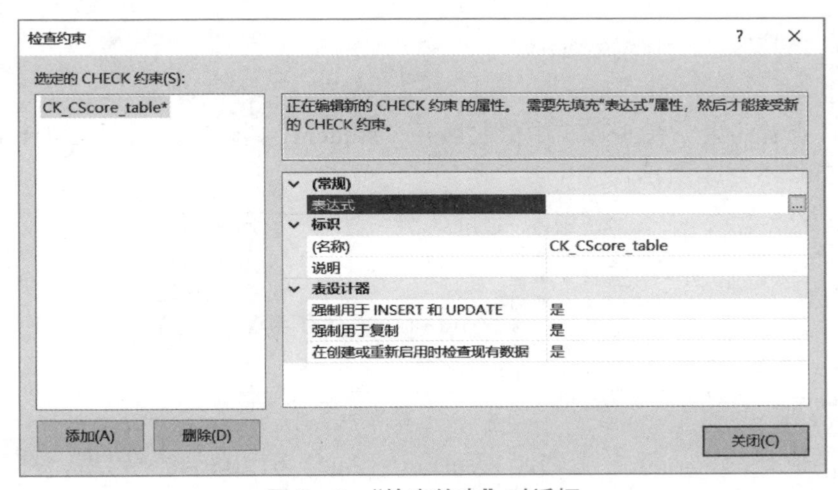

图 8－8 “检查约束”对话框

步骤 2： 单击“常规”栏中“表达式”文本框右侧的“打开”按钮 ，打开“CHECK 约束表达式”对话框。在“表达式”文本框中输入“CScore>=0 and CScore<=100”，如图 8－9 所示。

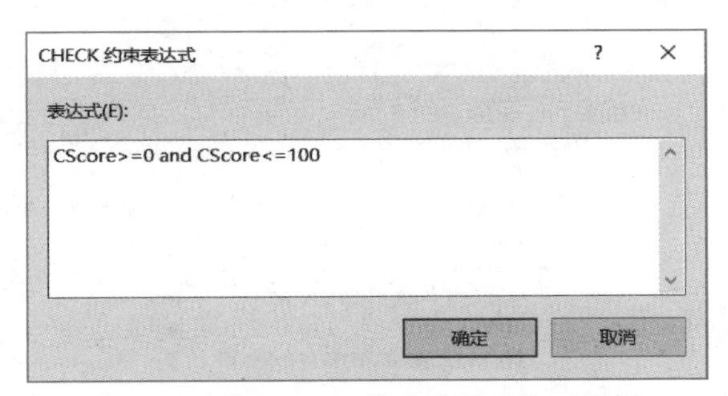

图 8－9 “CHECK 约束表达式”对话框

步骤 3： 依次关闭对话框和窗口，并保存对表所做的修改。这样，“CScore_table”数据表中“CScore”字段就创建了 CHECK 约束，规定其数据值范围为 0 ～ 100，如图 8－10 所示。

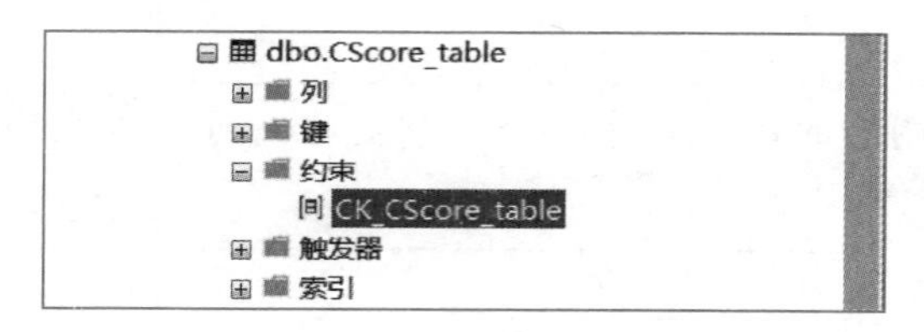

图 8－10　查看约束

（2）通过命令方式创建规则。

步骤 1：创建表的同时创建规则。在通过语句创建表的同时，可以直接将规则加在目标字段的后面。例如，新建 UserFile 数据表，表中包含用户 ID 和 Age 字段，并规定“Age”字段的范围为 18 ～ 60。打开查询编辑器，输入如下语句：

```
CREATE TABLE UserFile
(ID int,
  Age int CHECK(Age>18 and Age<60)
)
```

步骤 2：查看约束。在 SSMS 中依次展开“student”｜“表”｜“UserFile”｜“约束”节点，如图 8－11 所示。

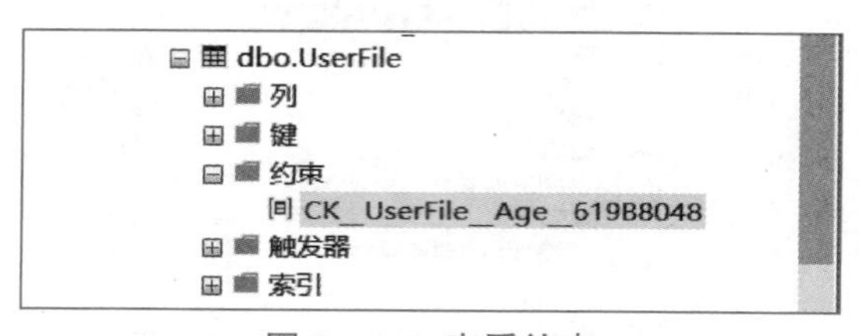

图 8－11　查看约束

步骤 3：检查约束。双击“CK__UserFile__Age__619B8048”约束，打开的“检查约束”对话框如图 8－12 所示。

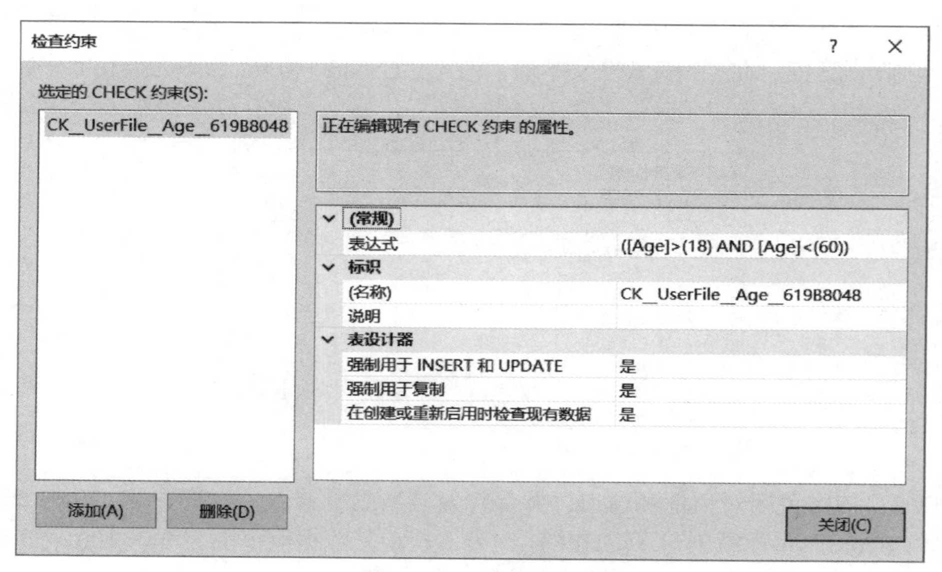

图 8－12　检查约束

步骤 4：为已存在的表创建规则。如果要为已存在的数据表中的字段设置规则，需要使用修改表结构语句。例如，将 UserFile 数据表中的“Age”字段的取值范围设为 18 ～ 50 岁。在查询编辑器中输入如下语句。

```
ALTER TABLE UserFile
ADD CONSTRAINT Check_Age CHECK(Age>18 and Age<50)
```

步骤 5：查看约束。在 SSMS 中依次展开“student”｜“表”｜“UserFile”｜“约束”节点，如图 8 - 13 所示。

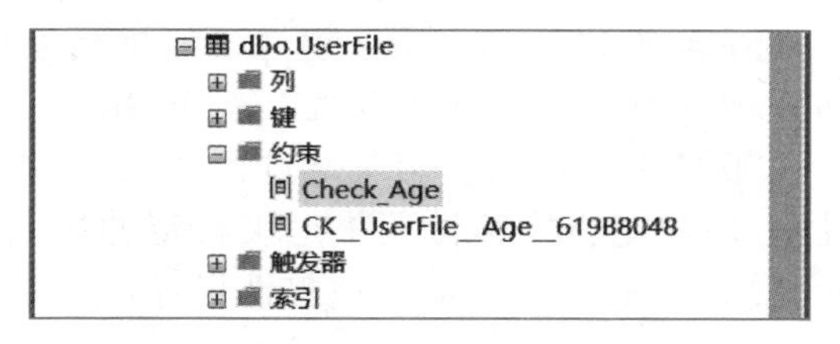

图 8 - 13　查看约束

步骤 6：检查约束。双击约束“CK__UserFile__Age__619B8048”，即可打开“检查约束”对话框检查约束，如图 8 - 14 所示。

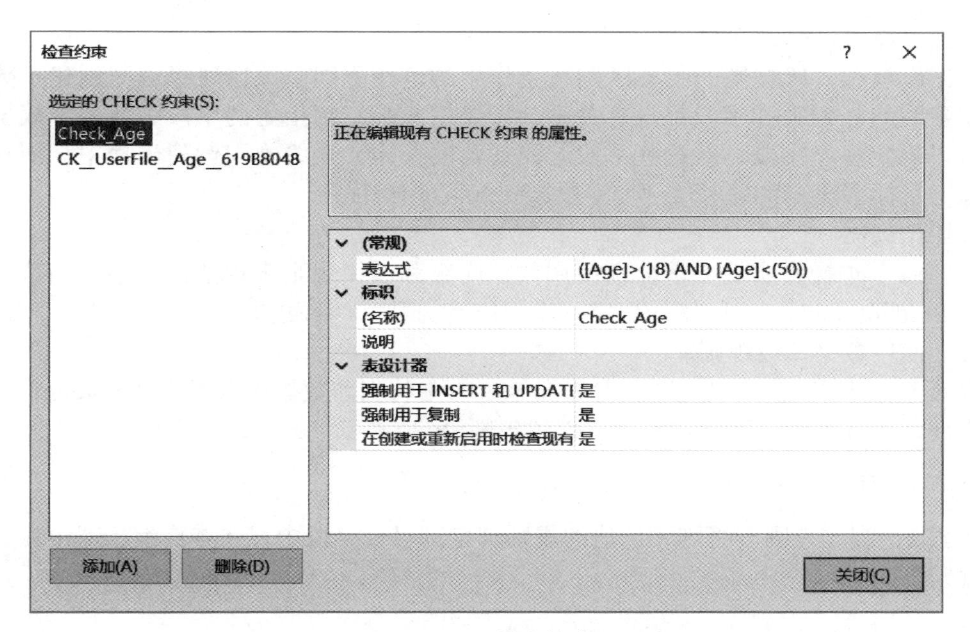

图 8 - 14　检查约束

相关知识

1. 数据完整性

数据完整性（Data Integrity）是指数据的可靠性（Reliability）和精确性（Accuracy）。它可以防止数据库中存在不符合语义规定或者其他规则的数据，可以防止因错误信息的输入、输出造成无效操作或错误数据。

2. 数据完整性的分类

（1）实体完整性。实体完整性将记录（行）定义为特定表的唯一实体，即每一行数据都反映不同的实体，不能存在相同的数据行。通过索引、UNIQUE（唯一）约束、PRIMARY KEY（主键）约束、标识列属性（IDENTITY）来实现实体完整性。

（2）域完整性。域完整性是指数据表中的字段必须满足某种特定的数据类型或约束。域完整性通常使用有效性检查来实现，还可以通过数据类型、格式和有效的数据范围等来实现。

（3）参照完整性。参照完整性也称为引用完整性，是指相关联的两个表之间的约束，具体地说，就是外键表中每条外键记录的值必须是主键表相应字段中存在的数据。因此，如果在两个表之间建立了关联关系，则对一个关系进行的操作会影响另一个表中的记录。

（4）用户定义完整性。用户定义完整性用来定义特定的规则，是数据库中用户根据自己的需要实施的数据完整性要求。用户定义完整性可通过自定义数据类型、规则、存储过程和触发器来实现。

3. 实现数据完整性的方法

SQL Server 提供了一些帮助用户实现数据完整性的工具，常用的有规则、默认值和触发器等。

4. 数据库级和表级规则

数据库级和表级规则的主要区别在于作用的范围不同。数据库级规则创建于数据库中，创建时与任何表和字段都没有关系，需要用户绑定到指定的字段中。一个数据库级规则可以绑定多个字段，对这些字段起到规范的作用。表级规则创建于表中，创建时就必须指定目标字段，也只对这一个字段起到规范的作用。

5. 操作实例

【例 8-1】本操作实例要求分别使用数据库级和表级规则来规范性别字段的数值，要求设置 Student_table 表中“Sex”字段中只能有男和女两种数据。

（1）使用数据库级规则。

步骤 1：创建数据库级规则。首先在 SSMS 中将当前数据库设置为“Student”，然后新建查询，在查询编辑器中输入如下创建规则语句。

```
CREATE RULE Sex_Rule AS @Sex in('男','女')
```

步骤 2：绑定规则。将刚才创建的规则绑定到目标字段中。在查询编辑器中输入如下绑定规则语句。

```
EXEC sp_bindrule Sex_Rule,'Student_table.Sex'
```

步骤 3：解除绑定。如果不再需要该规则来规范“Sex”字段的数值，则可以解除绑定。解除并不是删除规则。

```
EXEC sp_unbindrule 'Student_table.Sex'
```

步骤 4：删除规则。规则一旦失去作用，可以删除。

```
DROP RULE Sex_Rule
```

（2）使用表级规则。

步骤 1：在 SSMS 中打开目标数据表“ Student_table”节点，右击“约束”子节点，在弹出的快捷菜单中选择“新建约束”，打开“检查约束”对话框，如图 8－15 所示。

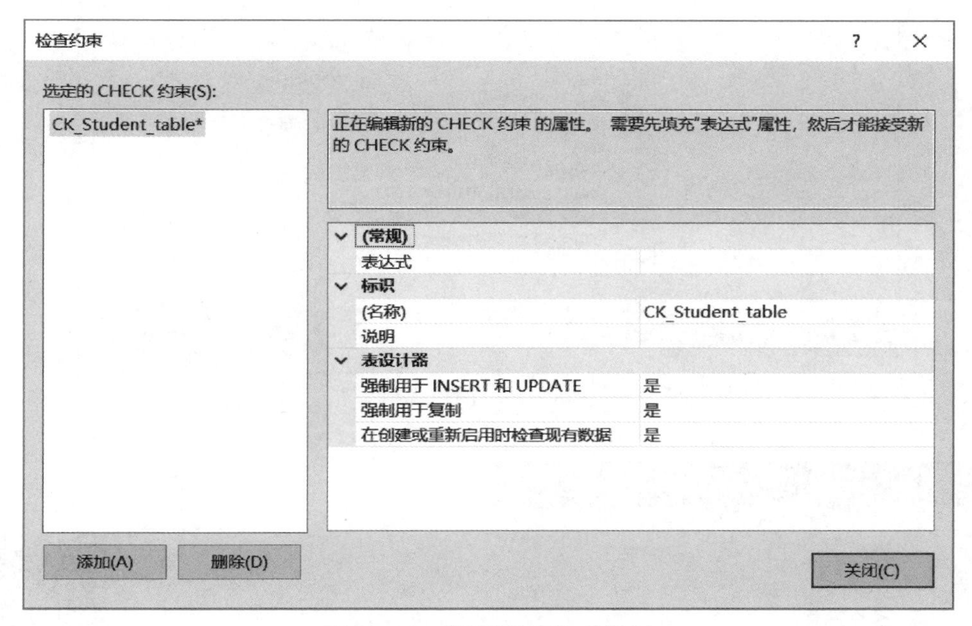

图 8－15 “检查约束”对话框

步骤 2：单击“常规”栏中“表达式”文本框右侧的“打开”按钮，打开“CHECK 约束表达式”对话框。在“表达式”文本框中输入约束“ Sex in (' 男 ',' 女 ')”，如图 8－16 所示。

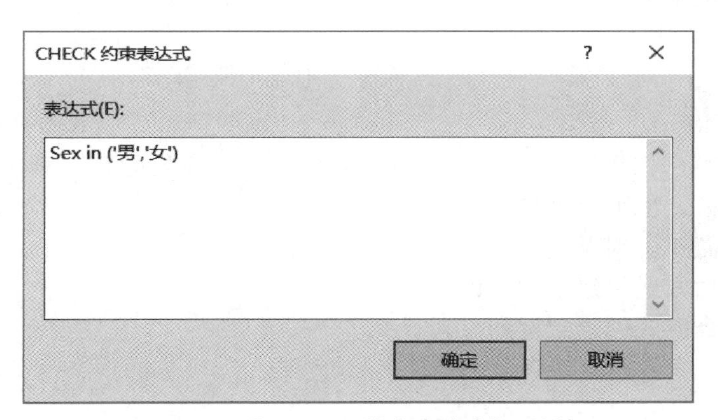

图 8－16 “CHECK 约束表达式”对话框

依次关闭对话框，并保存表的修改，这样就为 Student_table 数据表中“ Sex”字段创建了 CHECK 约束，规定其数据或者是男、或者是女。

步骤 3：如果规则不再需要，可以删除。先打开“检查约束”对话框，然后选中上例创建的规则“ CK_Student_table”，单击对话框下方的“删除”按钮，如图 8－17 所示，再依次关闭对话框，并保存表的修改，即可完成删除。

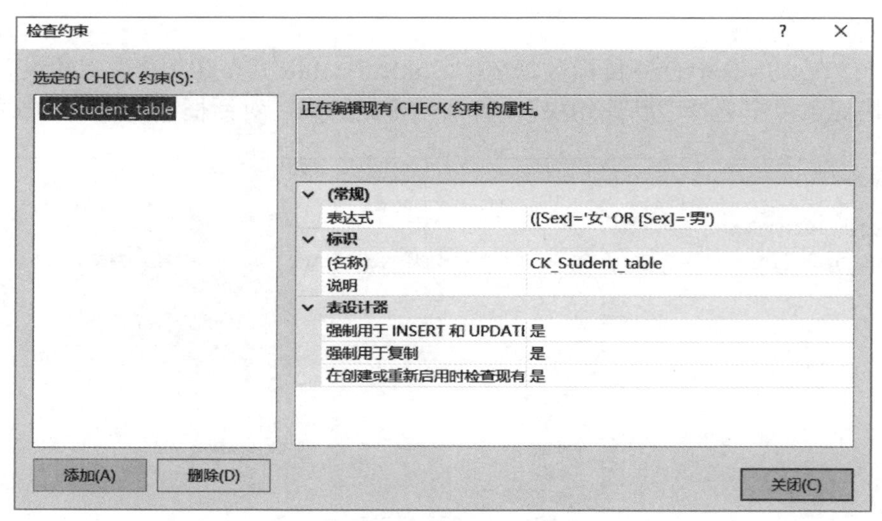

图 8－17　删除规则

任务 8.2　PRIMARY KEY 约束

任务描述

031 PRIMARY KEY 约束

PRIMARY KEY 约束，又称主键约束，顾名思义就是主要的、关键的约束。那么，为什么要在表中建立主键约束呢？因为主键是表中的一个或多个字段，它的值用于唯一地标识表中的某一条记录。本任务将介绍如何创建主键约束。

任务分析

主键是一种唯一关键字，是表定义的一部分。一个表只能有一个主键，并且主键的字段不能包含空值，也不能重复。

完成该任务需要做到以下几点：

（1）使用界面方式创建主键约束。

（2）使用命令方式创建主键约束。

任务实现

1. 通过界面方式创建主键约束

步骤 1：启动 SSMS，从目标数据库“student”中找到目标数据表“UserFile”，右击“UserFile”表节点，在弹出的快捷菜单中选择“设计”，打开数据表结构设计窗体。

步骤 2：右击“列名”栏目中的“ID”字段，在弹出的快捷菜单中选择“设置主键”，完成主键的创建，如图 8－18 所示。主键设置成功后，列名的前面会出现 。

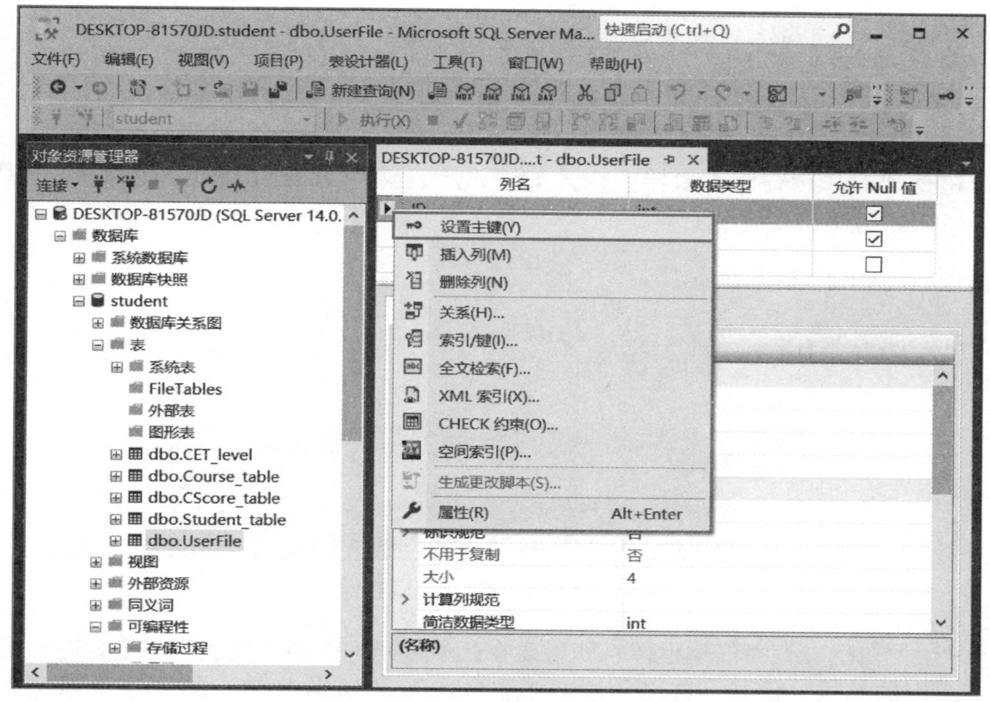

图 8－18　设置主键

步骤 3：如果要取消已设置主键字段的主键约束，则右击该主键字段，在弹出的快捷菜单中选择“删除主键”即可，如图 8－19 所示。

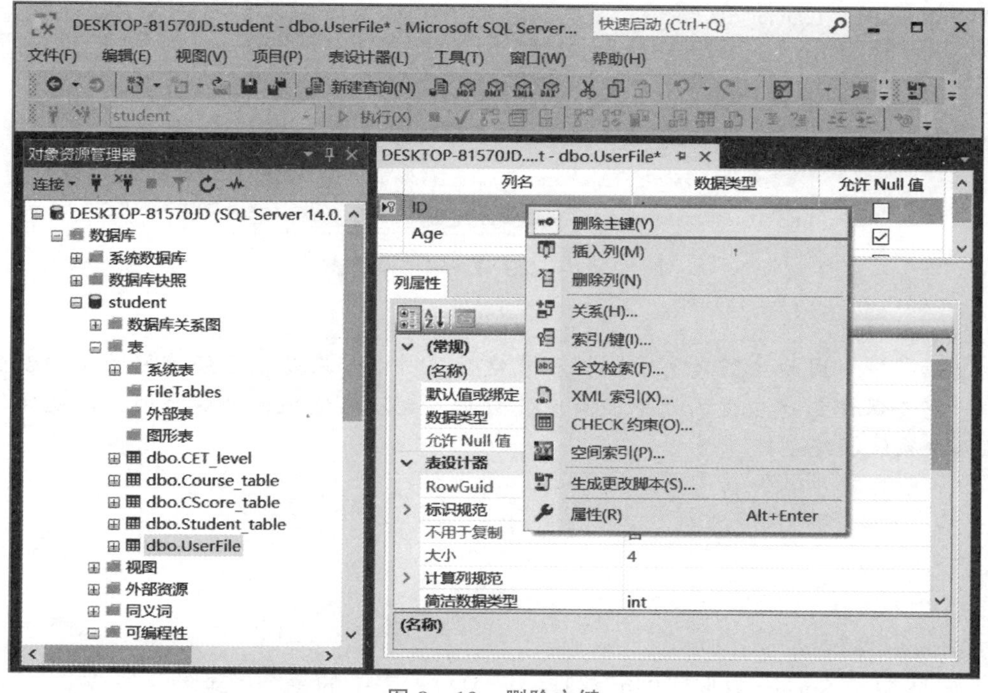

图 8－19　删除主键

2. 通过命令方式创建主键约束

步骤 1：创建表时设置主键。通过命令方式创建数据表时，可以直接为指定字段创建主键约束。例如在创建“TeacherFile”数据表时，直接为 ID 字段设定主键约束。

新建查询，并在查询编辑器中输入如下语句，然后单击 SSMS 工具栏中的“执行”按钮，结果如图 8-20 所示。

```
CREATE TABLE TeacherFile
(
ID int Primary key
)
```

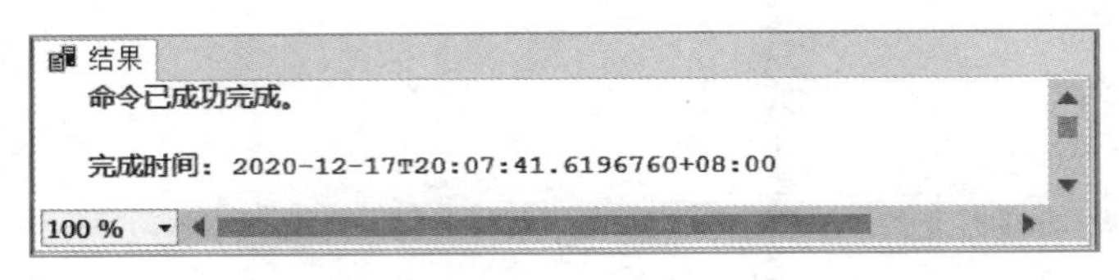

图 8-20　创建表时设置主键

步骤 2：在已有表中创建主键。如果要在已经创建完成的数据表中指定主键约束，则需要修改表的结构。例如，在已创建的 TeacherFile 数据表中为“ID”字段创建主键约束，可在查询编辑器中输入如下语句。（如果 TeacherFile 数据表中已经为“ID”字段创建了主键，那么需要先删除此主键，再执行如下语句。）单击 SSMS 工具栏中的“执行”按钮，结果如图 8-21 所示。

```
ALTER TABLE TeacherFile
ADD CONSTRAINT tf_PRIMARY  PRIMARY KEY CLUSTERED(ID)
```

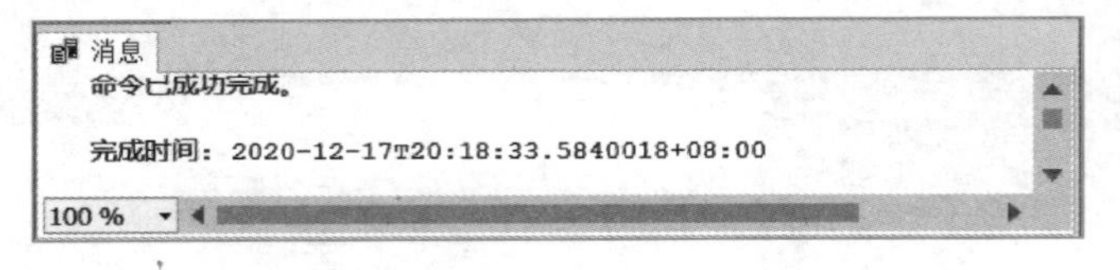

图 8-21　在已有表中创建主键

> 友情提醒：因为主键具有唯一性和非空性，所以如果是在已经建好的表中创建主键，一定要保证创建主键的列中没有重复数据，也没有空值，否则会因为违反实体完整性而被系统拒绝创建。

相关知识

1. 什么是主键

主键是 SQL Server 数据库中能够唯一标识数据表中的每个记录的字段或者字段的组

合。在主键中，不同的记录对应的字段取值不同（唯一性），也不能是空白（非空性）。用户通过这个字段中不同的值便可区别表中各条记录，就像通过身份证号码来区别不同的人一样。数据表中作为主键的字段就像身份证号一样，必须确保每个记录中的值都不相同，这样才能根据主键的值来确定不同的记录。

主键可以唯一识别一个表的每一行记录，但这只是其作用的一部分。主键的另一个作用是将记录和存放在其他表中的数据进行关联。在这一点上，主键是不同表中各记录的简单指针。

2. PRIMARY KEY 约束注意事项

（1）一个表只能包含一个 PRIMARY KEY 约束。

（2）由 PRIMARY KEY 约束生成的索引不会使表中的非聚集索引超过 999 个、聚集索引超过 1 个。

（3）如果没有为 PRIMARY KEY 约束指定 CLUSTERED 或 NONCLUSTERED，并且没有为 UNIQUE 约束指定聚集索引，则将对该 PRIMARY KEY 约束使用 CLUSTERED。

（4）PRIMARY KEY 约束中的所有字段都必须指定为 NOT NULL。如果没有指定为 NOT NULL，则加入 PRIMARY KEY 约束的所有字段的 NULL 值属性都将被设置为 NOT NULL。

3. 建立主键应遵循的原则

（1）主键应当是对用户没有意义的。主键只是用来唯一标识一行数据，最好不使用某一具有实际含义的字段作为主键。

（2）永远不要更新主键。因为主键除了用来唯一标识一行数据之外，再没有其他的用途，所以没有理由对它更新。如果需要更新主键，则说明“主键应当是对用户没有意义的”这一原则被违反了。

> 友情提醒：这项原则对于经常需要在数据转换或多数据库合并时进行整理的数据并不适用。

（3）主键不应包含动态变化的数据，如时间戳、创建时间字段、修改时间字段等。

（4）主键应当由计算机自动生成。如果用户对主键的创建进行了干预，就会使它具有“唯一标识一行数据”以外的意义。一旦越过这个界限，用户就可能产生修改主键的动机。如果这种用来链接记录行、管理记录行的关键手段被不了解数据库设计的人员采用，可能会产生意想不到的严重后果。

4. 操作实例

【例 8-2】本操作实例用于实现对数据表创建主键。分别通过界面方式和命令方式完成主键的创建。

执行下列语句，在数据库中创建实例表“Admin”。

```
CREATE TABLE Admin
(
ID int not null,
Name char(8),
```

```
Password varchar(18)
)
```

下面根据要求在该表中的 ID 字段上创建主键。

（1）通过界面方式创建主键。

打开 SSMS，在目标数据库“ student”中右击“ Admin”表节点，在弹出的快捷菜单中选择“设计”，进入数据表结构设计窗体，右击“ ID”字段，在弹出的快捷菜单中选择“设置主键”即可。

（2）通过命令方式创建主键。

在查询编辑器中输入如下语句即可。

```
ALTER TABLE Admin
ADD CONSTRAINT Admin_PRIMARY  PRIMARY KEY CLUSTERED(ID)
```

任务 8.3 创建 FOREIGN KEY 约束

032 创建 FOREIGN KEY 约束

任务描述

FOREIGN KEY 约束，又称外键约束。通俗地说，外键约束就是实现表与表之间关联的约束，通过这种关联可确保数据的完整性和一致性。本任务将介绍如何通过界面方式和命令方式创建 FOREIGN KEY 约束。

任务分析

在数据库设计过程中，通常会遇到两个不同数据表中某些字段之间存在一定关联的情况。也就是说在不同的表中，会分别存在一个具有相同含义的字段，而且其中一个字段的值获取于另一张数据表中对应的字段。这时就需要将获取数值的字段设置为外键，并与被获取数值的字段建立关联。

完成该任务需要做到以下几点：

（1）通过界面方式创建外键约束。

（2）通过命令方式创建外键约束。

任务实现

1. 通过界面方式创建外键约束

步骤 1： 在 SSMS 中依次展开“ Student”｜“表”｜“ UserFile”节点，右击“键”子节点，在弹出的快捷菜单中选择“新建外键”，打开“外键关系”对话框，如图 8－22 所示。

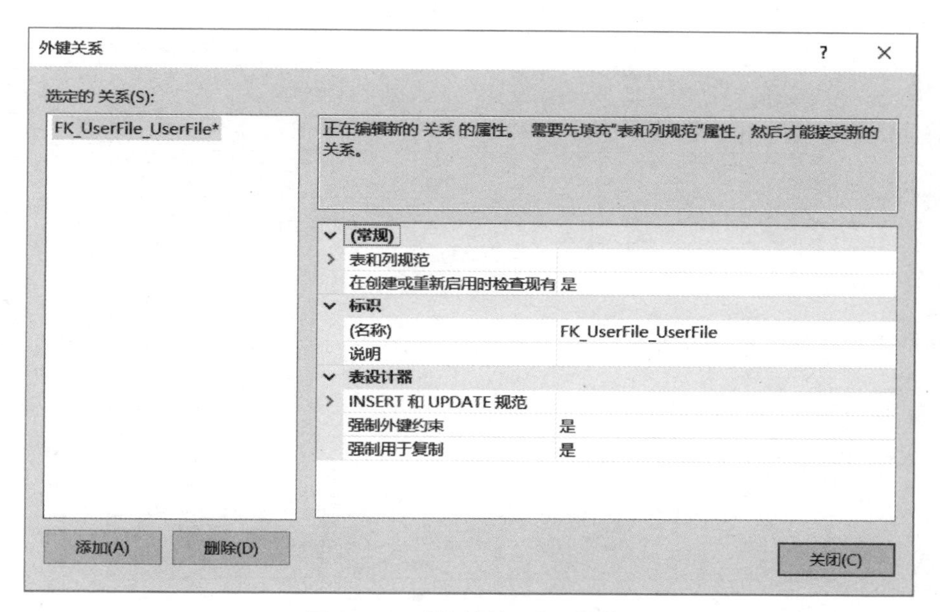

图 8－22 “外键关系”对话框

步骤 2：在“外键关系”对话框的“常规”栏中单击“表和列规范”文本框右侧的“打开”按钮 ...，打开“表和列”对话框，如图 8－23 所示。

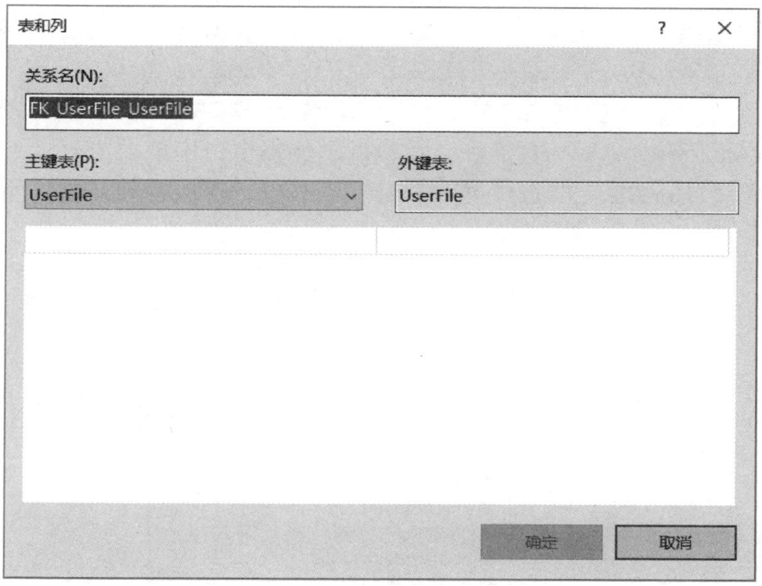

图 8－23 “表和列”对话框

步骤 3：在“表和列”对话框中设置主键表、外键表及对应字段。在“主键表”下拉列表中选择“TeacherFile”表，在下方的字段列表中选择“ID”字段。“外键表”已经默认为打开的“UserFile”表，所以只需要设定下方的字段为“ID”字段，如图 8－24 所示。单击“确定”按钮，完成设置。

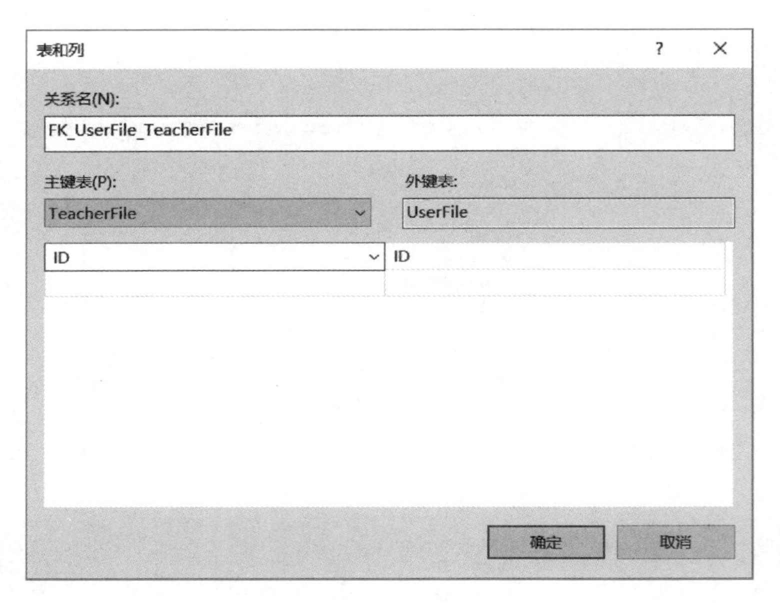

图 8－24　选择“ID”字段

友情提醒：在图 8－24 中可以看出，在外键字段所在的表中创建外键约束，“外键表”下拉列表是不可用的，也就是不能更改。如果要在主键表中设置主外键关系，需要右击主键字段，选择快捷菜单中的“关系”，即可在打开的“外键关系”对话框中设置。

步骤 4：关闭“外键关系”对话框，在数据表编辑窗口中单击工具栏上的“保存”按钮。打开基本表“UserFile”节点，展开“键”子节点，可以看到新创建的外键约束，如图 8－25 所示。

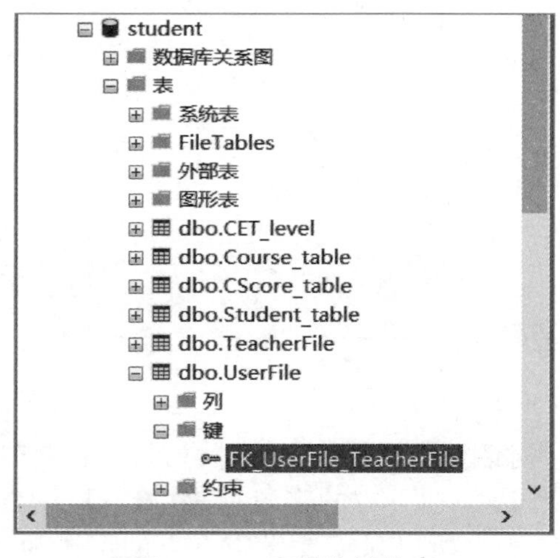

图 8－25　查看外键约束

2. 通过命令方式创建外键约束

步骤 1：新建查询，在查询编辑器中输入如下语句。其中，FK_File_Users 是外键约束的名称，用户可以自己命名。FOREIGN KEY(ID) 是指定要设置外键约束的字段。REFERENCES TeacherFile(ID) 是设置的主键表和主键表字段，“TeacherFile”为主键表名称，“ID”为主键表中要关联的字段。

```
ALTER TABLE UserFile
ADD CONSTRAINT FK_File_Users FOREIGN KEY(ID) REFERENCES TeacherFile(ID)
```

步骤 2：单击 SSMS 工具栏中的“执行”按钮完成外键约束的创建。

相关知识

1. 外键

在数据库中，常常不只有一个表，这些表之间也不是相互独立的，而是需要建立一种关系，这样才能实现数据互通。如果某一张数据表中某个字段的实质内容是另一张数据表中的主键字段，则这个字段就是这张数据表的外键字段。外键约束主要用来维护两个表之间数据的一致性。

2. 主键表与外键表

（1）主键表：在两个相关联的数据表中，主键字段所在的表称为主键表。

（2）外键表：在两个相关联的数据表中，外键字段所在的表称为外键表。

3. 建立外键应遵循的原则

（1）为关联字段创建外键。

（2）所有的主键都必须唯一。

（3）避免使用复合键。

（4）建立外键的前提是此外键必须是另一个关联表的主键。

4. 操作实例

【例 8-3】本操作实例实现在两个表之间创建外键关系。分别通过界面方式和命令方式完成。首先执行下列语句，创建两个基本表，搭建实例所需的数据库环境。

执行下列语句，在数据库中创建实例表 Type 和 Book，如图 8－26 所示。

```
CREATE TABLE Type
(ID int PRIMARY KEY,
TypeName char(8)
)
GO
CREATE TABLE Book
(ID int PRIMARY KEY,
BookType int,
BookName varchar(20)
)
GO
```

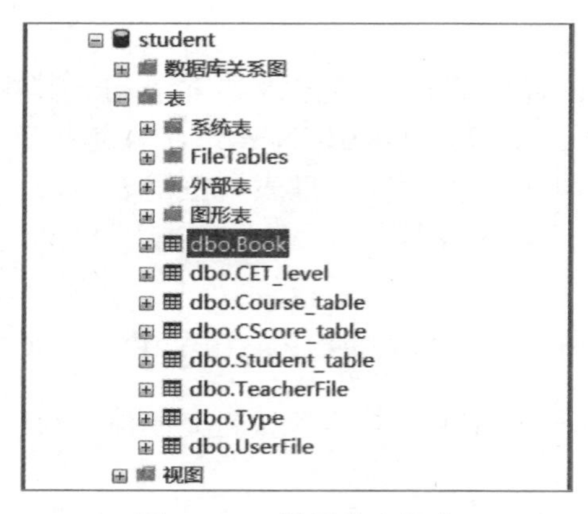

图 8－26　数据库中的表

下面根据要求将 Book 表中的“Booktype”字段与 Type 表中的“ID”字段建立关联。

（1）通过界面方式创建外键关系。

步骤 1：打开 SSMS，依次展开“Student”｜“表”｜“Book”节点，右击“键”子节点，在弹出的快捷菜单中选择“新建外键”，打开“外键关系”对话框，如图 8－27 所示。

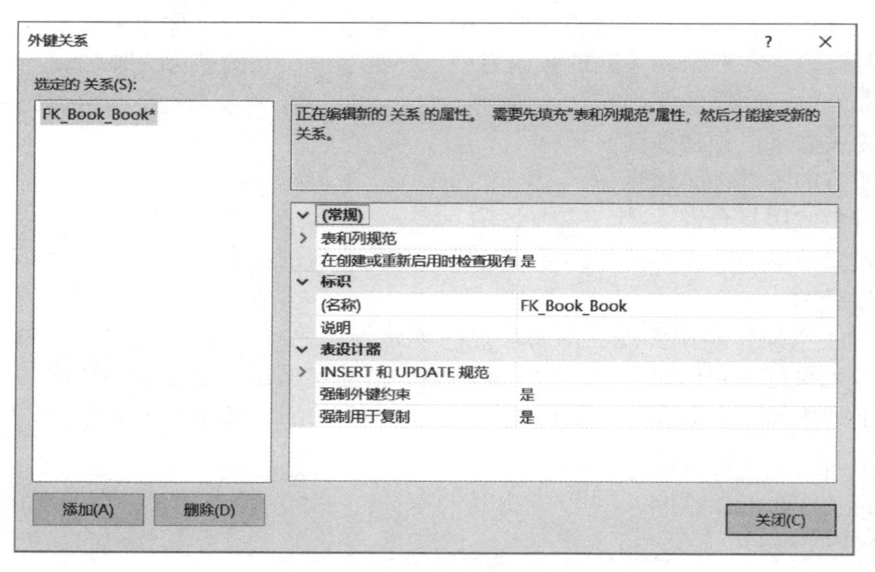

图 8－27　“Book”表的外键关系

步骤 2：在“外键关系”对话框的“常规”栏中单击“表和列规范”文本框右侧的“打开”按钮 ...，打开“表和列”对话框，如图 8－28 所示。

步骤 3：设置主键表、外键表及对应字段。在“主键表”的下拉列表中选择“Type”数据表，在下方的字段列表中选择“ID”字段。在“外键表”的下拉列表中选择“BookType”字段，如图 8－29 所示。

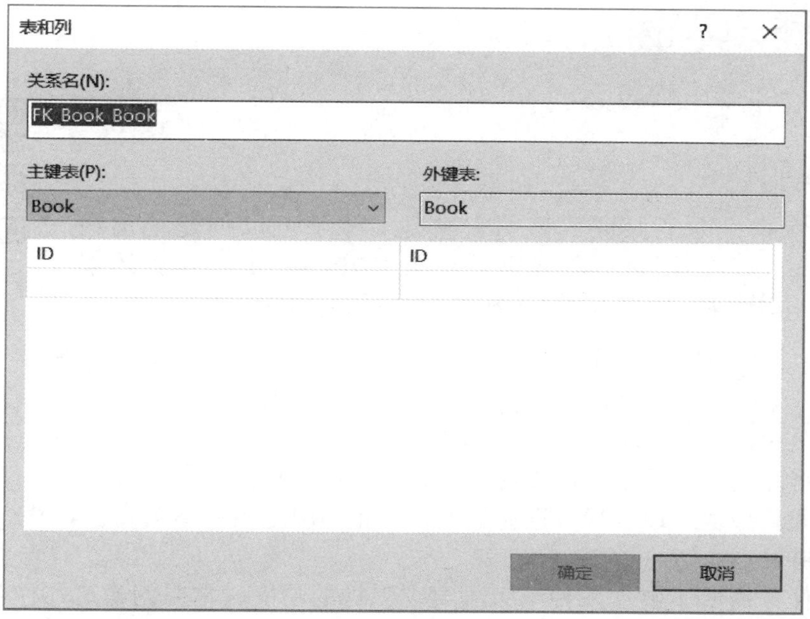

图 8－28 “表和列”对话框

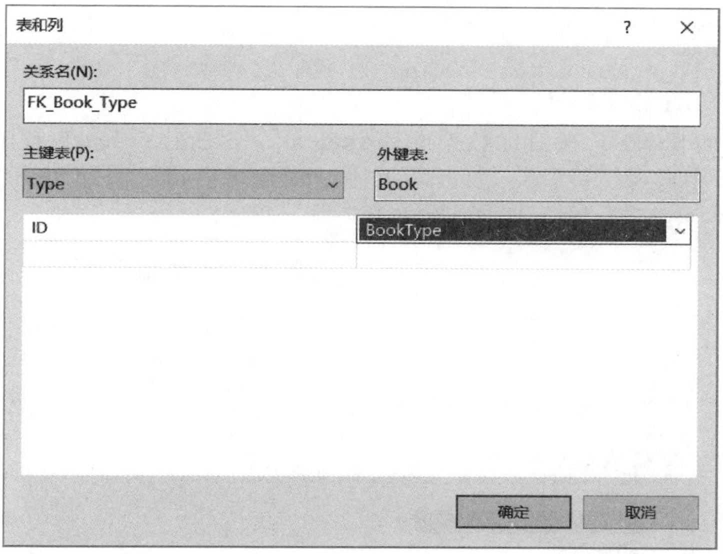

图 8－29 主、外键的设置

步骤 4：依次关闭“表和列”及“外键关系”对话框，保存基本表设置。

（2）通过命令方式创建外键关系。

在查询编辑器中输入如下语句完成外键关系的创建。

```
ALTER TABLE Book
ADD CONSTRAINT FK_File_Type FOREIGN KEY(BookType) REFERENCES Type(ID)
```

任务 8.4　其他约束

任务描述

033 其他约束

在数据库中，为了保证数据的完整性，除了可以创建主键约束和外键约束以外，还可以创建默认约束（DEFAULT）、检查约束（CHECK）、非空约束（NOT NULL）和唯一约束（UNIQUE）。

任务分析

本任务将介绍默认约束、检查约束、非空约束和唯一约束。这些约束都可用于限定数据表中字段的数值，以实现数据完整性，防止因限定条件不正确或者没有限定条件而导致的数据错误。

完成该任务需要了解这几种约束可实现怎样的功能，掌握创建这几种约束的方法，明确这几种约束的使用前提。

任务实现

1. 默认约束（DEFAULT）

步骤 1：启动 SSMS，在目标数据库“student”中右击“TeacherFile”表节点，在弹出的快捷菜单中选择“设计”，打开数据表结构编辑窗口，增加两个字段“姓名”和“民族”，如图 8－30 所示。

列名	数据类型	允许 Null 值
ID	int	☐
姓名	varchar(10)	☑
民族	varchar(30)	☑
		☐

列属性

(常规)	
(名称)	姓名
默认值或绑定	
数据类型	varchar
允许 Null 值	是
长度	10

表设计器

(名称)

图 8－30　TeacherFile 数据表结构

步骤 2：选择“民族”字段，在窗口下方“列属性”窗格的“常规”栏中找到“默认值或绑定”项，在对应的文本框中输入“汉族”，如图 8－31 所示。这样就为 TeacherFile 数据表中的“民族”字段设置了默认值“汉族”。

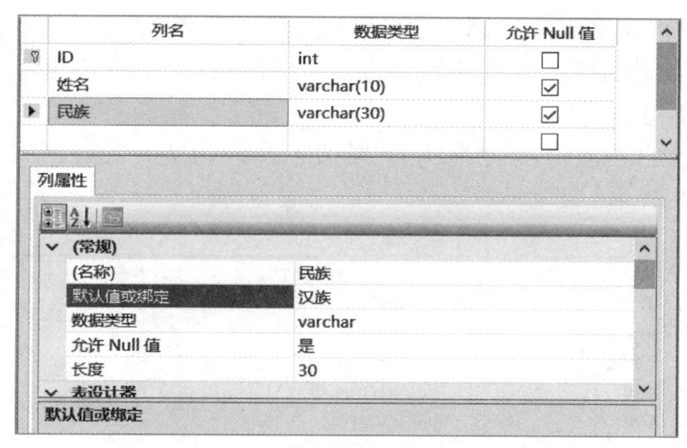

列名	数据类型	允许 Null 值
ID	int	☐
姓名	varchar(10)	☑
民族	varchar(30)	☑
		☐

列属性

(常规)	
(名称)	民族
默认值或绑定	汉族
数据类型	varchar
允许 Null 值	是
长度	30
表设计器	

默认值或绑定

图 8－31　为“民族”字段设置默认值

步骤 3：通过命令方式创建表的同时创建默认值。在创建表的同时，可以直接在某个字段的后面注明默认值。例如，为 NewFile 数据表中的“Nation”字段设置默认值“汉族”的语句如下：

```
CREATE TABLE NewFile
(
ID int,
Nation nvarchar(50) DEFAULT '汉族'
)
```

步骤 4：为已创建好的数据表中某个未设置默认值的字段设置默认值，需要使用修改表语句。例如，为 NewFile 数据表中的“Nation”字段设置默认值为“汉族”的语句如下：

```
ALTER TABLE NewFile
ADD CONSTRAINT Dafult_NT DEFAULT '汉族' FOR Nation
```

2. 非空约束（Not Null）

步骤 1：在 SSMS 中，右击目标表的“UserFile”节点，在弹出的快捷菜单中选择“设计”，打开 UserFile 数据表结构编辑窗口，增加“用户名”“密码”“权限”字段，如图 8－32 所示。

列名	数据类型	允许 Null 值
ID	int	☐
Age	int	☑
用户名	varchar(50)	☑
密码	varchar(50)	☑
权限	int	☑
		☐

列属性

(常规)	
(名称)	ID
默认值或绑定	
数据类型	int

(常规)

图 8－32　UserFile 数据表结构

步骤 2：每个字段后边均有一个“允许 Null 值”复选框，可以设置每个字段是否允许空值。如果某个字段的该选项处于选中状态，则表明此字段值可以为空；如果没有选中，则表明此字段不可以为空。

设置 UserFile 表的“密码”“权限”字段值不允许为空；“Age”“用户名”字段值可以为空，如图 8－33 所示。

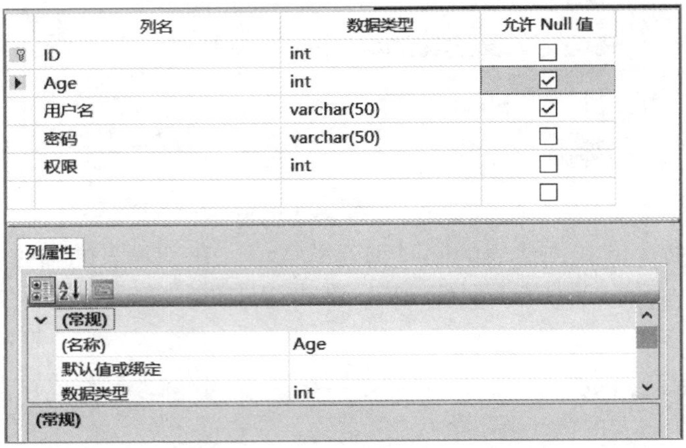

列名	数据类型	允许 Null 值
ID	int	☐
Age	int	☑
用户名	varchar(50)	☑
密码	varchar(50)	☐
权限	int	☐
		☐

列属性

(常规)

(名称)	Age
默认值或绑定	
数据类型	int

(常规)

图 8－33　设置是否允许 Null 值

步骤 3：通过命令方式创建数据表管理字段。创建表的同时，可以直接设置某个字段的非空性。例如，在创建 Users 表时，指定“UserID”“UserName”字段值不允许为空，“Password”“Role”字段值可以为空的语句如下：

```
USE Student
CREATE TABLE Users
(
UserID int not null,
  UserName varchar(50) not null,
  Password varchar(50) null,
  Role int null
)
```

友情提醒：如果在创建数据表时未指定字段是否允许为 NULL，则系统自动将其设置为 NULL（允许为空）。

步骤 4：使用语句修改已存在数据表中字段的非空性。例如，将 Users 数据表中的“UserName”字段修改为允许为空的语句如下：

```
ALTER TABLE Users
ALTER COLUMN UserName varchar(50) Null
```

3. 唯一约束 (Unique)

唯一约束通常只通过命令方式完成。

步骤 1：在创建数据表时，指定某一字段是唯一的。例如，将 Users 表中的“UserName”字段设置为唯一字段的语句如下：

```
USE Student
CREATE TABLE Users
(
UserID int not null,
   UserName varchar(50) not null unique,
   Password varchar(50) null,
   Role int null
)
```

步骤 2：将已存在数据表中的某一字段指定为唯一字段。例如，将 Users 表中的“Password”字段指定为唯一字段的语句如下：

```
ALTER TABLE Users
ADD CONSTRAINT Unique_Password UNIQUE(Password)
```

相关知识

1. DEFAULT 约束、NOT NULL 约束、UNIQUE 约束

（1）DEFAULT 约束：即默认约束，是指为数据表中的某些字段设置默认值。如果在向数据表中插入一行数据时，没有指定该字段的具体数值，则系统将设置的默认值自动插入该字段。

（2）NOT NULL 约束：即非空约束，是指在数据表中指定某些字段不可以为空值。向数据表中插入数据时，如果未向含有 NOT NULL 约束的字段中插入数据，则 SQL Server 会提示错误信息。

（3）UNIQUE 约束：即唯一约束，是指在数据表中某些字段的值不可以重复。

主键约束与唯一约束的区别如下：

（1）唯一约束可以确保在非主键列中不输入重复的值。

（2）在一个数据表中可以定义多个唯一约束，但只能定义一个主键约束。

（3）唯一约束可以允许其字段值为 NULL，但主键约束不可以为 NULL。

（4）外键约束可以引用唯一约束。

2. 操作实例

【例 8-4】本操作实例实现数据库中其他约束的设置，目的是完成对数据库完整性约束的补充。具体需要完成以下任务：

为 Student_table 表中的“Sex”字段创建默认值“男”；为 Student_table 表中的“Sex”字段设置非空约束；为 Student_table 表中的“Student_id”字段设置唯一性约束。

（1）设置默认值。

步骤 1：启动 SSMS，右击“Student_table”数据表节点，在弹出的快捷菜单中选择“设计”，打开 Student_table 数据表结构编辑窗口。

步骤 2：选择“Sex”字段，在窗口下方的“列属性”的“常规”栏中找到“默认值或绑定”项，在对应的文本框中输入“男”，如图 8－34 所示。

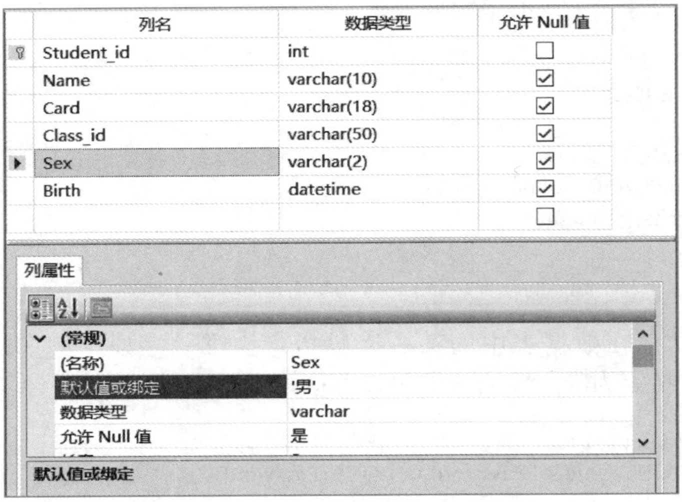

列名	数据类型	允许 Null 值
Student_id	int	☐
Name	varchar(10)	☑
Card	varchar(18)	☑
Class_id	varchar(50)	☑
Sex	varchar(2)	☑
Birth	datetime	☑
		☐

列属性

(常规)

(名称)	Sex
默认值或绑定	'男'
数据类型	varchar
允许 Null 值	是

默认值或绑定

图 8－34　为“Sex”字段设置默认值

（2）设置非空约束。

步骤 1： 启动 SSMS，右击“ Student_table”数据表节点，在弹出的快捷菜单中选择“设计”，打开 Student_table 数据表编辑窗口。

步骤 2： 根据任务要求，取消勾选“ Sex”字段对应的“允许 Null 值”，即设置为不允许为空，如图 8－35 所示。

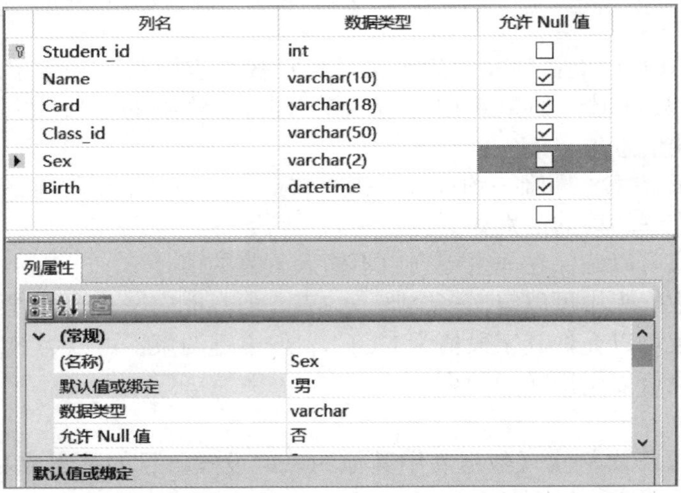

列名	数据类型	允许 Null 值
Student_id	int	☐
Name	varchar(10)	☑
Card	varchar(18)	☑
Class_id	varchar(50)	☑
Sex	varchar(2)	☐
Birth	datetime	☑
		☐

列属性

(常规)

(名称)	Sex
默认值或绑定	'男'
数据类型	varchar
允许 Null 值	否

默认值或绑定

图 8－35　为“Sex”字段设置非空约束

（3）设置唯一性约束。

根据任务要求，在查询编辑器中输入如下语句，完成对“ Student_id”字段的唯一性约束设置。

```
ALTER TABLE Student_table
ADD CONSTRAINT Unique_Studentid UNIQUE(Student_id)
```

技能检测

一、填空题

1. 规则约束可以分为（　　）和（　　）两级。
2. 主键是为了保证数据库的（　　）完整性。
3. 数据完整性是指数据的（　　）和（　　）。
4. 某个表中要求某个字段的值的范围必须是 50 ～ 100，这属于（　　）完整性。
5. 主键创建好后，该字段就自动具有了（　　）和（　　）约束。
6. 主键创建好后，系统会自动在其上创建一个（　　）索引。
7. 创建唯一约束的关键字是（　　）。
8. 已经绑定的规则，必须先（　　）才能对其执行删除操作。
9. 想完成一个年龄范围为 18 ～ 60 的规则，表达式应该是（　　　　）。
10. 在已经创建好的表中添加主键，应该使用（　　　　）语句。

二、选择题

1. 用来创建实体完整性的是（　　）。
   A. PRIMARY KEY　　B. CHECK
   C. FOREIGN KEY　　D. DEFAULT
2. 某种数据库对象可以简化用户操作，即将一些固定的值在用户不声明的情况下填入相应字段中，这种对象是（　　）。
   A. 主键　　B. 外键　　C. 规则　　D. 默认
3. 以下关于主键的说法，错误的是（　　）。
   A. 主键除了标识记录外，还在关系中起着重要的作用
   B. 主键中的数据是不能重复的
   C. 主键是表中非常重要的字段，每个表都可以通过多个主键来规范数据
   D. 主键中不能出现空值
4. 外键是用来实施（　　）的。
   A. 参照（引用）完整性　　B. 域完整性
   C. 实体完整性　　D. 用户定义完整性
5. 检查约束（CHECK）是用来实施（　　）的。
   A. 引用完整性　　B. 域完整性　　C. 实体完整性　　D. 用户定义完整性
6. 以下关于数据库完整性描述，不正确的是（　　）。
   A. 数据应可以随时被更新
   B. 表中的主键的值不能为空
   C. 数据的取值应在有效范围内
   D. 一个表的值若引用其他表的值，应使用外键进行关联
7. 表中可以有（　　）个主键。
   A. 1　　B. 2　　C. 999　　D. 没有限制
8. 关于 FOREIGN KEY 约束的描述，不正确的是（　　）。
   A. 体现数据库中表之间的关系

B. 实现参照完整性

C. 以其他表的 PRIMARY KEY 约束和 UNIQUE 约束为前提

D. 每个表中都必须定义

9. 以下关于主键的描述，正确的是（　　）。

A. 只允许以表中第一字段建立　　B. 创建唯一的索引，允许空值

C. 表中允许有多个主键　　D. 标识表中唯一的实体

10. 以下关于外键和相应的主键之间的关系的描述，正确的是（　　）。

A. 外键一定要与相应的主键同名

B. 外键并不一定要与相应的主键同名

C. 外键一定要与相应的主键同名而且唯一

D. 外键一定要与相应的主键同名，但并不一定唯一

三、判断题

1. 主键约束只能在创建表时设置。(　　)
2. 创建时不需要声明绑定到什么字段的规则是表级规则。(　　)
3. 通常外键都是和另一个表的主键建立关联。(　　)
4. 当不再需要规则来规范某个字段的时候，可以将其删除。(　　)
5. 非空约束可以保证字段中不出现空值。(　　)
6. 默认约束必须等基本表创建好后才能实施。(　　)
7. 用户在创建表的同时可以完成主键和默认规则的创建。(　　)
8. 唯一约束可以允许其字段值为 NULL，但主键约束不可以为 NUL。(　　)
9. 只要权限允许，用户可以在字段中输入任何数值，不受其他对象约束。(　　)
10. 可以对一个设置为允许 Null 值的列设置主键。(　　)

四、简答题

1. 简述 PRIMARY KEY 约束的注意事项。
2. 建立主键应遵循的原则是什么？
3. 主键和外键之间存在什么关系？
4. 主键约束与唯一约束的区别是什么？

五、实操题

创建一个新的表格“图书”，包括“编号”“书名”“定价”“作者”“页数”字段，并通过命令方式完成下列任务：

（1）在编号上创建一个主键约束。

（2）要求图书的定价必须大于等于 0，页数大于 0、小于 200 000。

（3）将“理想”设定为“作者”字段的默认值。

项目 9

存储过程

项目导读

我们可以把常用的 SQL 语句编写成小程序并存起来备用，这个小程序便是 SQL Server 的存储过程，利用 SQL Server 提供的 Transact-SQL 语言编写。本项目将详细讲解存储过程的创建与管理。

学习目标

1. 掌握存储过程的创建、修改和删除的方法。
2. 会创建带参数的存储过程。

思政目标

通过学习存储过程的概念和应用，了解存储过程在运行效率、安全性、灵活性等方面的优势，培养善于钻研、勇于创新的新时代工匠精神。

任务 9.1　创建存储过程

任务描述

日常操作数据表的过程中，我们会重复使用一些 SQL 语句，如果每次使用时都重新编写，不但麻烦而且十分容易出错。SQL Server 2017 提供的存储过程功能正好可以解决这个问题。

034 创建存储过程

存储过程（Stored Procedure）是大型数据库系统中的一组为了完成特定功能的 SQL 语句集，经编译后存储在数据库中，用户可以通过指定存储过程的名字来执行它。

本任务要求创建一个简单的存储过程 pr_student，利用这个存储过程显示表 student_table 中的数据。

任务分析

本任务创建的仅仅是一个最简单的存储过程，该过程并无实际意义，但是完成这个任务便可了解存储过程从创建到执行的全过程。

完成该任务需要做到以下几点：

（1）找准入口，即进入编写存储过程的界面。

（2）编写存储过程的程序，了解存储过程中包含的常规语句。

（3）执行存储过程，验证程序的正确性。

任务实现

通过图形方式创建存储过程。

步骤 1：启动 SSMS，依次展开“student”｜“可编程性”节点，右击“存储过程”，在弹出的快捷菜单中选择“新建”｜“存储过程”，如图 9－1 所示。

图 9－1　新建存储过程

步骤 2：打开“新建存储过程”编辑窗口，系统已经生成了默认的语句，如图 9－2 所示。

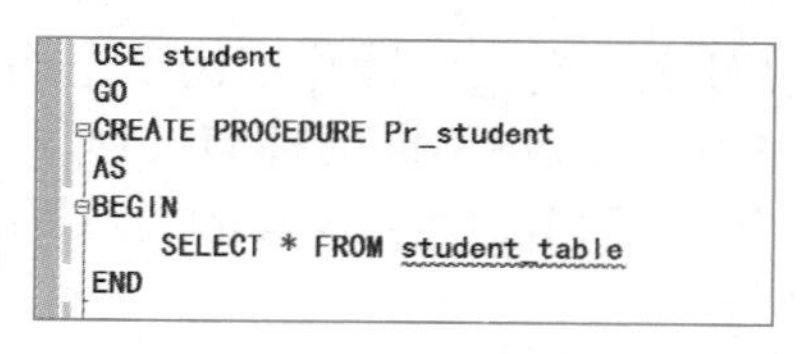

```
USE student
GO
CREATE PROCEDURE Pr_student
AS
BEGIN
    SELECT * FROM student_table
END
```

图 9－2　存储过程语句

语句说明如下：

（1）USE student：用于打开数据库，对数据库中的表操作前必须打开数据库。

（2）GO：用于执行上一条语句“USE student”。

（3）CREATE PROCEDURE：用于创建存储过程。

（4）pr_student：存储过程的名称，习惯上用存储过程（procedure）的前两个字母 pr 作为存储过程名称的前缀。

（5）AS：其下面是该存储过程要执行的语句。

用户也可将其删除，然后自行书写存储过程定义。

步骤 3：定义完存储过程后，单击“执行”按钮保存存储过程，系统提示“命令已经完成”，则表示已经存储该过程。

步骤 4：运行存储过程。先单击工具栏上的“新建查询”按钮，再在命令窗口输入新建的存储过程名称，然后单击工具栏上的“执行”按钮即可，如图 9－3 所示。也可以输入 EXEC pr_student 来运行存储过程。

```
Pr_student
```

100 %　结果　消息

	student_id	Name	Card	Class_id	Sex	Birth
1	20200101	崔伟	230228200102198888	计应201	女	2000-10-10 00:00:00.000
2	20200102	栾琪	231229200111110333	计应201	女	2001-11-11 00:00:00.000
3	20200103	刘双	230221200001161666	计应202	男	2000-01-16 00:00:00.000
4	20200104	张龙	221203200012121345	计应201	女	2000-12-12 00:00:00.000
5	20200105	任龙	222111200008080123	计应202	男	2000-08-08 00:00:00.000

图 9－3　运行存储过程

友情提醒：EXEC 是 SQL 中用来执行存储过程或函数的语句，其后面直接跟要执行的存储过程或函数，也可以带参数执行。

相关知识

1. 存储过程的优点

存储过程的优点主要有以下几个方面：

（1）执行效率更高。存储过程建立之后，便被编译并储存到数据库中，使用时直接调用即可。相对于分析并编写 SQL 语句来说，效率自然要高得多。

（2）安全性更好。需要执行的语句变成存储过程后，就成为存储表的一个安全机制。

当一个数据表没有设权限，而对该数据表的操作又需要进行权限控制时，可以将存储过程作为存取通道，对不同权限的用户应用不同的存储过程。

（3）存储过程可以设置参数，可以根据传入参数的不同，重复使用同一个存储过程，从而提高语句的优化率和可读性。

2. 存储过程的分类

（1）系统存储过程。系统存储过程是 SQL Server 2017 系统自带的、已经编好的存储过程，使用时直接调用即可。系统存储过程以 sp_ 开头。

（2）本地存储过程。本地存储过程是由用户创建的用于实现某一特定功能的存储过程，通常我们所说的存储过程指本地存储过程。

（3）扩展存储过程。扩展存储过程是用户使用外部程序语言编写的存储过程。扩展存储过程以 xp_ 开头。

3. 常用系统存储过程

常用系统存储过程见表 9－1。

表 9－1　常用系统存储过程

类型	名称	说明
对象	sp_help	报告当前数据库中对象的信息（sysobjects 表中对象：表、视图、自定义函数、过程、触发器、数据类型、主键、外键、check、unique、默认等）
	sp_rename	更改当前数据库中用户创建对象（如表、视图、列、存储过程、触发器、默认值、数据库、对象、规则或用户定义数据类型）的名称
数据库	sp_databases	显示服务器中所有可以使用的数据库的信息
	sp_helpdb	显示服务器中数据库的信息
	sp_helpfile	显示数据库中文件的信息
	sp_helpfilegroup	显示数据库中文件组的信息
	sp_renamedb	更改数据库的名称
	sp_defaultdb	更改用户的默认数据库
查询	sp_tables	返回当前数据库中可查询的对象（表、视图）信息
默认	sp_bindefault	绑定默认
	sp_unbindefault	解除绑定默认
规则	sp_bindrule	绑定规则
	sp_unbindrule	解除绑定规则
索引	sp_helpindex	报告当前数据库中指定表或视图上索引的信息
	sp_pkeys	返回当前数据库中指定表的主键信息
	sp_fkeys	返回当前数据库中的外键信息
登录	sp_addlogin	创建登录账号
	sp_defaultlanguage	更改登录的默认语言
	sp_grantlogin	授权 Windows 账户登录 SQL Server
	sp_denylogin	拒绝 Windows 账户登录 SQL Server

续表

类型	名称	说明
登录	sp_password	添加或更改 SQL Server 登录用户的密码
	sp_revokelogin	删除 Windows 身份验证的登录账户
	sp_droplogin	删除 SQL server 身份验证的登录账户
服务器角色	sp_helpsrvrole	返回固定服务器角色列表
	sp_addsrvrolemember	向固定服务器角色中添加成员
	sp_helpsrvrolemember	查看固定服务器角色成员
	sp_dropsrvrolemember	从固定服务器角色中删除成员
固定数据库角色	sp_helpdbfixedrole	显示固定数据库角色的列表
	sp_dbfixedrolepermission	显示每个固定数据库角色的特定权限
数据库用户	sp_revokedbaccess	从当前数据库中删除安全账户
	sp_grantdbaccess	Microsoft SQL Server 或 Microsoft Windows NT 的用户或组在当前数据库中添加一个安全账户，并使其能够被授予在数据库中执行活动的权限
数据库角色	sp_addrole	添加数据库角色
	sp_addrolemember	添加数据库角色成员
	sp_droprolemember	删除数据库角色成员
备份设备	sp_addumpdevice	添加备份设备
	sp_dropdevice	除去数据库设备或备份设备
操作员	sp_add_operator	创建操作员
	sp_update_operator	更新操作员
	sp_help_operator	查看定义操作员的信息
警报	sp_add_alert	定义警报
	sp_help_alert	报告有关为服务器定义的警报的信息
	sp_updata_alert	更新现有警报的设置
	sp_add_notification	设置警报提示
	sp_delete_alert	删除警报
选项	sp_dboption	显示或更改数据库选项
	sp_serveroption	为远程服务器和链接服务器设置服务器选项

4. 通过命令创建存储过程

创建存储过程的语句很简单，具体如下：

```
CREATE {PROC | PROCEDURE } [SCHEMA_name.] procedure_name
   [ { @parameter} data_type [ = default ] [OUTPUT ]]
   [ , ...n]
[ WITH <procedure_option> [,...n ]]
```

```
AS
[BEGIN]
{ <sql_statement> }
[END]
```

有关说明如下：

（1）CREATE PROCEDURE 是创建存储过程的语句。

（2）存储过程名是为存储过程所起的名字，一般以 procedure_ 或者 pr 开头，不能超过 128 个字符。

（3）每个存储过程中最多设定 1 024 个参数。

（4）@ 参数名数据类型 [VARYING] [= 内定值] [OUTPUT]。

1）每个参数名前面都要有一个“@”符号，每个存储过程的参数仅为该程序内部使用，参数的类型除了 IMAGE 外，其他 SQL Server 所支持的数据类型都可使用。

2）[= 内定值] 相当于我们在建立数据库时设定一个字段的默认值，这里是为这个参数设定默认值。

3）[OUTPUT] 用来指定该参数是既有输入值又有输出值的，也就是说，在调用这个存储过程时，如果所指定的参数值是需要输入，并在结果中输出的，则该项必须为 OUTPUT；如果只用于输出参数，可以用 CURSOR。另外，在使用该参数时，必须指定 VARYING 和 OUTPUT 这两个语句。

5. 存储过程实例

【例 9-1】编写存储过程，查询数据表 Student_table 中年龄大于 19 岁的学生。

```
CREATE PROCEDURE Pr_stu_age
AS
SELECT * FROM Student  where year(getdate())-year(birth)>19
GO
EXEC Pr_stu_age
```

执行结果如图 9－4 所示。

结果　消息

	student_id	Name	Card	Class_id	Sex	Birth
1	20200101	崔伟	230228200102198888	计应201	女	2000-10-10 00:00:00.000
2	20200103	刘双	230221200001161666	计应202	男	2000-01-16 00:00:00.000
3	20200104	张龙	221203200012121345	计应201	女	2000-12-12 00:00:00.000
4	20200105	任龙	222111200008080123	计应202	男	2000-08-08 00:00:00.000

图 9－4　执行结果

【例 9-2】编写存储过程，统计数据表 Student_table 中学生的总数。

```
CREATE PROCEDURE Pr_stu_count
AS
SELECT COUNT(*) FROM Student_table  where year(getdate())-year(birth)>19
GO
EXEC Pr_stu_count
```

执行结果如图 9－5 所示。

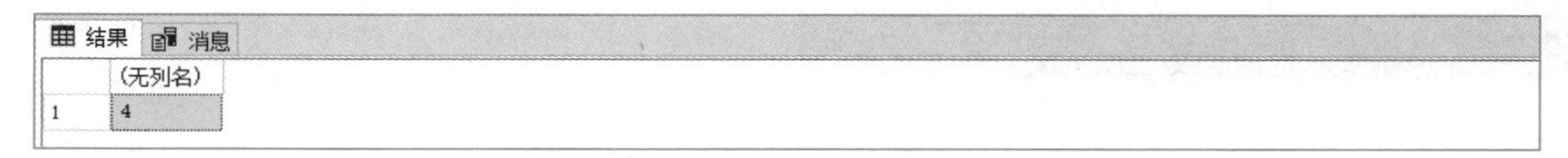

	(无列名)
1	4

图 9－5 执行结果

【例 9-3】编写存储过程，统计数据表 Student_table 中姓“张”的学生的总数。

```
CREATE PROCEDURE Pr_Name
AS
SELECT count(Name ) as ' 姓张的学生人数 ' from student_table  where Name like ' 张 %'
GO
EXEC Pr_Name
```

执行结果如图 9－6 所示。

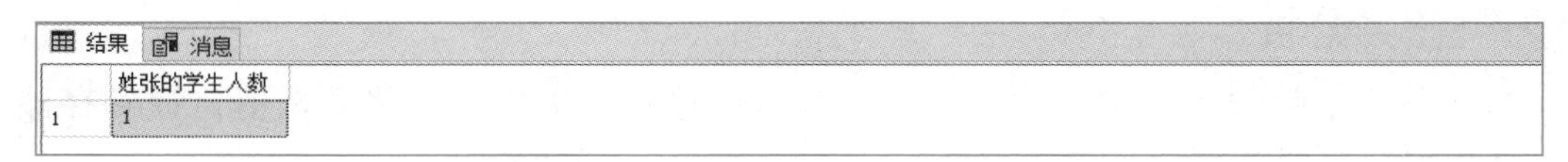

	姓张的学生人数
1	1

图 9－6 执行结果

【例 9-4】编写存储过程，查询数据表 Student 中的第 3 条和第 4 条数据。

```
CREATE PROCEDURE Pr_3_to 4
AS
  select top 2 * from Student_table  where Name not in (select top 2 Name  from Student_table)
GO
  EXEC Pr_3_to 4
```

执行结果如图 9－7 所示。

	student_id	Name	Card	Class_id	Sex	Birth
1	20200103	刘双	230221200001161666	计应202	男	2000-01-16 00:00:00.000
2	20200104	张龙	221203200012121345	计应201	女	2000-12-12 00:00:00.000

图 9－7 执行结果

6. 系统存储过程实例

【例 9-5】利用系统存储过程查看当前数据的所有数据文件属性。

```
EXEC sp_helpfile
```

【例 9-6】利用系统存储过程将表名 student_table 改为 stu_table。

```
EXEC sp_rename student_table,stu_table
```

【例 9-7】利用系统存储过程查看所使用的 SQL Server 信息。

```
EXEC sp_server_info
```

【例 9-8】利用系统存储过程查看 username 用户的信息。

```
EXEC sp_who username
```

任务 9.2　创建带参数的存储过程

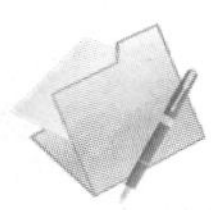

任务描述

035 创建带参数的存储过程

通过任务 9.1 的学习，相信大家已经发现存储过程的实现很简单，功能却很强大，但这仅是冰山一角，存储过程还可以带参数实现更为强大的功能。本任务要求设计一个存储过程，用于返回 ×××× 字段中的最大值。该存储过程包含两个参数：一个输入参数，另一个输出参数。

任务分析

本任务要求带输入、输出两个参数创建存储过程，输入参数将数据值传递到存储过程，输出参数则将数据值传给用户。

完成该任务需要做到以下几点：

（1）定义存储过程参数。

（2）存储过程输入参数。

（3）存储过程输出参数。

任务实现

步骤 1：启动 SSMS，依次展开“student”｜“可编程性”节点，右击“存储过程”，在弹出的快捷菜单中选择“新建”｜“存储过程”。

步骤 2：编写存储过程，由于没有写出要在哪个数据库中创建该存储过程，因此要在如图 9－8 所示的方框中选中该数据库。

步骤 3：存储过程编写好之后，单击“执行”按钮，既是调试存储过程，也是保存存储过程，如图 9－9 所示。

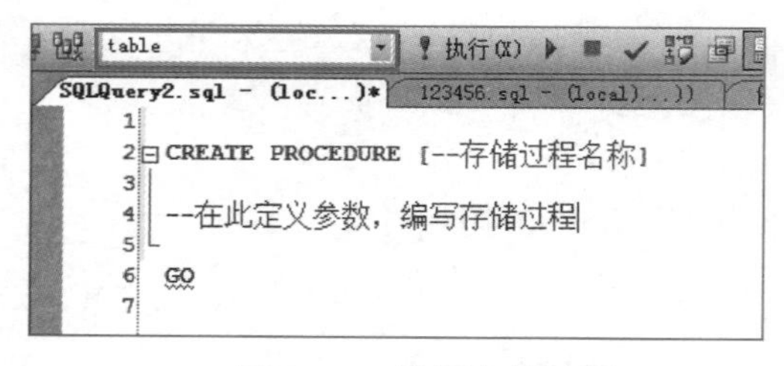

图 9－8　编写存储过程

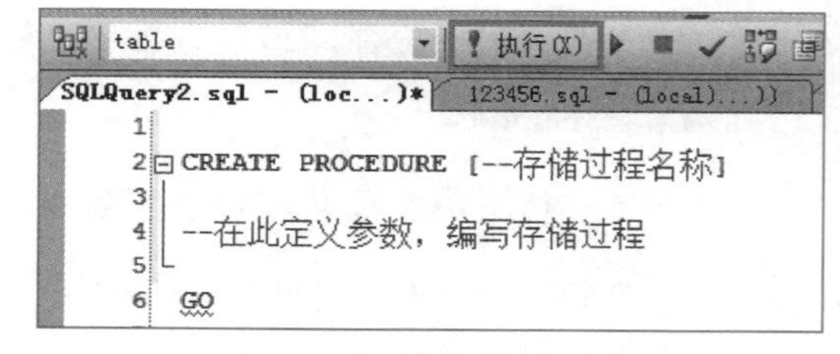

图 9－9　执行存储过程

【例 9-9】编写存储过程，截取以标点符号分隔的字符串。

```
IF EXISTS (SELECT * FROM dbo.sysobjects WHERE id = OBJECT_ID(N'dbo.Test1') AND type in (N'P'))
    DROP PROCEDURE dbo.Test1
go
```

```
CREATE PROCEDURE dbo.Test1
(@sql varchar(5000))
AS
  declare @length int,@tag varchar(20),@Tlength int
  set @tag =','
  set @Tlength =LEN(@sql)
  set @length=charindex(@tag,@sql)
  while(@Tlength >0)
    begin
      if(@Tlength =0)
        begin
          break;
        end
      print left(@sql,@length-1)
      set @sql=SUBSTRING (@sql,@length+1,@Tlength )
      set @Tlength =LEN(@sql )
    end
  GO
EXEC [Test1] '齐,齐,哈,尔,信,息,工,程,学,校,'
  GO
```

执行结果如图 9 - 10 所示。

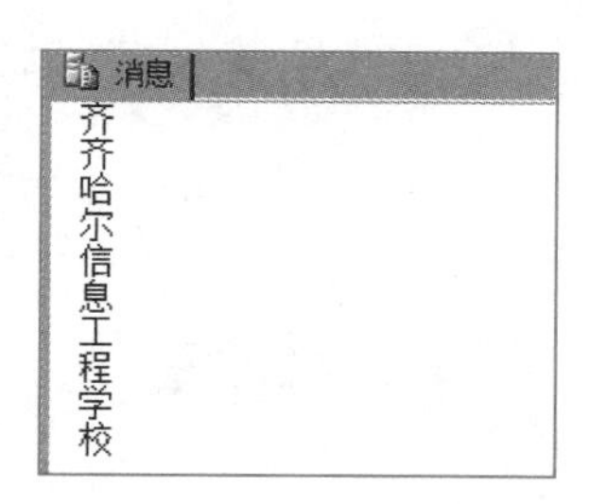

图 9 - 10　执行结果

【例 9-10】编写存储过程，实现字符串连接。

```
IF  EXISTS (SELECT * FROM dbo.sysobjects WHERE id = OBJECT_ID(N'dbo[Test2') AND type in (N'P'))
  DROP PROCEDURE dbo.Test2
go
CREATE PROCEDURE dbo.Test2
(@sql varchar(5000))
AS
  Declare @a varchar(50),@b varchar(50),@d varchar(50)
  set @a =' 信息工程 '
  set @b =' 学校 '
  set @d=@sql+@a+@b
  print @d
GO
EXEC Test2 ' 齐齐哈尔 '
GO
```

执行结果如图 9 - 11 所示。

图 9－11　执行结果

【例 9-11】编写存储过程，对参数循环操作进行更新。

```
IF  EXISTS (SELECT * FROM dbo.sysobjects WHERE id = OBJECT_ID(N'dbo.Test3') AND type in (N'P'))
   DROP PROCEDURE dbo.Test3
go
CREATE PROCEDURE dbo.Test3
(@sql varchar(5000))
AS
   declare @b varchar(100),@c varchar(100),@d varchar(100)
   set @b=SUBSTRING(@sql,3,3)
   set @c=LEFT(@sql,2)
   while (@b<11)
   begin
      set @d=@c+@b
      set @b=@b+1
      print @d
   end
GO
EXEC Test3 'QX1'
GO
```

执行结果如图 9－12 所示。

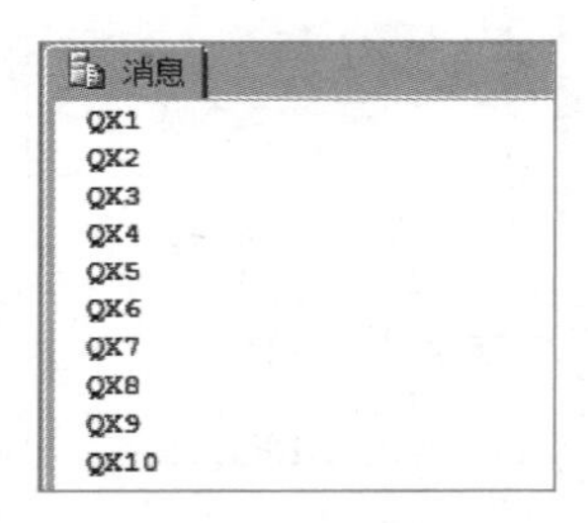

图 9－12　执行结果

【例 9-12】编写关系到数据表的存储过程，实现“QX1,QX3,QX9,QX6,QX8,QX2,QX5,QX7,QX4”排序。

```
If not object_id('[tb]') is null
   Drop table [tb]
Go
Create table [tb]([col]  nvarchar(17))
Insert tb
Select 'QX1' union all
Select 'QX3' union all
Select 'QX9' union all
select 'QX6' union all
Select 'QX8' union all
```

```
select 'QX2' union all
Select 'QX5' union all
Select 'QX7' union all
select 'QX4'
Go
--Select * from tb

-->SQL 查询如下：
select *
from tb
order by
   left(col,patindex('%[0-9]%',col)-1),
      right(col,len(col)-len(left(col,patindex('%[0-9]%',col)-1)))*1
```

执行结果如图 9－13 所示。

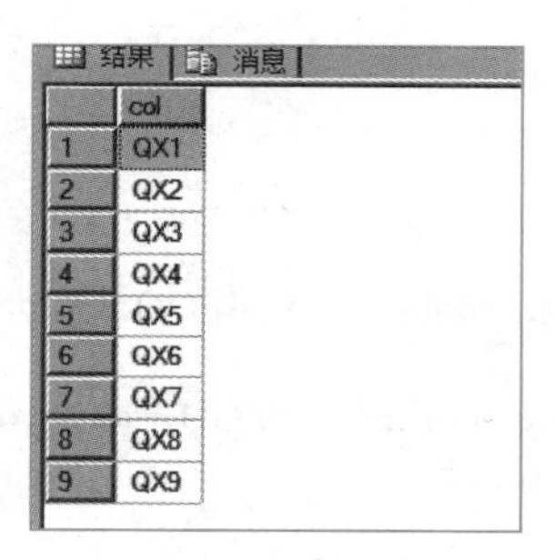

图 9－13　执行结果

【例 9-13】编写关系到数据表的存储过程，创建数据表。

```
-- 测试表
IF EXISTS (SELECT * FROM dbo.sysobjects WHERE id = OBJECT_ID(N'[dbo].[TestInfo]') AND
type in (N'U'))
   DROP TABLE [dbo].[TestInfo]
go
CREATE TABLE [dbo].[TestInfo](
   [ID] [int] IDENTITY(1,1) NOT NULL,
   [Name] [varchar](50) NULL,
   [Mobile] [varchar](20) NULL,
   [Email] [varchar](50) NULL,
   [QQ] [varchar](50) NULL,
   [CmpName] [varchar](50) NULL,
   [Workplace] [varchar](200) NULL,
   [PostCode] [varchar](20) NULL,
   [OfficeTel] [varchar](20) NULL,
   [OfficeFax] [varchar](20) NULL,
   [CmpUrl] [varchar](50) NULL,
   [Remark] [varchar](200) NULL
) ON [PRIMARY]
GO
```

【例 9-14】编写存储过程，向数据表中插入数据，并查看插入的 ID 值。

```
IF EXISTS (SELECT * FROM dbo.sysobjects WHERE id = OBJECT_ID(N'[dbo].[TestInfoAdd]')
AND type in (N'P'))
    DROP PROCEDURE [dbo].[TestInfoAdd]
go
create PROCEDURE [dbo].[TestInfoAdd]
    @ID int,
    @Name varchar(50),
    @Mobile varchar(20),
    @Email varchar(50),
    @QQ varchar(50),
    @CmpName varchar(50),
    @Workplace varchar(200),
    @PostCode varchar(20),
    @OfficeTel varchar(20),
    @OfficeFax varchar(20),
    @CmpUrl varchar(50),
    @Remark varchar(200)
AS
    if @ID =0
    begin
        INSERT INTO TestInfo(Name, Mobile, Email, QQ, CmpName, Workplace, PostCode, OfficeTel,
OfficeFax, CmpUrl, Remark)
        VALUES(@Name, @Mobile, @Email, @QQ, @CmpName, @Workplace, @PostCode, @
OfficeTel, @OfficeFax, @CmpUrl, @Remark)
        if @@error<>0
        select @ID=-1
            else
                select @ID=SCOPE_IDENTITY()
    end
    else
    begin
        UPDATE TestInfo SET Name=@Name, Mobile=@Mobile, Email=@Email, QQ=@QQ,
CmpName=@CmpName, Workplace=@Workplace, PostCode=@PostCode, OfficeTel=@OfficeTel,
OfficeFax=@OfficeFax, CmpUrl=@CmpUrl, Remark=@Remark WHERE ID = @ID
            if @@error<>0
        select @ID=-1
    end
    select @ID
GO
    EXEC [TestInfoAdd] 0, ' 张三 ','15826350000','15826350000@139.com','56470000',' 齐齐哈尔 XXX',
' 黑龙江省 ','157000','000-888888','000-888889','http://www.dudu.com','20120104 添加 '
    GO
```

【例 9-15】编写存储过程，查询 ID=1 的人的姓名。

```
IF EXISTS (SELECT * FROM dbo.sysobjects WHERE id = OBJECT_ID(N'[dbo].[QueryStuNameById]')
AND type in (N'P'))
    DROP PROCEDURE [dbo].[QueryStuNameById]
go
create procedure [dbo].[QueryStuNameById]
(
```

```
    @ID int,                        -- 输入参数
    @Name varchar(50) output   -- 输出参数
  )
  as
    select @Name=Name from TestInfo where ID=@ID
  GO
    declare @Name varchar(50)
    EXEC [QueryStuNameById] 1,@Name OUTPUT
    print @Name
  GO
```

【例 9-16】编写存储过程，倒序查询数据表中前 10 个 ID 值。

```
  IF  EXISTS (SELECT * FROM dbo.sysobjects WHERE id = OBJECT_ID(N'[dbo].[QueryStuName]')
AND type in (N'P'))
    DROP PROCEDURE [dbo].[QueryStuName]
  go
  CREATE PROC [dbo].[QueryStuName]
    @num varchar(10)
  as
  begin
    declare @str varchar(200)
    set @str='select top '+@num+' ID from TestInfo order by ID desc'
    EXEC(@str)
  end
  GO
    declare @num varchar(10)
    EXEC [QueryStuName] '10'
  GO
```

【例 9-17】编写存储过程，查询数据表中的所有数据。

```
  IF  EXISTS (SELECT * FROM dbo.sysobjects WHERE id = OBJECT_ID(N'[dbo].[GetRowCount]')
AND type in (N'P'))
    DROP PROCEDURE [dbo].[GetRowCount]
  go
  CREATE PROCEDURE [dbo].[GetRowCount]
  (@RowCount INT OUTPUT)
  AS
    SELECT [ID]
      ,[Name]
      ,[Mobile]
      ,[Email]
      ,[QQ]
      ,[CmpName]
      ,[Workplace]
      ,[PostCode]
      ,[OfficeTel]
      ,[OfficeFax]
      ,[CmpUrl]
      ,[Remark]
```

```
FROM TestInfo
   SET @RowCount=@@rowcount
GO
   DECLARE @count INT
   EXECUTE [GetRowCount] @count OUTPUT
   PRINT @count
GO
```

【例 9-18】编写存储过程，根据输入的学生姓名查询数据表中的所有数据。

```
USE STUDENT
GO
CREATE PROCEDURE PRO_Name @name varchar(10)
As
BEGIN
SELECT * FROM student_table WHERE name=@name
END
GO
EXEC PRO_NAME ' 崔伟 '
```

执行结果如图 9－14 所示。

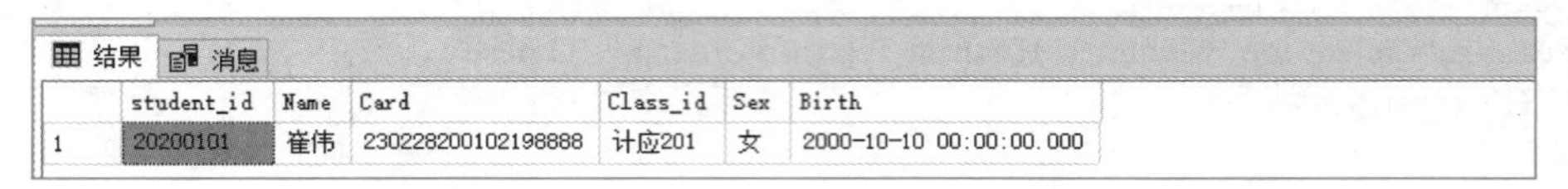

结果 | 消息

	student_id	Name	Card	Class_id	Sex	Birth
1	20200101	崔伟	230228200102198888	计应201	女	2000-10-10 00:00:00.000

图 9－14　执行结果

【例 9-19】编写存储过程，根据输入的学生姓名，输出学生的学号和身份证。根据题目的要求，该存储过程需要 3 个参数：1 个输入参数，2 个输出参数。

```
USE STUDENT
GO
CREATE PROCEDURE PRO_Name_Card1
@name varchar(10),@Card varchar(18) output,@id int output
As
BEGIN
SELECT @Card=card,@id=student_id FROM student_table
WHERE name=@name
END
GO
DECLARE @x varchar(18),@y int
EXEC PRO_Name_Card1 ' 崔伟 ',@x output,@y output
SELECT @x,@y
```

执行结果如图 9－15 所示。

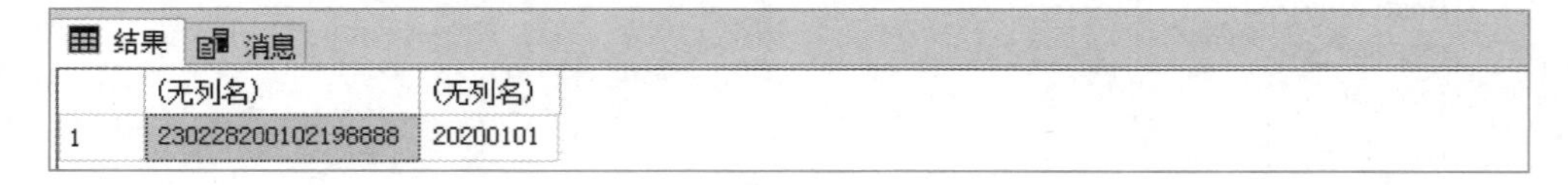

结果 | 消息

	(无列名)	(无列名)
1	230228200102198888	20200101

图 9－15　执行结果

任务 9.3 管理存储过程

任务描述

036 管理存储过程

存储过程的管理包括查看、修改、删除存储过程。本任务将具体讲解这 3 种管理方式。

任务分析

本任务以任务 9.1 创建的存储过程为对象，对其进行查看、修改、删除操作，这便是存储过程管理的主要工作。

任务实现

步骤 1：查看、修改存储过程。展开要在其中创建存储过程的数据库，依次展开“可编程性”｜“存储过程”，右击存储过程，在弹出的快捷菜单中选择“修改”即可查看或修改存储过程，如图 9－16 所示。

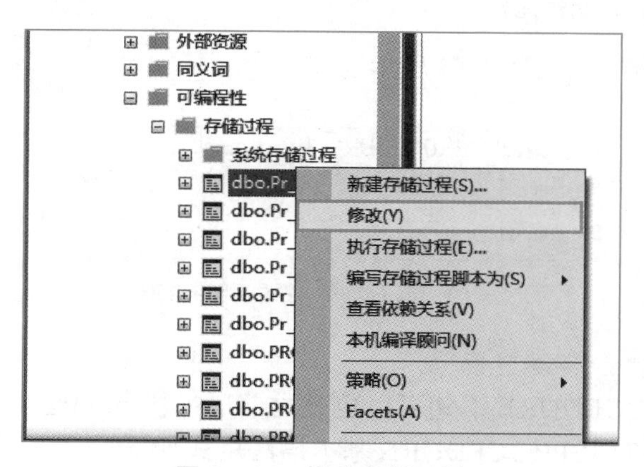

图 9－16 修改存储过程

步骤 2：删除存储过程。展开要在其中创建存储过程的数据库，依次展开“可编程性”｜“存储过程”，右击存储过程，在弹出的快捷菜单中选择“删除”即可删除存储过程，如图 9－17 所示。

步骤 3：重命名存储过程。展开要在其中创建存储过程的数据库，依次展开“可编程性”｜“存储过程”，右击存储过程，在弹出的快捷菜单中选择“重命名”即可为存储过程改名，如图 9－18 所示。

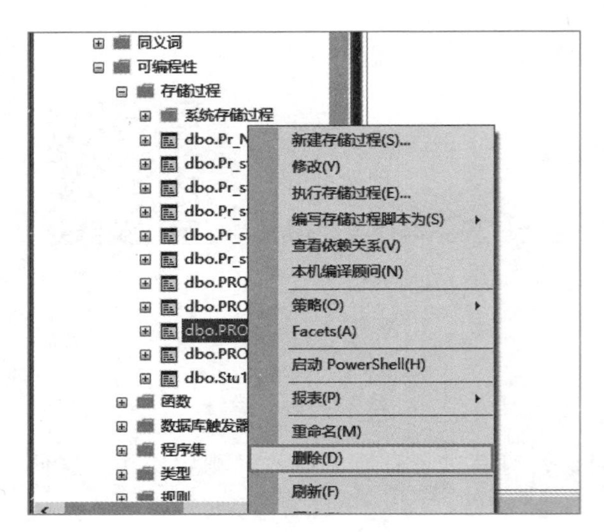

图 9－17　删除存储过程

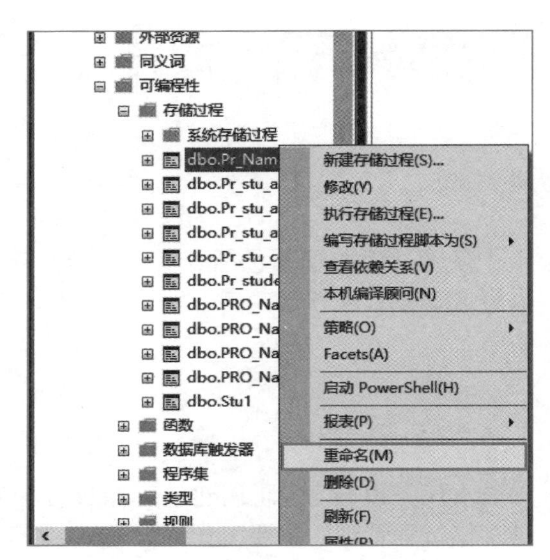

图 9－18　重命名存储过程

相关知识

1. 通过命令方式删除存储过程

使用 DROP PROCEDURE 语句可以删除存储过程，其基本语法格式如下：

```
DROP PROCEDURE 存储过程名
```

删除存储过程的结果如图 9－19 所示。

图 9－19　通过命令方式删除存储过程

2. 通过命令方式修改存储过程

使用 ALTER PROCEDURE 语句可以更改之前通过执行 CREATE PROCEDURE 语句创建的存储过程。ALTER PROCEDURE 基本语法格式如下：

```
ALTER PROCEDURE 存储过程名
[ {@ 参数 1 数据类型 } [= 默认值 ] [OUTPUT],
…… ,
{@ 参数 n 数据类型 } [= 默认值 ] [OUTPUT]
]
AS
SQL 语句
  ……
```

各参数含义与 CREATE PROCEDURE 语句相同。修改存储过程的结果如图 9－20 所示。

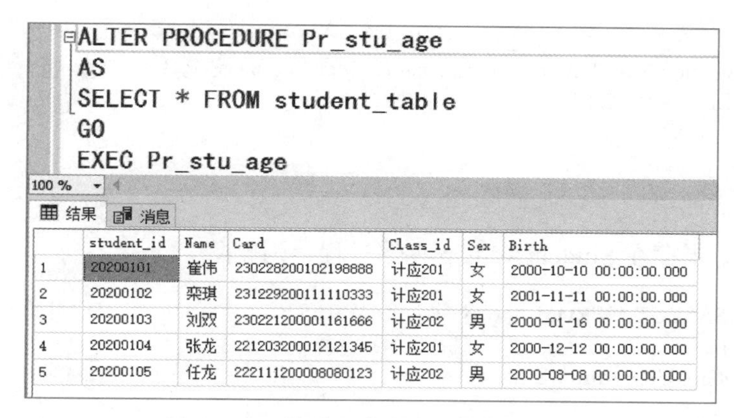
```
ALTER PROCEDURE Pr_stu_age
AS
SELECT * FROM student_table
GO
EXEC Pr_stu_age
```

	student_id	Name	Card	Class_id	Sex	Birth
1	20200101	崔伟	230228200102198888	计应201	女	2000-10-10 00:00:00.000
2	20200102	栾琪	231229200111110333	计应201	女	2001-11-11 00:00:00.000
3	20200103	刘双	230221200001161666	计应202	男	2000-01-16 00:00:00.000
4	20200104	张龙	221203200012121345	计应201	女	2000-12-12 00:00:00.000
5	20200105	任龙	222111200008080123	计应202	男	2000-08-08 00:00:00.000

图 9－20　通过命令方式修改存储过程

友情提醒：在存储过程中，偶尔会出现需要同时操作多个表的情况，需要注意的是，不能在事务中使用 RETURN 语句强行退出，因为这样会引发事务的非正常错误，不能保证数据的一致性。

3. 通过命令方式执行存储过程

使用 EXEC 语句执行存储过程，语法格式如下：

```
EXEC 存储过程名
```

4. 通过命令方式重命名存储过程

使用系统存储过程 sp_rename 可以重命名存储过程，语法格式如下：

```
EXEC sp_rename 原存储过程名 , 现存储过程名
```

5. 操作实例

【例 9-20】创建 StudentAddup 存储过程。

```
CREATE PROCEDURE [dbo].[StudentAddup]
   @ID INT,
   @num int,
   @name varchar (50),
   @class varchar(50),
   @age int,
   @phone int,
   @home varchar(200)
AS
if @ID =0
   BEGIN
      INSERT INTO Student(num, name, class, age, phone, home)
      values(@num, @name, @class, @age, @phone, @home)
   end
else
```

```
    begin
      UPDATE Student SET num=@num , name=@name, class=@class , age=@age, phone=@phone,
home=@home WHERE  ID = @ID
    end
    select @ID
  GO
```

【例 9-21】如果存在 StudentAddUp 存储过程，则删除。

```
  IF  EXISTS (SELECT * FROM dbo.sysobjects WHERE id = OBJECT_ID(N'[dbo].[StudentAddup]')
AND type in (N'P'))
    DROP PROCEDURE [dbo].[StudentAddup]
  Go
```

【例 9-22】修改 StudentAddup 存储过程。

```
  alter PROCEDURE [dbo].[StudentAddup]
    @ID INT,
    @num int,
    @name varchar (50),
    @class varchar(50),
    @age int
  AS
  if @ID =0
    BEGIN
      INSERT INTO Student(num, name, class, age)
      values(@num, @name, @class, @age)
    end
  else
    begin
      UPDATE Student SET num=@num , name=@name, class=@class , age=@age WHERE  ID = @ID
    end
    select @ID
  GO
```

【例 9-23】将存储过程 StudentAddUp 更名为 teacherAddUp。

```
  EXEC sp_rename StudentAddUp,teacherAddUp
```

【例 9-24】执行存储过程。

```
  EXEC StudentAddUp
```

技能检测

一、填空题

1.（　　　　　　　）命令用于执行 SQL 语句。

2. 创建存储过程的语句是（　　　　　　　）。

3. 存储过程的优点有（　　　　　　）、（　　　　　　）、（　　　　　　）。

4. 存储过程是在数据库系统中的一组为了完成特定功能的（　　）语句。

5. 存储过程分为（　　）、（　　）、（　　）三大类。

6.（　　）是 SQL 中用来执行存储过程或函数的语句。

7. 不能在事务中使用（　　　　　　）语句强行退出。

8. 可使用系统存储过程（　　）查看当前数据的所有数据文件属性。

9.（　　　　　　）是已经存储在于 SQL Server 服务器中的一组预编译过的 Transact-SQL 语句。

10. 要将 SQL Server 中的 DBOA 数据库设置为单用户状态，设置语句为（　　　　　　）。

二、选择题

1. 在 SSMS 中选中数据库，即可在其节点下的（　　）分支下创建存储过程。
A. 可编程性　　B. 同义词　　C. 表　　D. 数据库关系图

2. 定义完存储过程后，单击（　　）按钮保存存储过程。
A. 退出　　B. 确定　　C. 存储　　D. 执行

3. 系统存储过程名称一般以（　　）开头。
A. xp_　　B .sp_　　C. vp_　　D. wp_

4. 每个存储过程中最多设定（　　）个参数。
A. 128　　B. 256　　C. 512　　D. 1 024

5. 在定义的存储过程中，每个参数名前面都要有一个（　　）符号。
A. #　　B. %　　C. @　　D. *

6. 可以用于解除绑定的语句是（　　）。
A. #　　B. %　　C. @　　D. *

7. 下列关于存储过程的描述，不正确的是（　　）。
A. 存储过程实际上是一组 T-SQL 语句
B. 存储过程预先被编译存放在服务器的系统表中
C. 存储过程独立于数据库存在
D. 存储过程可以完成某一特定的业务逻辑

8. 系统存储过程在系统安装时就已创建，存放在（　　）数据库中。
A. master　　B. tempdb　　C. model　　D. msdb

9. 附加数据库使用的存储过程名称是（　　）。
A. BACKUP DATABASE　　B. SP_ATTACH_DB
C. SP_DETACH_DB　　D. RESTORE DATABASE

10. 在 SQL Server 中，用于显示数据库信息的系统存储过程是（　　）。
A. sp_dbhelp　　B. sp_db　　C. sp_help　　D. sp_helpdb

三、判断题

1. 凡是对数据库中的表进行操作，必须先打开数据库。（　　）

2. 在 SSMS 中可以通过图形方式和命令方式创建存储过程。（　　）

3. 存储过程中必须带参数。（　　）

4. 使用 DROP PROCEDURE 可以删除存储过程。（　　）

5. EXEC 是 SQL 中用来执行存储过程或函数的语句。（　　）

6. 可以使用 CREATE TABLE 语句创建存储过程。(　　)

7. 每个存储过程向调用方返回一个整数返回语句。如果存储过程没有显式设置返回语句的值，则返回语句为 0，表示成功。(　　)

8. 存储过程是存储在服务器上的一组预编译的 Transcat-SQL 语句。(　　)

9. 创建存储过程必须在企业管理器上进行。(　　)

10. 存储过程可以输出在客户机上运行。(　　)

四、实操题

1. 编写一个存储过程，求 1 到 10 的奇数和。

2. 创建带参数的存储过程，实现查询某门课程的最高分、最低分、平均分。

项目 10

触发器

项目导读

触发器（TRIGGER）是一种特殊的存储过程，它与表紧密相连，基于表而建立，可以视为表的一部分。用户创建触发器后，就能控制与触发器关联的表。当表中的数据发生插入、删除或修改时，触发器自动运行。设置触发器后可使多个用户在保持数据完整性和一致性的良好环境下进行修改操作。

学习目标

1. 了解触发器的类型。
2. 掌握触发器的创建方法。
3. 掌握触发器的管理方法。

思政目标

通过学习触发器的概念和应用，了解触发器在保证数据一致性方面的重要作用，了解未使用触发器时数据库出现异常将导致的严重后果，培养责任意识和安全意识。

任务 10.1　创建 DML 触发器

任务描述

037 创建 DML 触发器

在 student 数据库中的 student_table 表中添加一个“CreateDate”字段，用来记录数据被修改的时间。如果每次修改数据后都手工更新这个数据，既耗费时间和精力，又很难准确记录当时的时间。

触发器正好解决了这一问题。在表 student_table 中创建了触发器后，一旦该表的数据发生了变化，触发器会自动将当前的系统时间更新到“CreateDate”字段中。

任务分析

通俗地讲，触发器的原理就是当设定的一个事件发生时去自动执行另一个事件。本任务比较简单，只要注意分清触发事件和被触发事件即可。

完成该任务需要做到以下几点：

（1）了解触发器的含义和作用。

（2）掌握在 SQL Server 2017 的资源管理器中创建触发器的方法。

（3）掌握创建的触发器的执行方法。

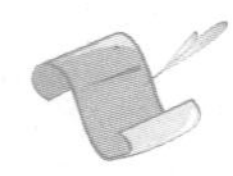

任务实现

步骤 1：启动触发器编辑窗口。在 SSMS 中依次展开“student”｜“表”｜“student_table”节点，右击“触发器”子节点，在弹出的快捷菜单中选择“新建触发器”，打开触发器编辑窗口，如图 10－1 所示。

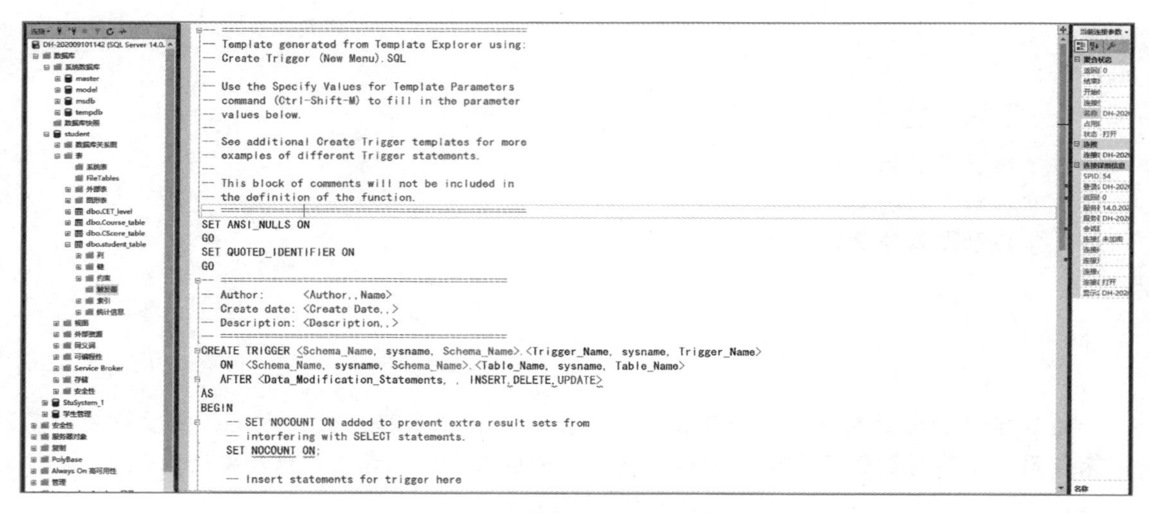

图 10－1　启动触发器编辑窗口

步骤 2：系统自动在触发器编辑窗口中生成创建触发器的模板语句及注释，这些语句和缩写的功能是架构环境和说明程序。这里不使用系统提供的语句模板，将语句全部删除，然后手动输入如下创建存储过程的语句。

```
CREATE TRIGGER student_trig
On student_table
AFTER INSERT
```

```
AS
BEGIN
  IF(COLUMNS_UPDATED() IS NOT NULL)
    UPDATE student_table SET CreateDate=GETDATE()
    FROM student_table n,inserted i
    WHERE n.student_id=i.student_id
END
```

编写好后，执行语句，完成触发器的创建。

步骤 3：运行及验证触发器。首先查看 student_table 表未修改时的原表数据。在查询编辑器中输入如下语句：

```
SELECT * FROM student_table
```

打开 student_table 表，查看其中的数据。需要注意的是，此时两条数据的“CreateDate”字段内的值都是 NULL，如图 10－2 所示。

```
SELECT * FROM student_table
```

100 %

结果 消息

	student_id	Name	Card	Class_id	Sex	Birth	CreateDate
1	20200101	崔伟	230228200102198888	计应201	女	2000-10-10 00:00:00.000	NULL
2	20200102	栾琪	231229200111110333	计应201	女	2001-11-11 00:00:00.000	NULL
3	20200103	刘双	230221200001161666	计应202	男	2000-01-16 00:00:00.000	NULL
4	20200104	张龙	221203200012121345	计应201	女	2000-12-12 00:00:00.000	NULL
5	20200105	任龙	222111200008080123	计应202	男	2000-08-08 00:00:00.000	NULL

图 10－2　未修改的原表数据

使用数据修改语句修改 student_table 表中的数据，将“student_ID”为“20200101”的记录中“Name”字段的数值改为“崔伟康”。

```
UPDATE student_table SET Name='崔伟康'
WHERE student_ID='20200101'
```

执行结果如图 10－3 所示。

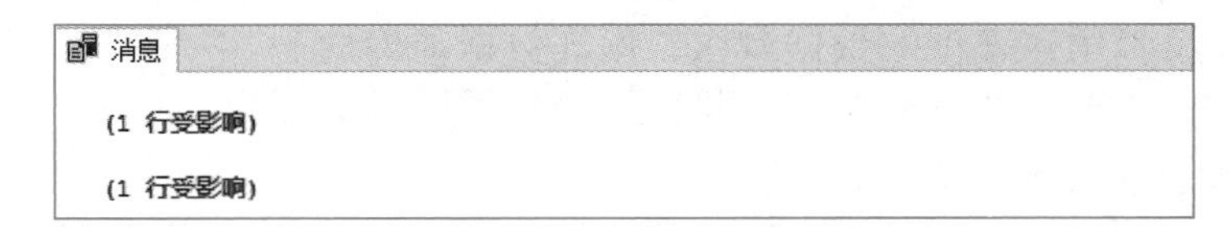

图 10－3　执行结果

根据前面创建的触发器功能，此时该条记录的“CreateDate”字段的数值应该自动发生变化，变为当前的系统日期。是否如此呢？

输入数据查询语句，检索 student_table 表中的数据。

```
SELECT * FROM student_table
```

执行后，查看已经被修改的表中数据，如图 10－4 所示。

结果 消息

	student_id	Name	Card	Class_id	Sex	Birth	CreateDate
1	20200101	崔伟康	230228200102198888	计应201	女	2000-10-10 00:00:00.000	2020-12-08 16:22:32.333
2	20200102	栾琪	231229200111110333	计应201	女	2001-11-11 00:00:00.000	NULL
3	20200103	刘双	230221200001161666	计应202	男	2000-01-16 00:00:00.000	NULL
4	20200104	张龙	221203200012121345	计应201	女	2000-12-12 00:00:00.000	NULL
5	20200105	任龙	222111200008080123	计应202	男	2000-08-08 00:00:00.000	NULL

图 10－4　查看已经被修改的表中数据

可以看到，此时“student_ID”为“20200101”的记录的“CreateDate”字段中的数值已经自动变为系统日期，证明了触发器的有效性。

相关知识

1. 触发器的概念和作用

触发器是与数据库和数据表相结合的特殊的存储过程，当数据表发生 Insert、Update、Delete 操作或数据库发生 Create、Alter、Drop 操作的时候，可以激活触发器，并运行其中的 T-SQL 语句。

触发器实际上是一种特殊类型的存储过程，其特殊性表现在：它是在执行某些特定的 T-SQL 语句时被自动激活的。

2. 触发器的分类

触发器分为 DML 触发器和 DDL 触发器两种。这里主要介绍 DML 触发器。DML 触发器又分为 After 触发器和 Instead Of 触发器两种。After 触发器是先修改记录后激活的触发器；Instead Of 触发器是“取代”触发器。After 触发器只能用在数据表中，而 Instead Of 触发器既可以用在数据表中，也可以用在视图中。DDL 触发器根据作用范围可以分为作用在数据库的触发器和作用在服务器的触发器两种。

3. DML 触发器

DML 触发器有助于数据库在修改数据的时候实施强制性规则，保证数据的完整性，其主要功能如下：

（1）可以完成比 CHECK 更复杂的约束要求。

（2）拒绝违反引用完整性的数据操作，保证数据准确性。

（3）比较表修改前后的数据变化，并根据变化采取相应操作。

（4）可级联修改具有关系的表。

DML 触发器主要针对的操作有 3 种：UPDATE、INSERT、DELETE。若某个表格具有触发器，则对该表格进行更新、插入或删除操作时，就会触发对应的 UPDATE、INSERT 或 DELETE 触发器。

4. DELETED 表和 INSERTED 表

系统会自动为触发器创建两个系统临时表：DELETED 和 INSERTED。触发器运行过程中所涉及的数据都会根据不同的操作类型保存在相应的表中，触发器会在需要的时候调用其中的数据，用户也可以从表中调用数据。每个触发器只能调用对应表中的数据。DELETED 和 INSERTED 虽被称为表，其实并不同于一般的数据库表，它们储存在内存中，而非在磁盘上。

两个表的结构类似于定义触发器的表结构。DELETED 表会储存被 DELETE 及 UPDATE 语句影响的行副本。触发器被删除或更新时，被删除或更新的行会传送到 DELETED 表，触发器和用户即可以使用 DELETED 表中的数据。INSERTED 表会储存被 INSERT 及 UPDATE 语句影响的行副本，在插入或更新事务时，新的行会被同时加至触发器表与 INSERTED 表。由于执行 UPDATE 语句时，会被视为插入或删除事务，因此旧的行值会保留一份副本在 DELETED 表中，而新的行值的副本则保留在触发器表与 INSERTED 表。

DELETED 和 INSERTED 表中的值只限于在触发器中使用，一旦触发器完成就无法再使用。

5. 创建触发器语句

创建触发器可以使用 CREATE TRIGGER 语句，其语法格式如下：

```
CREATE TRIGGER 触发器名
ON { 表名 | 视图名 }
[WITH ENCRYPTION]
{FOR}{ [ DELETE ] [ , ] [INSERT] [ , ] [ UPDATE ] }
AS
[ { IF UPDATE ( 字段名 ) ...
[ { AND | OR } UPDATE ( 字段名 ) [ ...N ]
sql_statement [ ...N]
```

参数说明如下：

- WITH ENCRYPTION：加密选项，防止触发器作为 SQL Server 复制的一部分发布。
- [DELETE] [,] [INSERT][,][UPDATE]：表示指定执行哪些语句时将激活触发器，至少要指定一个选项，若选项多于一个，需用逗号分隔各选项。
- IF UPDATE（字段名）：测试在指定的字段上进行的 INSERT 或 UPDATE 操作，不能用于 DELETE 操作。对 INSERT 操作，测试将返回 TRUE 值，因为在指定字段上输入了显性值或隐性（NULL）值。若要同时对多个字段进行测试，可使用逻辑运算符链接多个 UPDATE（字段名）子句。

【例 10-1】为表创建触发器。

本实例要求在 student_table 表中删除某条信息时，用数据输出语句提示用户，并显示该条被删除的数据信息。

步骤 1：创建触发器。在查询编辑器中输入如下语句：

```
CREATE TRIGGER DEL_tri
ON student_table
AFTER DELETE
AS
print '删除的信息为：'
SELECT * FROM deleted
```

步骤 2：验证触发器。为了验证触发器的功能，在查询编辑器中运行如下语句，删除 student_table 表中的一条数据，激活触发器，会得到如图 10－5 所示的结果。

```
DELETE FROM student_table WHERE student_id='20200103'
```

结果 消息
删除的信息为:

(1 行受影响)

(1 行受影响)

图 10－5　验证结果

任务 10.2　管理 DML 触发器

038 管理 DML 触发器

任务描述

DML 触发器创建完成后，其后续的管理工作主要包括修改、禁用、启用、删除。本任务将对这 4 项工作进行讲解。

任务分析

本任务涉及对触发器的修改、禁用、启用、删除操作，其中，修改触发器的语法格式与创建触发器的基本相同；禁用、启用和删除都可以通过 SSMS 的对象资源管理器来实现。

任务实现

1. 修改触发器

将 student_tri 触发器中的“只要 student_table 表中数据修改就触发”改为“只有 Name 字段中的数据修改才触发”。

步骤 1：在 SSMS 中依次展开“student”｜“student_table”｜“触发器”节点，右击触发器“student_tri”子节点，在弹出的快捷菜单中选择“修改”，打开触发器编辑窗口。

步骤 2：窗口中的语句与创建触发器时的语句基本相同，只是将“CREATE”语句改为“ALTER”语句，如图 10－6 所示。用户可以根据新的需求对语句进行修改。

步骤 3：根据任务要求，需要修改触发器触发条件，将原来的任意修改触发变为只有“Name”字段的值修改才触发。将原语句中的“IF(COLUMNS_UPDATED() is Not Null)”修改为“IF UPDATE(Name)”。

步骤 4：通过数据的修改来验证其有效性，例如，分别修改“News”表中的“Author”字段和另一个字段来验证本次修改的效果。

2. 禁用触发器

若暂时不需要“student_tri”触发器发挥作用，但是又不想删除它，可以将其禁用。

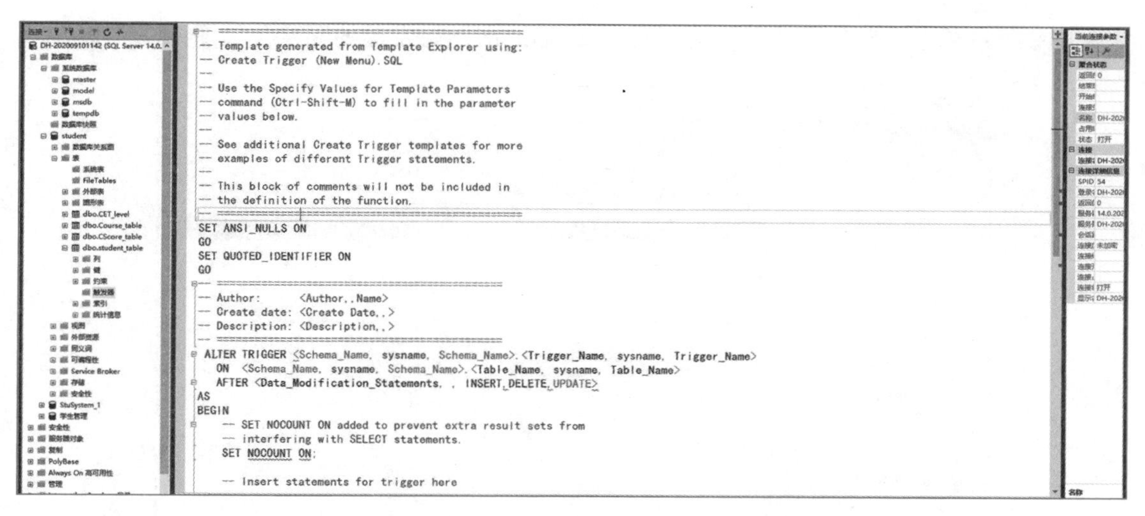

图 10－6　触发器编辑窗口

步骤 1：在 SSMS 中依次展开“student”｜“student_table”｜“触发器”节点，右击触发器“student_tri”子节点，在弹出的快捷菜单中选择“禁用”，打开“禁用触发器”对话框。

步骤 2：“禁用触发器”对话框将显示禁用的结果及相关信息，如图 10－7 所示。单击“关闭”按钮，实现对“student_tri”触发器的禁用。

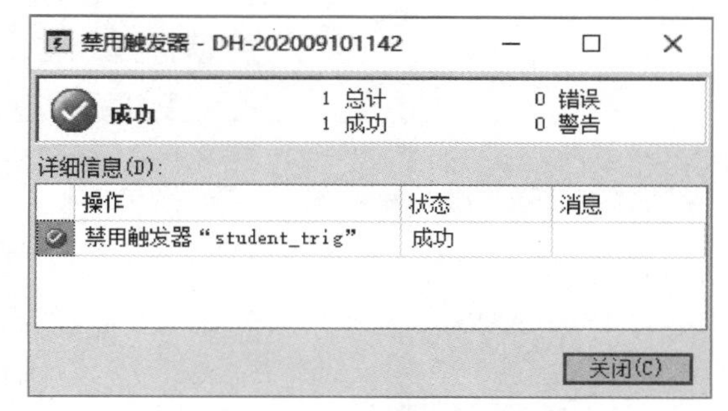

图 10－7　“禁用触发器”对话框

3. 启用触发器

如果需要让已经被禁用的触发器重新发挥作用，需要重新启用该触发器。

步骤 1：在 SSMS 中依次展开“student”｜“student_table”｜“触发器”节点，右击触发器“student_tri”子节点，在弹出的快捷菜单中选择“启用”，打开“启用触发器”对话框。

步骤 2：“启用触发器”对话框将显示启用的结果及相关信息，如图 10－8 所示。单击“关闭”按钮，实现对“student_tri”触发器的启用。

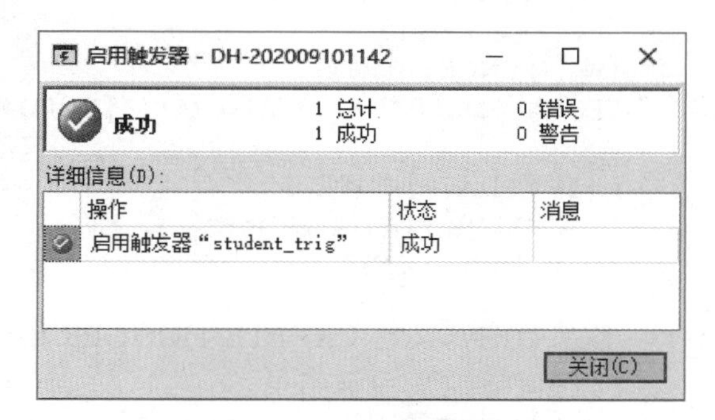

图 10－8　“启用触发器”对话框

4. 删除触发器

如果触发器已经彻底失去作用，可以将其删除。

步骤 1：在 SSMS 中依次展开“student”｜“student_table”｜“触发器”节点，右击触发器“student_tri”子节点，在弹出的快捷菜单中选择“删除”，打开“删除对象”对话框。

步骤 2：单击“确定”按钮，实现对“student_tri”触发器的删除，如图 10－9 所示。

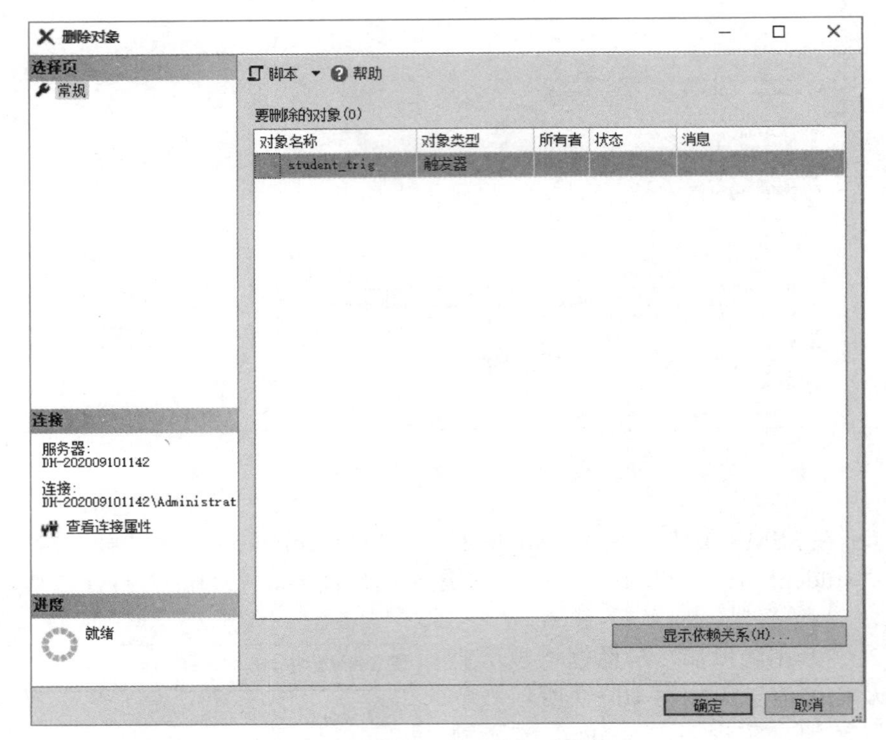

图 10－9 “删除对象”对话框

相关知识

1. 触发器的修改

触发器的修改语句与创建语句基本一致，具体如下：

```
ALTER TRIGGER 触发器名
ON { 表名 | 视图名 }
[WITH ENCRYPTION]
{FOR}{ [ DELETE ] [ , ] [INSERT] [ , ] [ UPDATE ] }
AS
[ { IF UPDATE ( 字段名 ) ...
[ { AND | OR } UPDATE ( 字段名 ) [ ...N ]
sql_statement [ ...N]
```

各参数的含义与 CREATE TRIGGER 语句中所使用的参数相同，这里不再赘述。

2. 触发器的禁用与启用

因为触发器在使用的过程中采用的是自动执行方式，不需要人工指定，所以如果不需要触发器发挥作用，只能将其临时禁用。禁用并不是删除，只是暂时禁止其发挥作用。

禁用后，如果需要恢复其作用，重新启用即可。

【例 10-2】管理触发器。

本实例实现对【例 10-1】中创建的“DEL_tri”触发器的管理。

将触发器内提示用户的信息改为“用户您好，您刚才删除的数据信息为：”。并完成该触发器的禁用、启用和删除操作。

步骤 1： 触发器的修改。在查询编辑器中输入如下语句：

```
ALTER TRIGGER DEL_tri
ON student_table
FOR DELETE
AS
print '用户您好，您刚才删除的数据信息为：'
SELECT * FROM deleted
```

步骤 2： 触发器的禁用。在 SSMS 中，右击触发器“DEL_tri”节点，在弹出的快捷菜单中选择“禁用”，弹出“禁用触发器”对话框，单击“关闭”按钮，完成禁用操作。

步骤 3： 触发器的启用。在 SSMS 中，右击触发器“DEL_tri”节点，在弹出的快捷菜单中选择“启用”，弹出“启用触发器”对话框，单击“关闭”按钮，完成启用操作。

步骤 4： 触发器的删除。在 SSMS 中，右击触发器“DEL_tri”节点，在弹出的快捷菜单中选择“删除”，弹出“删除对象”对话框，单击“确定”按钮，完成删除操作。

任务 10.3　创建及管理 DDL 触发器

任务描述

039 创建及管理 DDL 触发器

DML 触发器是针对数据库中的操作语言进行触发，DDL 触发器则是针对数据库中的定义语言进行触发。本任务将对 student 数据库创建一个 DDL 触发器，以实现对数据库的保护。

任务分析

实际上，DDL 触发器和 DML 触发器只是功能不同而已，其原理和创建过程基本一样。

完成该任务需要做到以下几点：

（1）创建 DDL 触发器。

（2）查看与修改 DDL 触发器。

（3）禁用、启用与删除 DDL 触发器。

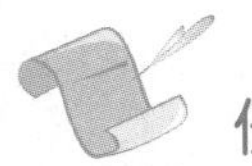

任务实现

1. 创建 DDL 触发器

步骤 1： 在 SSMS 中依次展开“student”|“表”|“student_table”节点，右击“触发器”子节点，在弹出的快捷菜单中选择“新建触发器”，打开触发器编辑窗口。

步骤 2： 与创建 DML 触发器一样，在触发器编辑窗口中输入如下语句创建触发器。

```
CREATE TRIGGER DATABASE_Trig                    --DATABASE_TRIG 为触发器名
ON ALL SERVER                                   -- 针对所有服务器
FOR DROP_DATABASE                               -- 针对删除数据库操作
AS
PRINT '数据库已使用触发器保护，不能删除'        -- 输出的提示信息
ROLLBACK                                        -- 数据回滚，取消删除操作
```

步骤 3： 输入如下删除数据库语句，验证 DDL 触发器的有效性。

```
DROP DataBase student
```

此时，触发器被激活，拒绝本次操作，并给出相应提示。

2. 触发器的查看与修改

步骤 1： DDL 触发器与 DML 触发器的查看方式不同。在 SSMS 中依次展开“服务器对象”|“触发器”节点，右击触发器“DATABASE_TRIG”子节点，在弹出的快捷菜单中选择“编写服务器触发器脚本为”|“CREATE 到”|“新查询编辑器窗口”，如图 10－10 所示。

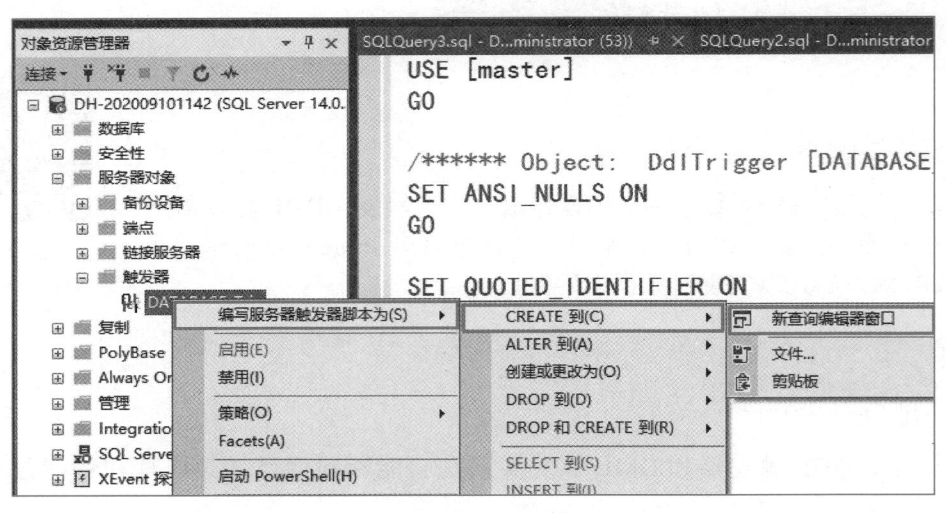

图 10－10 选择“新查询编辑器窗口”

步骤 2： 查看。在打开的窗口中可以查看该触发器创建时的语句。

步骤 3： 修改。与 DML 触发器一样，首先将语句中的“CREATE TRIGGER”语句改为“ALTER TRIGGER”语句，然后在下面的语句中进行相应修改即可。

步骤 4： 删除 DDL 触发器。在 SSMS 中依次展开“服务器对象”|“触发器”节点，

右击触发器“DATABASE_TRIG”子节点，在弹出的快捷菜单中选择“删除”，打开“删除对象”对话框，单击“确定”按钮，完成删除。

相关知识

DDL 触发器的创建语法如下：

```
CREATE TRIGGER <trigger_name>
ON { ALL SERVER | DATABASE }
{ FOR | AFTER }
AS { sql 语句 }
```

参数说明如下：

- CREATE TRIGGER：新建触发器语句。
- trigger_name：触发器名称。
- ON { ALL SERVER | DATABASE }：触发器针对的对象，ALL SERVER 表示针对所有服务器，DATABASE 则表示针对数据库。
- {FOR | AFTER}：AFTER 用于指定 DML 触发器仅在 SQL 语句指定的所有操作都已成功执行时才被触发。所有的引用级联操作和约束检查也必须在激发此触发器之前成功完成。如果仅指定 FOR 关键字，则 AFTER 为默认值。不能对视图定义 AFTER 触发器。
- AS{sql 语句}：要执行的 SQL 语句。

【例 10-3】管理 DDL 触发器。

本实例要求保护数据表功能。创建两个触发器，拒绝用户对数据表 student_table 的修改及在 student 数据库中创建新的数据表。

步骤 1：拒绝修改数据表。打开 SSMS，将当前数据库设定为 student，在查询编辑器中输入如下语句：

```
CREATE TRIGGER TABLE_TRIG1
ON DATABASE
FOR ALTER_TABLE
AS
PRINT '数据表已使用触发器保护，不能修改'
ROLLBACK
```

触发器创建好后，如果用户要修改表，系统会给出拒绝操作提示。

步骤 2：打开 SSMS，将当前数据库设定为 student，在查询编辑器中输入如下语句：

```
CREATE TRIGGER TABLE_TRIG2
ON DATABASE
AFTER DDL_TABLE_EVENTS
AS
PRINT '此数据库已保护，不能在其中创建表'
ROLLBACK;
```

触发器创建好后，用户如果要创建表，系统会给出拒绝操作提示。

技能检测

一、填空题

1. 触发器包括（　　）和（　　）两种。
2. DML 触发器包括（　　）和（　　）两种。
3. 在修改记录之后激活的触发器是（　　）触发器。
4. 既能作用于表，也能作用于视图的是（　　）触发器。
5. 用来临时存放触发器中涉及的被删除的数据的表是（　　）。
6. 触发器是特殊的（　　　　　）。
7. DDL 触发器根据作用范围可以分为作用在（　　）的触发器和作用在（　　）的触发器。

二、选择题

1. 以下关于触发器的描述，不正确的是（　　）。

A. 触发器是一种特殊的存储过程　　B. 触发器一旦创建便不能更改

C. 对同一个对象可以创建多种触发器　　D. 触发器可以用来实现数据完整性

2. 删除触发器的语句是（　　）。

A. DELETE TRIGGER　　B. DROP TRIGGER

C. ALTER TRIGGER　　D. REMOVE TRIGGER

3. 触发器使用的两个特殊的表是（　　）。

A. DELETED、INSERTED　　B. DELETE、INSERT

C. VIEW、TABLE　　D. VIEW1、TABLE1

4. 以下触发器是当对［表 1］进行（　　）操作时触发。

```
Create Trigger abc on 表 1
For insert , update , delete
As ……
```

A. 修改　　B. 插入

C. 删除　　D. 修改、插入、删除

5. 以下选项中，（　　）不是 DML 触发器的功能。

A. 可以完成比 CHECK 更复杂的约束要求

B. 比较表修改前后的数据变化，并根据变化采取相应操作

C. 可以保证数据库对象不被错误操作

D. 级联修改具有关系的表

6. 下列操作中，不是 DML 操作可以保护的是（　　）。

A. UPDATE　　B. INSERT　　C. DELETE　　D. ALTER

7. 下列操作中，不会涉及触发器中的 INSERTED 表的是（　　）。

A. UPDATE　　B. INSERT　　C. DELETE　　D. 都不涉及

8. WITH ENCRYPTION 语句的作用是（　　）。

A. 规则　　B. 加密　　C. 创建　　D. 都不是

三、判断题

1. 触发器只针对数据，对数据库中的对象没有作用。(　　)

2. 触发器通常是自动执行，但是也可以根据用户需要调用执行。(　　)

3. 触发器的执行总是在数据的插入、更新或删除之前。(　　)

4. 删除表时，表中的触发器也被删除。(　　)

5. 触发器与约束发生冲突时，触发器不执行。(　　)

6. 触发器可以保证数据的完整性。(　　)

7. 触发器是特殊的存储过程，所以可以通过 EXEC 方法直接执行。(　　)

8. 触发器一旦被创建就一直保护对象，直到被删除。(　　)

四、实操题

1. 为“student_table”表创建一个触发器，当其中的“Class_id”字段发生变化时，提示用户“班级已经被修改”。

2. 将题 1 中创建的触发器改为当“student_table”表中的数据被删除时，提示用户“学生信息被删除”。

3. 对题 1 中创建的触发器执行禁用、启用和删除操作。

4. 新建触发器，保护“student_table”数据表不被修改。

项目 11

备份与恢复

项目导读

如果一个存储了企业全部财务信息的数据库丢失，将给企业带来灾难性的后果。所以，数据库的备份和恢复是 SQL Server 知识体系中的一项重要内容。

本项目将全面讲解数据库的备份技术和恢复技术，包括：数据库备份的分类和实际操作方法，数据库恢复的分类和实际操作方法，以及数据库备份和恢复的 SQL 语句的语法格式。

学习目标

1. 掌握数据库备份的操作方法。
2. 了解数据库备份的分类。
3. 掌握用于数据库备份的 T-SQL 语句。
4. 掌握数据库恢复的操作方法。
5. 了解数据库恢复的分类。
6. 掌握用于数据库恢复的 T-SQL 语句。

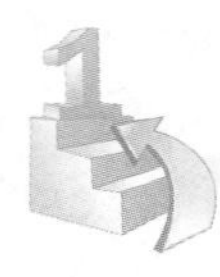

思政目标

通过学习数据库的备份和恢复，了解数据库备份和恢复是确保数据安全的一种重要方式，培养数据安全意识，树立良好的职业道德规范。

任务 11.1 数据库备份

任务描述

040 数据库备份

辛辛苦苦创建的数据库，历经数日将数万条数据录入完毕，一旦丢失，所有辛苦都将付诸东流。为了避免这种情况发生，我们要学会对数据库进行备份。本任务将讲解如何将 student 数据库备份出来。

任务分析

要想备份 student 数据库，首先要知道如何进入备份窗口，其次要全面了解备份窗口各部分的功能，接着填入必要的内容，最后开始备份。此外，还要明确要做什么样的备份，是备份全部内容，还是只备份修改过的部分，即完整备份和差异备份。本任务将通过图形化方式实现数据库的备份。

完成该任务需要做到以下几点：

（1）通过图形化方式实现数据库的备份。

（2）通过命令方式删除备份数据库。

任务实现

步骤 1：打开 SSMS，右击数据库“ student”，在弹出的快捷菜单中选择“任务” | “备份”，如图 11－1 所示。

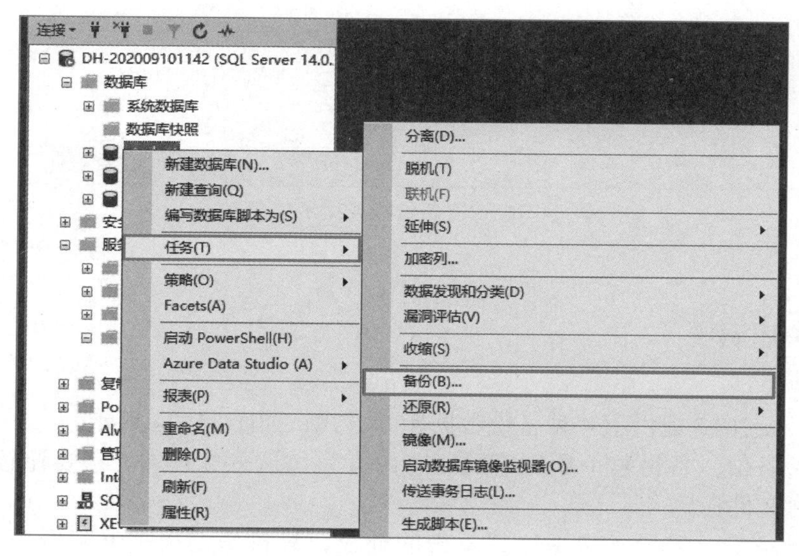

图 11－1　选择“备份”

步骤 2：在弹出的“备份数据库”对话框中，在“数据库”下拉列表中选择要备份的数据库，在“备份类型”下拉列表中选择要备份的类别，在“备份到”下拉列表中选择备份文件的路径。具体操作如图 11－2 所示。

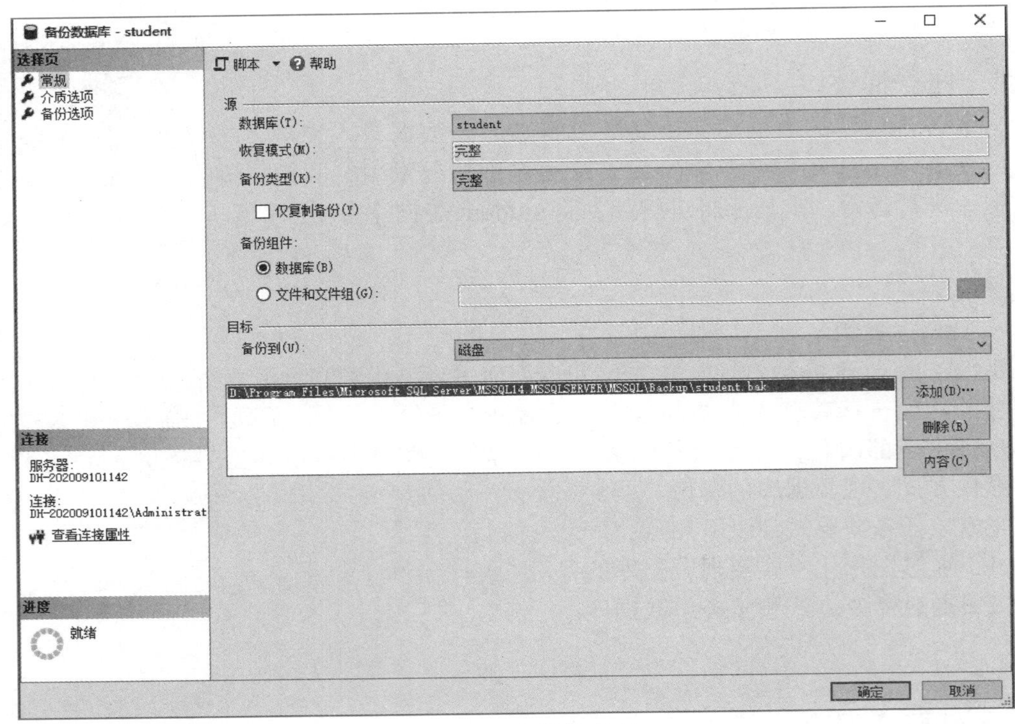

图 11－2　备份数据库

步骤 3：单击“确定”按钮后系统会自动备份数据库到指定的目录，备份完毕后会弹出提示对话框，如图 11－3 所示。

图 11－3　备份完成提示信息

相关知识

1. 备份的类型

SQL Server 2017 提供了 4 种备份数据库的方式，如图 11－4 所示。

（1）完整备份。备份整个数据库的所有内容，包括事务日志。需要比较大的存储空间来存储备份文件。

（2）差异备份。差异备份是完整备份的补充，只备份上次完整备份后更改的数据。相对于完整备份来说，差异备份更加节省空间，备份的速度比完整备份快。

（3）事务日志备份。事务日志备份只备份事务日志中的内容。事务日志记录了上一次完整备份或差异备份后数据库的所有变动过程。事务日志记录的是某一段时间内的数据库变动情况，因此在进行事务日志备份之前必须要进行完整备份。与差异备份类似，事务日志备份生成的文件比较小，占用时间短，执行速度快。

（4）文件和文件组备份。创建数据库时创建了多个数据库文件或文件组时，可以通过该方式备份。采用文件和文件组方式可以只备份数据库中的某些文件，该备份方式在数据库文件非常庞大时十分有效。

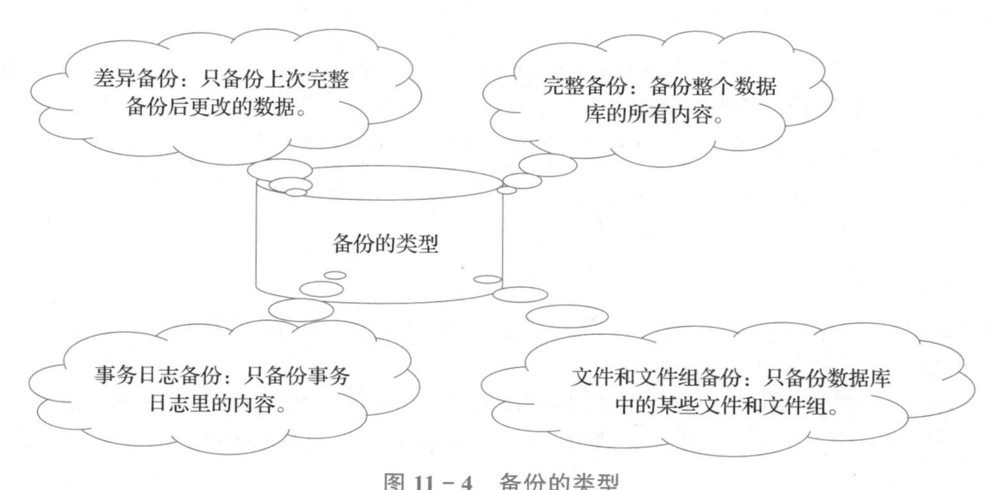

图 11－4　备份的类型

2. 使用 SQL 语句备份

SQL Server 2017 提供了一个存储过程 sp_addumpdevice，用于完成备份数据库的操作。基本语法如下：

```
sp_addumpdevice [ @devtype = ] 'device_type'
        , [ @logicalname = ] 'logical_name'
        , [ @physicalname = ] 'physical_name'
      [ , { [ @cntrltype = ] controller_type |
        [ @devstatus = ] 'device_status' } ]
```

参数说明如下：

- device_type：备份设备的类型，disk 指硬盘文件作为备份设备，tape 指 Microsoft Windows 支持的任何磁带设备。
- logical_name：备份设备的逻辑名称。logical_name 的数据类型为 sysname，无默认值，且不能为 NULL。SQL Server 在管理备份设备时使用的名称。
- physical_name：备份设备的物理名称。物理名称必须遵从操作系统文件名规则或网络设备的通用命名约定，并且必须包含完整路径。physical_name 的数据类型为 nvarchar(260)，无默认值，且不能为 NULL。
- controller_type：该选项已过时，如果指定该选项，则忽略此参数。支持它完全是为了向后兼容。
- device_status：该选项已过时，如果指定该选项，则忽略此参数。支持它完全是为了向后兼容。

使用存储过程备份数据库的具体语句如下，执行结果如图 11－5 所示。

```
Use master
Go
EXEC sp_addumpdevice 'disk','mydiskdump','D:\Program Files\Microsoft SQL Server\MSSQL14.
MSSQLSERVER\MSSQL\Backup\student.bak'
```

图 11－5　调用存储过程完成备份数据库

上述语句实现了把当前数据库 student 备份到 D 盘下的 student.bak 文件中。其中，mydiskdump 是备份设备逻辑名称。

为了节省磁盘空间，需要删除很久没用的备份文件，删除备份的语法如下：

```
sp_dropdevice [ @logicalname = ] 'device'
              [ , [ @delfile = ] 'delfile' ]
```

参数说明如下：

- device：数据库设备或备份设备的逻辑名称。device 的数据类型为 sysname，无默认值。
- delfile：指定物理备份设备文件是否应删除。delfile 的数据类型为 varchar(7)。如果指定为 DELFILE，则删除物理备份设备磁盘文件。具体操作如图 11－6 所示。

```
EXEC sp_dropdevice mydiskdump
```

图 11－6　删除备份设备

任务 11.2　数据库恢复

041 数据库恢复

任务描述

备份了数据库之后，便可在需要的时候将其从备份设备上恢复过来。本节的任务就是恢复 11.1 节中备份的数据库。

任务分析

恢复数据库与备份数据库的操作方法相似。与备份相对应，恢复数据时同样要分完整恢复或简单恢复。本任务通过图形化方式实现数据库的恢复。

完成该任务需要做到以下几点：

（1）通过图形化方式实现数据库的恢复。

（2）覆盖现有数据库。

（3）保留复制设置。

任务实现

步骤 1：启动 SSMS，右击要还原的数据库“student”，在弹出的快捷菜单中选择“任务”｜“还原”｜“数据库”，如图 11－7 所示。

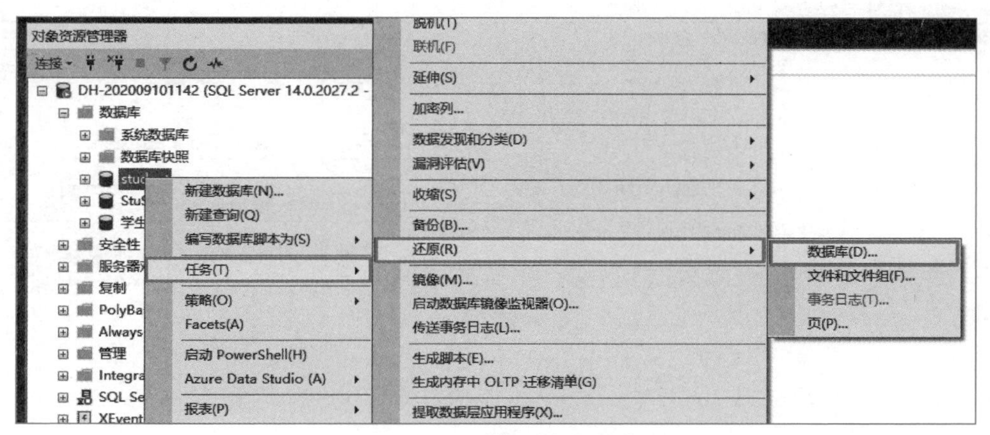

图 11－7　选择“数据库”

步骤 2：打开“还原数据库”对话框，如图 11－8 所示，在“目标”栏的“数据库”下拉列表中选择要还原的数据库。根据需要在“源”栏中选择合适的选项：“数据库”是指具有逻辑设备名的备份，“设备”是指在文件备份中还原。“要还原的备份集”中列出了所有可用的备份集。

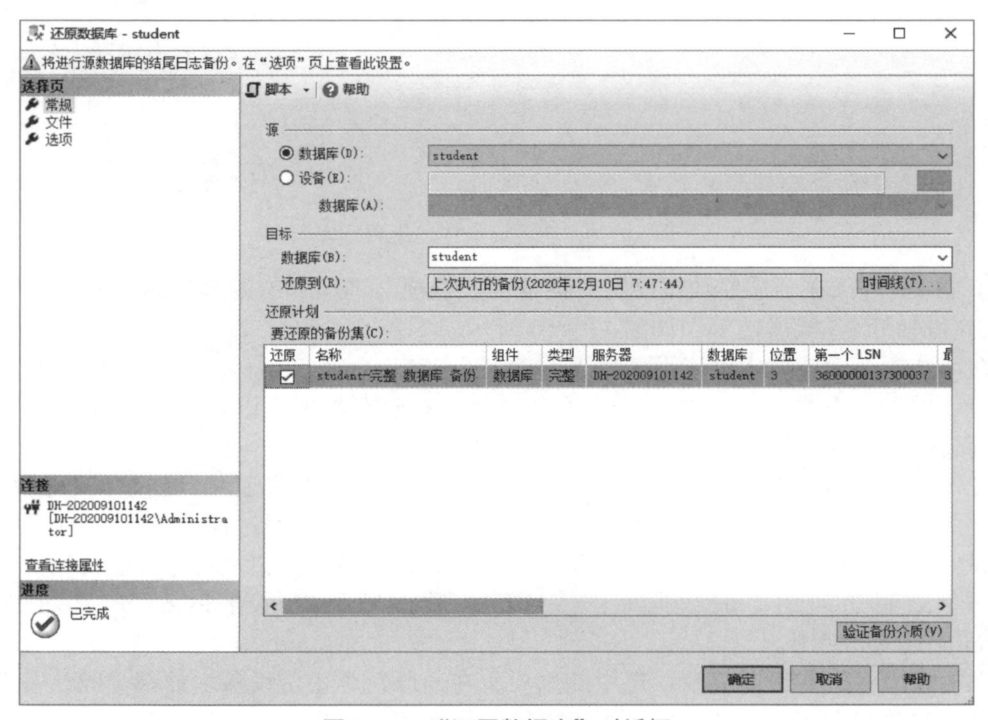

图 11－8　“还原数据库”对话框

在“数据库”中还原数据时，必须是提前备份过的数据库，并且存在逻辑设备名称的数据才能还原成功。

步骤 3：选择“文件”选项卡，可以设置数据库还原位置，如图 10－9 所示。

图 11－9　在源设备中还原数据库

步骤 4：可以在“还原数据库”对话框的“选项”选项卡中设置具体的还原选项、结尾日志备份和服务器连接等，如图 11－10 所示。

在“选项”选项卡中可以设置以下选项：

（1）覆盖现有数据库：选中此选项会覆盖所有现有数据库以及相关文件，包括已存在的同名的其他数据库或文件。

（2）保留复制设置：选中此选项会在将已经发布的数据库还原到创建该数据库的服务器之外的服务器时，保留复制设置。该选项只有在选择“通过回滚未提交的事务，使数据库处于可以使用的状态。无法还原其他事务日志”单选按钮之后才可以使用。

（3）限制访问还原的数据库：使还原的数据库仅提供给 db_ower、dbcreator 或 sysadmin 的成员使用。

（4）还原每个备份前提示：选中此选项，在还原每个备份设备之前都会确认一下。

（5）将数据库还原为列表框：可以更改数据库的还原目标文件路径和名称。

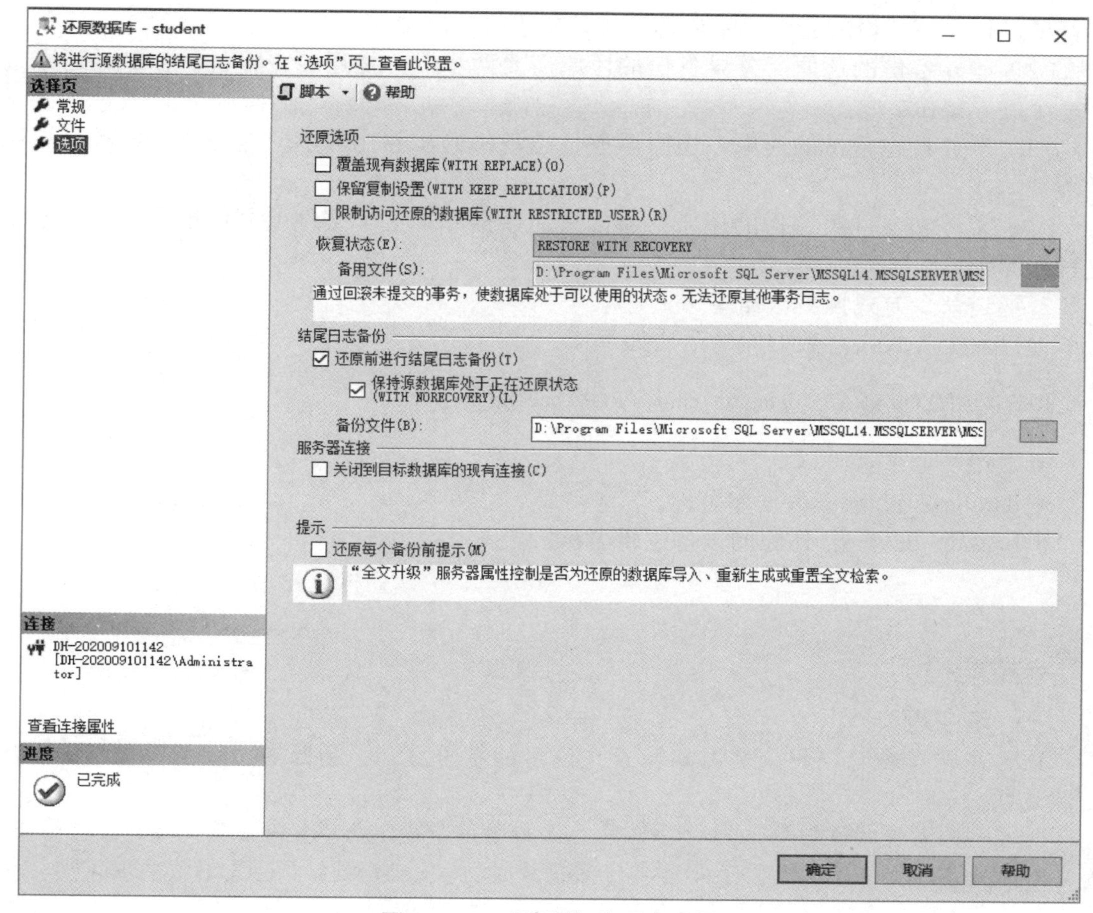

图 11－10 "选项"选项卡设置

（6）恢复状态区域选项设置：

1）RESTORE WITH RECOVERY：通过回滚未提交的事务，使数据库处于可使用的状态。

2）RESTORE WITH NORECOVERY：不对数据库执行任何操作，不回滚未提交的事务，可以还原其他事务日志。

3）RESTORE WITH STANDBY：数据库处于只读模式，撤销未提交的事务，但将撤销操作保存在备用文件中，可使恢复效果逆转。

友情提醒：有时，会发生在某一时间内数据丢失了，但是不能当时恢复数据的情况，这就需要等到用户访问不频繁的时候再恢复数据。

相关知识

1. 恢复的分类

（1）完整备份的还原。无论是完整备份、差异备份还是事务日志备份的还原，第一步都要进行完整备份的还原，完整备份时只要还原备份文件即可。

（2）差异备份的还原。差异备份的还原需要两步：一是还原完整备份；二是还原最后一个差异备份。

（3）事务日志备份的还原。还原事务日志备份的步骤比较多，这是因为事务日志比较烦琐。

（4）文件和文件组备份的还原。通常只在数据库中某个文件或文件组损坏时才使用这种还原模式。

2. 通过命令方式恢复数据库

通过命令方式恢复数据库的语法如下：

```
RESTORE DATABASE database_name FROM backup_device
```

参数说明如下：

- database_name：数据库名称。
- backup_device：还原的设备逻辑名称。

技能检测

一、填空题

1. 为了节省磁盘空间，需要删除很久没用的备份文件，删除备份使用（　　）系统存储过程。

2. 在删除备份的语句中，（　　　　）参数用于指定物理备份设备文件是否应删除。

3. SQL Server 2017 提供了 4 种备份数据库的方式，包括（　　）、（　　）、（　　）、（　　）。

4. 备份设备的类型中，（　　）是指硬盘文件作为备份设备，（　　）是指 Microsoft Windows 支持的任何磁带设备。

5. 差异备份的还原需要两步：一是还原（　　　　）；二是还原（　　　　）。

6. 完整备份只要还原（　　）即可。

7. RESTORE DATABASE 的功能是（　　　　）。

8. 在还原数据库文件中，参数（　　　　）是还原的设备逻辑名称。

二、选择题

1.（　　）只备份上次完整备份后更改的数据。

A. 文件和文件组备份　　B. 事务日志备份

C. 差异备份　　D. 完整备份

2.（　　）是完整备份的补充。

A. 文件和文件组备份　　B. 事务日志备份

C. 差异备份　　D. 完整备份

3. 可以只备份数据库中的某些文件的备份是（　　）。

A. 文件和文件组备份　　B. 事务日志备份

C. 差异备份　　D. 完整备份

4. SQL Server 2017 提供了一个存储过程（　　）用于完成备份数据库的操作。

A. sp_addumpdevice　　B. sp_umpdevice

C. sp_device　　D. dropdevice

5. 关于文件和文件组备份的还原的说法，正确的是（　　）。

A. 只有数据库中某个文件或文件组损坏时才使用这种还原模式

B. 要经常进行这种还原

C. 这种还原具有破坏性

D. 这种还原不能恢复数据

三、判断题

1. 在删除备份的语句中，delfile 的数据类型为 char(7)。(　　)

2. 如果用户需要频繁修改数据库，则应该使用差异备份。(　　)

3. 完整备份用于备份整个数据库的所有内容，但不包括事务日志。(　　)

4. 相对于完整备份来说，差异备份的速度更快。(　　)

5. 事务日志备份的特点是文件比较小，占用时间短，执行速度快。(　　)

6. 备份设备的物理名称必须包含完整路径。(　　)

7. 使用语句备份时，其参数 physical_name 无默认值，可以为 NULL。(　　)

8. 无论是完整备份、差异备份还是事务日志备份的还原，第一步都要进行完整备份的还原。(　　)

四、简答题

1. 简述数据库备份的分类。

2. 简述数据库恢复的步骤。

项目 12

数据库安全

项目导读

安全性对于数据库管理系统来说是至关重要的。数据库中通常存储着大量的重要数据。如果有人未经授权便访问数据库，并窃取、破坏、查看或修改重要的数据，将会造成极大的危害。在 SQL Server 2017 中可以通过多种安全管理操作来确保数据库安全。

学习目标

1. 了解安全认证。
2. 掌握账户管理方法。
3. 掌握角色管理方法。

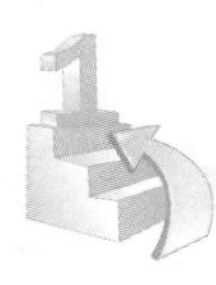

思政目标

通过学习数据库的安全管理操作，了解安全管理措施在保护数据库资源、防止非授权使用等方面的重要作用，培养安全意识。

任务 12.1 设置安全认证

042 设置安全认证

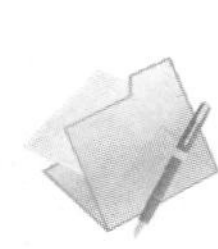

任务描述

对任何一个数据库而言，首先要考虑的问题都是如何确保安全性，主要体现在根据用户访问权限的不同来监控用户的操作。当用户访问 SQL Server 数据库时，数据库安全系统会验证用户是否可以连接服务器、可以访问哪几个数据库，以及具有对数据库的哪些权限。本任务要求对 student 数据库进行安全认证，查看哪些账户可以访问该数据库，以及访问权限是什么。

任务分析

通常，每个数据库包含多个用户，这些用户又分为不同的类型，每种类型的用户的操作权限是不同的。安全认证是 SQL Server 提供的一种针对用户的操作权限的认证方式，就像打开数据“仓库”的“钥匙”，这样才能保证数据库的安全。

完成该任务需要做到以下几点：

（1）了解 SQL Server 提供了哪些认证方式。

（2）创建数据库用户。

（3）管理用户权限。

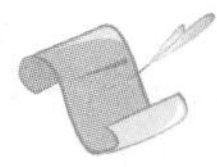

任务实现

步骤 1：启动 SSMS，在“对象资源管理器”中右击服务器节点，在弹出的快捷菜单中选择“属性”，如图 12－1 所示。

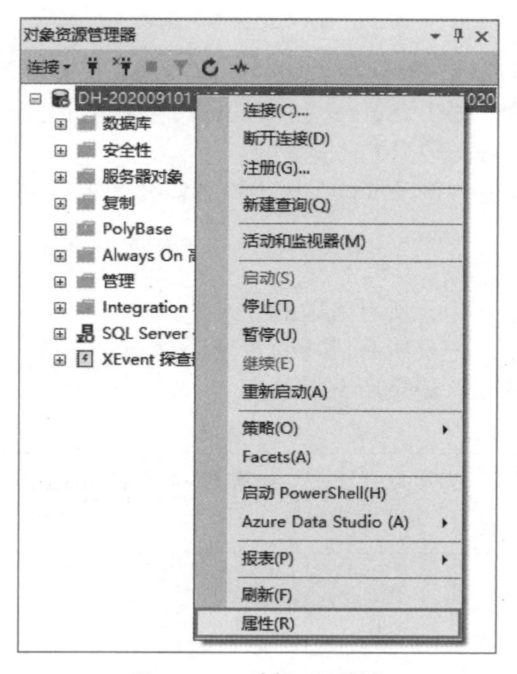

图 12－1　选择“属性”

步骤 2：在打开的“服务器属性”对话框中选择“安全性”选项卡，如图 12－2 所示。

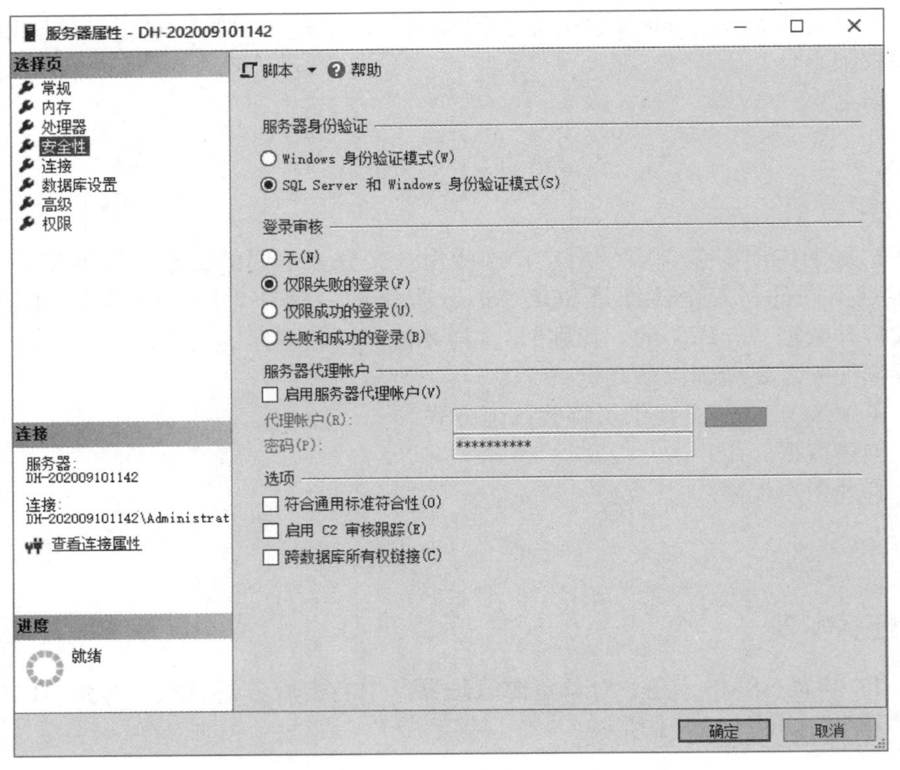

图 12－2 “安全性”选项卡

步骤 3：在“服务器属性”对话框右侧的“服务器身份验证”栏中进行验证方式的设置。根据任务需要，选中“ SQL Server 和 Windows 身份验证模式”单选项。默认的验证方式是在用户安装 SQL Server 2017 时设置的。

步骤 4：用户还可以在“登录审核”栏中设置需要的审核方式。SQL Server 提供了 4 种审核方式：

（1）无：不使用登录审核。

（2）仅限失败的登录：记录所有失败的登录。

（3）仅限成功的登录：记录所有成功的登录。

（4）失败和成功的登录：记录所有登录。

友情提醒：系统默认选项为“无”，如果选择了其他选项，必须重启服务器才能生效。

相关知识

1. SQL Server 身份验证的两种模式

SQL Server 的身份验证分为两类：Windows 身份验证和 SQL Server 身份验证。由这两类身份验证派生出两种身份验证模式：Windows 身份验证模式和混合身份验证模式。

Windows 身份验证模式使用 Windows 操作系统的安全机制来完成安全操作，将 SQL Server 与 Windows 登录安全紧密联系到一起；混合身份验证模式要求用户登录 SQL Server 时必须提供登录账号和登录密码，SQL Server 负责把用户连接服务器的登录名、密码与系统表 syslogins 中的登录项进行比较，如果能够在 syslogins 表中找到匹配的数据，用户可通过认证登录服务器。

2. 用户连接 SQL Server 的过程

用户访问数据库中的对象及数据需要通过多层验证。先建立 SQL Server 服务器连接，这个连接是通过身份验证来完成的；然后通过数据库验证进入目标数据库，这样才可以在自己的权限范围内对数据库中的对象及数据进行检索和操作。

友情提醒：建议使用混合身份验证模式登录数据库，因为该模式比 Windows 身份验证模式的安全性强。

任务 12.2 账户管理

043 账户管理

任务描述

通常，SQL Server 会有多人登录，每个账号登录不同的数据库来管理相关数据。本任务要求给 student 数据库增加一个 SQL Server 登录账号“admin”，并授予其对 student_table 表中数据的插入和修改权限，但拒绝其删除数据。

任务分析

用户使用数据库中的数据需要经过 3 个步骤：

（1）要拥有登录 SQL Server 系统的账号。

（2）系统管理员将其映射为一个数据库的用户后才可以进入目标数据库。

（3）只能使用被管理员授予的权限来操作数据库中的数据。

完成该任务需要做到以下几点：

（1）创建登录账号。

（2）映射为数据库用户。

（3）授予管理权限。

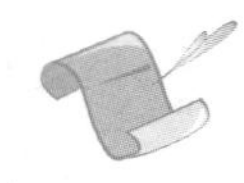

任务实现

1. 创建登录账号

步骤 1：启动 SSMS，在服务器节点中选择“安全性”节点，右击“登录名”子节点，在弹出的快捷菜单中选择“新建登录名”，如图 12－3 所示。

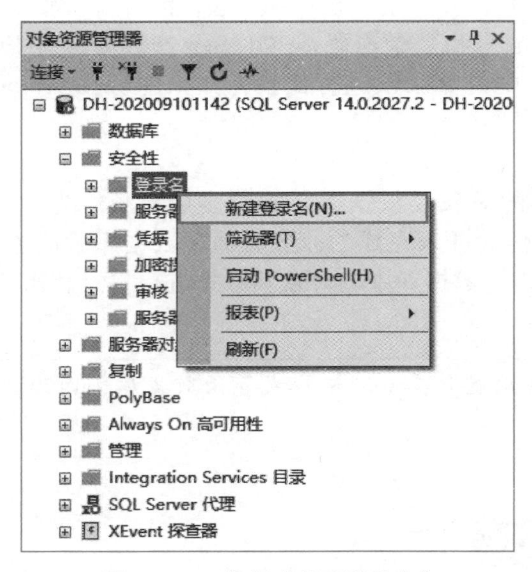

图 12－3　选择“新建登录名”

步骤 2：在打开的“登录名－新建”对话框中设置登录用户的信息，如图 12－4 所示。选择“常规”选项卡，设置登录用户的类型、名称、密码和默认数据库等信息。

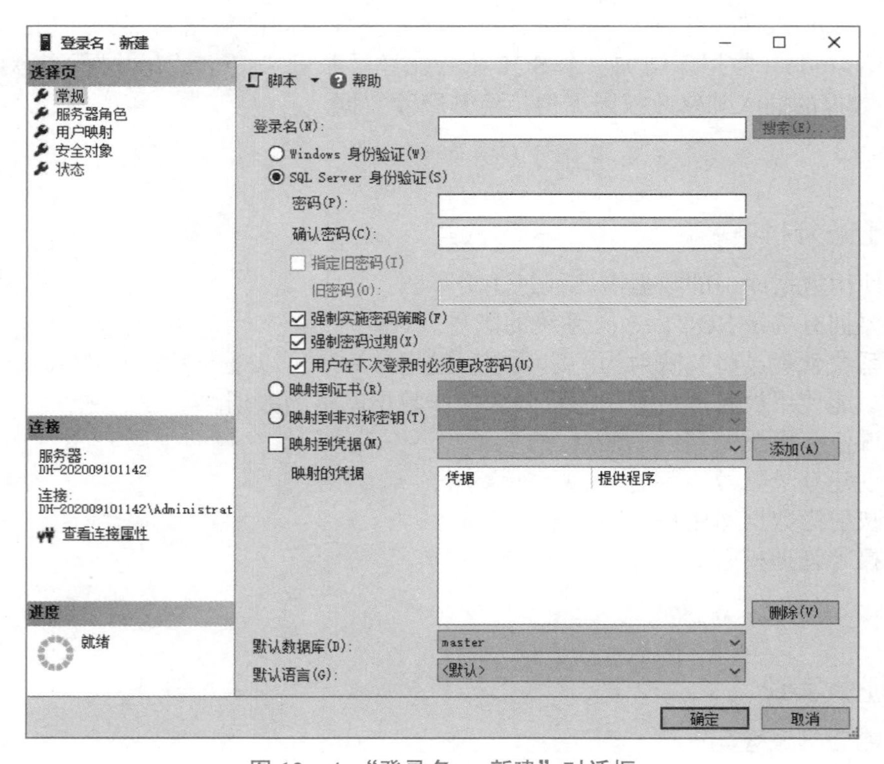

图 12－4　“登录名 － 新建”对话框

步骤 3：登录用户类型设置。根据任务要求，在“登录名”文本框下方选择“SQL Server 身份验证”单选项，创建一个 SQL Server 登录用户。

步骤 4：用户名称设置。在“登录名”文本框中输入需要创建的用户名称“admin”。

步骤 5：密码设置。在“密码”和“确认密码”文本框中输入登录密码，并根据需要选择“强制实施密码策略”、“强制密码过期”和“用户在下次登录时必须更改密码”选项。这里将密码设为“123456”，不选择“强制实施密码策略”选项。

步骤 6：默认数据库设置。在“默认数据库”下拉列表中选择登录时默认的数据库“master”。

步骤 7：设置结果如图 12－5 所示，确认无误后，单击“确定”按钮完成创建。

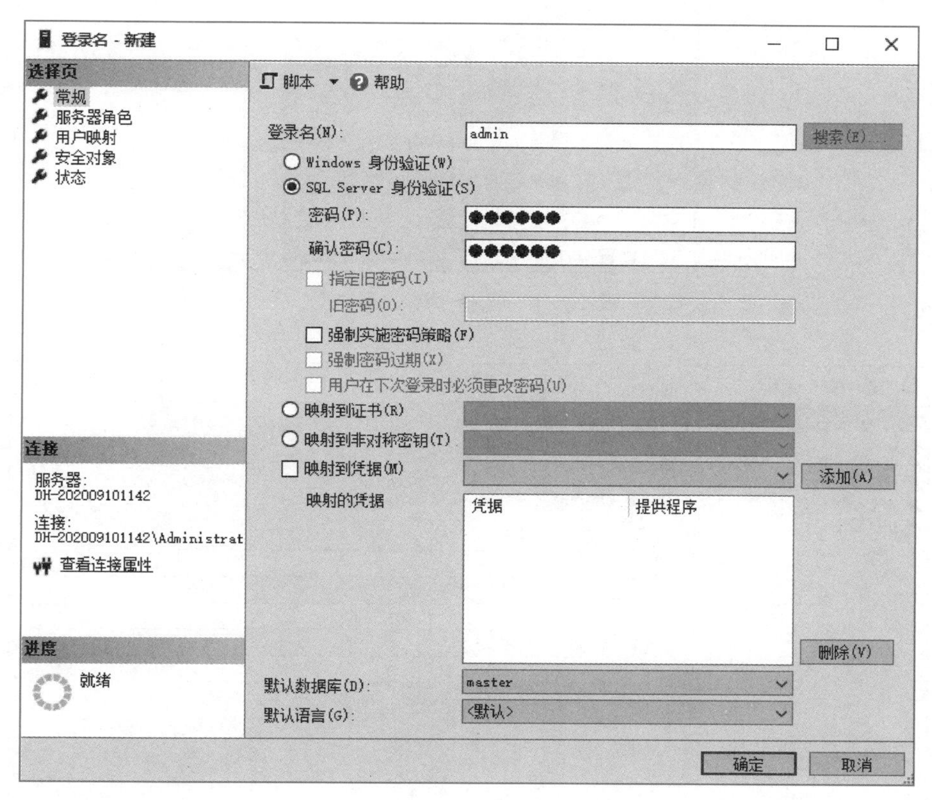

图 12－5　设置结果

2. 映射为数据库用户

步骤 1：展开需要映射用户的目标数据库“student”，再展开其中的“安全性”节点，右击“用户”子节点，在弹出的快捷菜单中选择“新建用户”，如图 12－6 所示。

步骤 2：在打开的“数据库用户－新建”对话框中指定将哪个登录用户映射为当前数据库的用户，并赋予其数据库角色，如图 12－7 所示。

步骤 3：在“用户名”文本框中输入新建用户的名称，这里使用与登录用户一样的名称“admin”。当然，也可以与登录名称不同。

步骤 4：在“登录名”文本框中输入对应登录用户的名称“admin”，如图 12－8 所示。

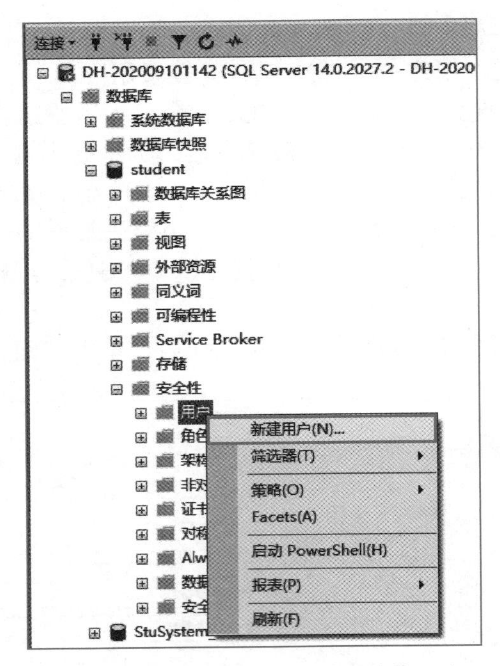

图 12－6　选择“新建用户”

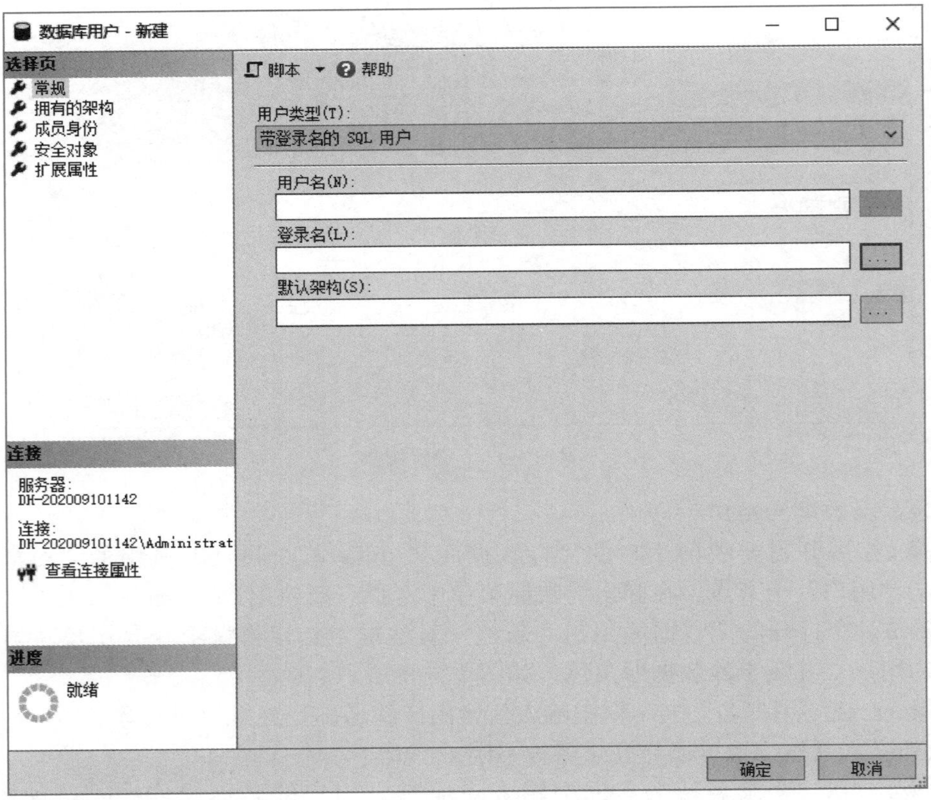

图 12－7　“数据库用户－新建”对话框

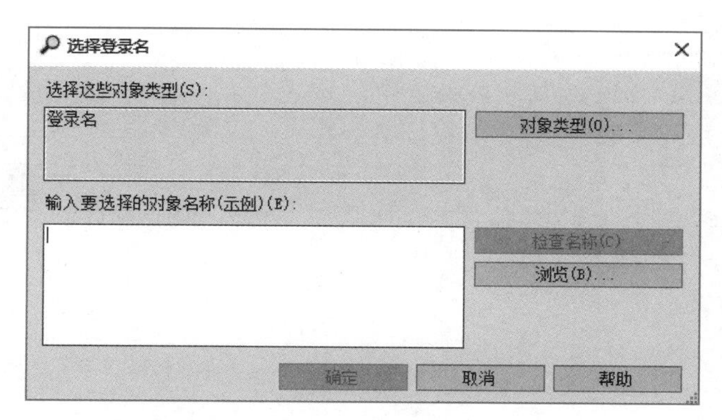

图 12－8 “选择登录名”对话框

步骤 5：设置结束后，单击“确定”按钮依次退出各对话框，完成数据库用户的创建。

3. 权限设置

步骤 1：依次展开“student”｜“安全性”｜“用户”节点，右击“admin”子节点，在弹出的快捷菜单中选择“属性”，如图 12－9 所示。

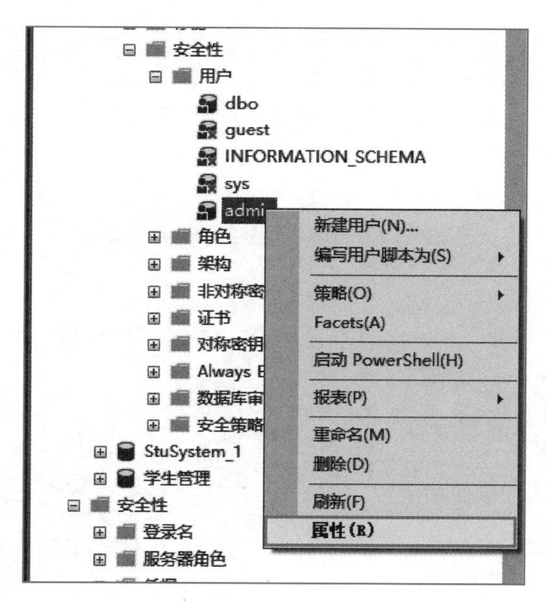

图 12－9 选择“属性”

步骤 2：在打开的“数据库用户”对话框中设置目标用户的基本信息，包括用户名称、权限、角色等，如图 12－10 所示。

步骤 3：选择数据库目标对象范围。在“数据库用户”对话框中选择“安全对象”选项卡，单击“搜索”按钮，弹出“添加对象”对话框，如图 12－11 所示，指定目标对象的类型。根据任务要求选择“特定类型的所有对象”选项，单击“确定”按钮，弹出“选择对象类型”对话框，如图 12－12 所示。

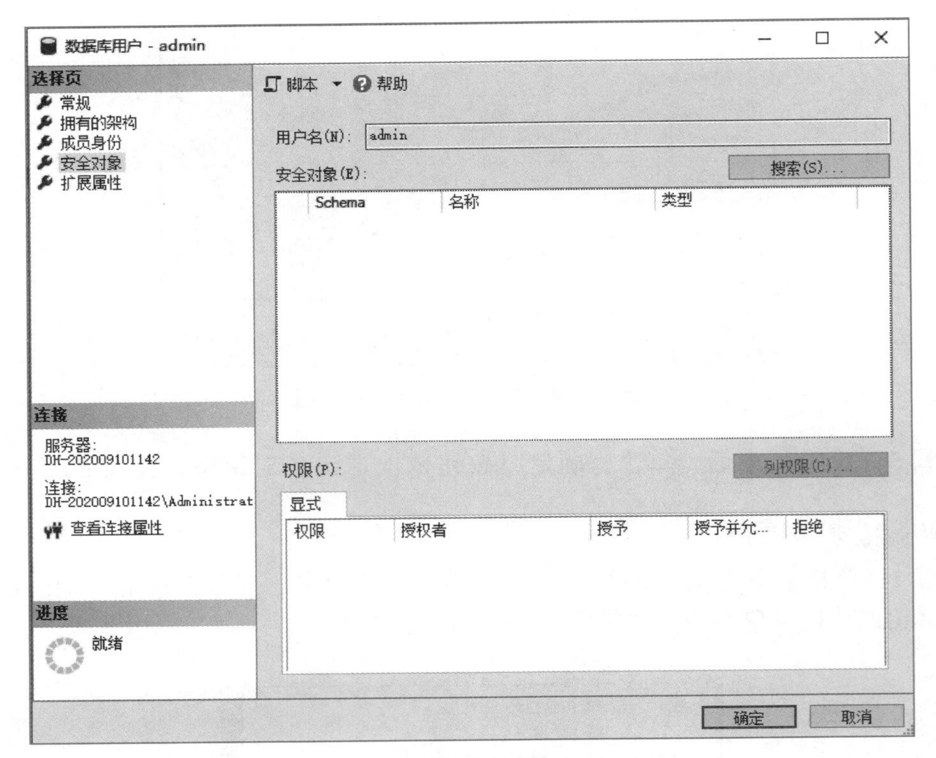

图 12－10 “数据库用户”对话框

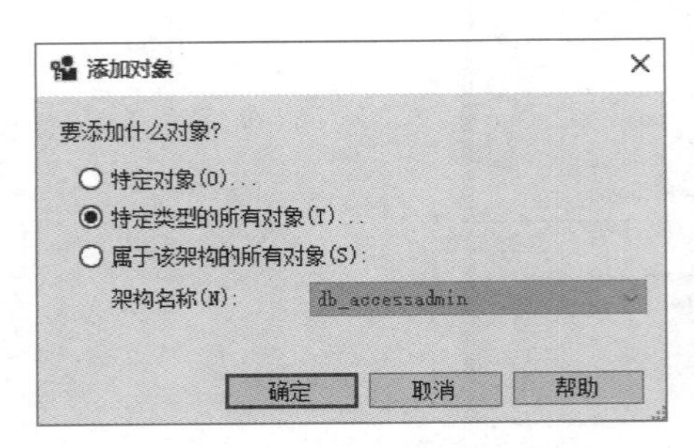

图 12－11 “添加对象”对话框

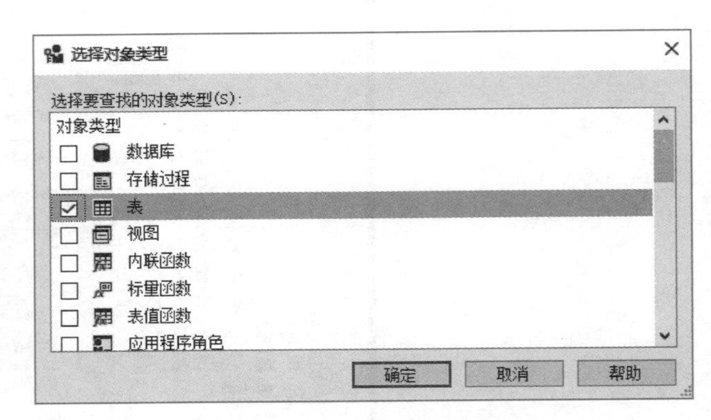

图 12－12 “选择对象类型”对话框

步骤 4：在“选择对象类型”对话框中选择需要为目标用户设置权限的对象类型（任务中的目标为“表”），单击“确定”按钮，系统回到“选择对象”对话框，单击“浏览”按钮，弹出的“查找对象”对话框会显示目标对象类型中的所有对象，如图 12－13 所示。

步骤 5：选择目标对象“student_table”表，单击“确定”按钮，依次退出“查找对象”和“选择对象”对话框。可以看到“数据库用户”对话框中填入了目标表“student_table”，对话框下方列出了该用户对于目标表的权限，如图 12－14 所示。根据任务要求对权限进行设置，如图 12－15 所示。

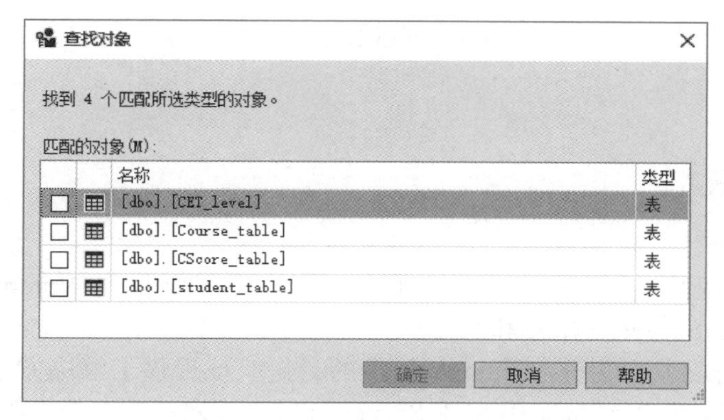

图 12－13 “查找对象”对话框

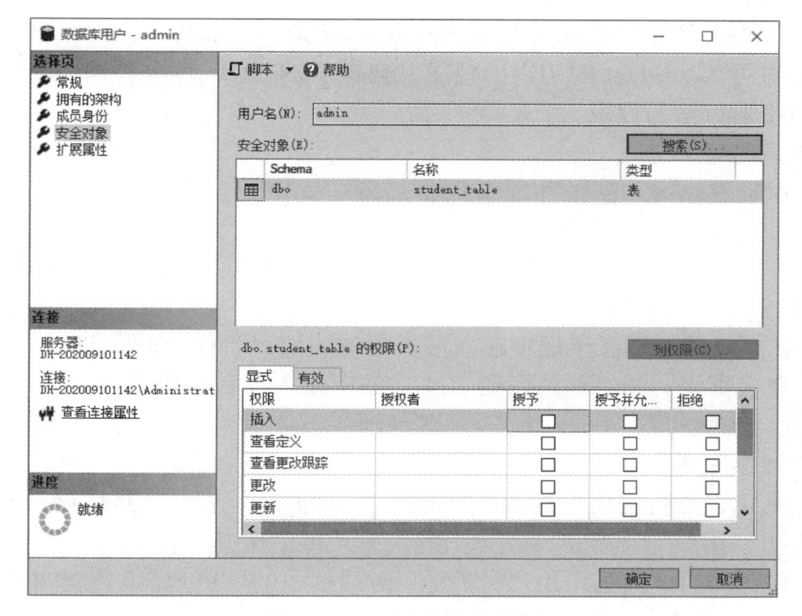

图 12－14 目标表的权限

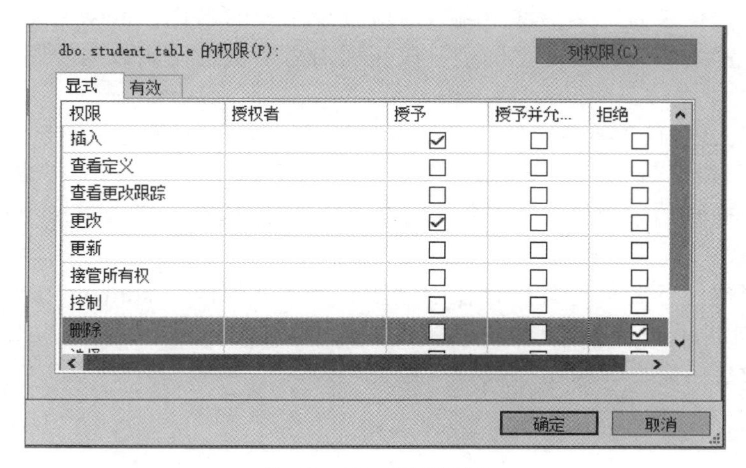

图 12－15 权限设置

步骤 6：设置结束后，单击“确定”按钮。

相关知识

Windows 身份验证与 SQL Server 身份验证的区别

Windows 身份验证适用于 Windows 平台，用户只需要管理 Windows 登录账号和密码，不必管理 SQL Server 的账号和密码。

SQL Server 身份验证为非 Windows 环境的身份验证提供了解决方案，在应用程序开发的过程中，客户端程序经常使用 SQL Server 身份验证来解决安全性问题。

【例 12-1】创建并管理登录用户。

本操作实例要求创建一个新的 SQL Server 登录用户“new_User”，密码为“pwd”，并将其设置为数据库 student 的用户，授予其修改“News”表中数据的权限，拒绝其向“News”表中添加数据的权限。

1. 创建登录账号

步骤 1：启动 SSMS，在服务器节点中展开“安全性”子节点，右击“登录名”节点，在弹出的快捷菜单中选择“新建登录名”。

步骤 2：在打开的“新建登录名”对话框中选择“SQL Server 身份验证”单选项，创建一个 SQL Server 登录用户。

步骤 3：在“登录名”文本框中输入需要创建的用户名称“new_User”。

步骤 4：在“密码”和“确认密码”文本框中输入登录密码“pwd”，不选择“强制实施密码策略”选项。

2. 映射为数据库用户

步骤 1：展开需要映射用户的目标数据库“student”节点，然后展开其中的“安全性”节点，右击“用户”子节点，在弹出的快捷菜单中选择“新建用户”。

步骤 2：在打开的“数据库用户 - 新建”对话框中的“用户名”文本框中输入新建用户的名称，此处使用与登录用户一样的名称“new_User”。

步骤 3：在“登录名”文本框中输入对应登录用户的名称“new_User”。

步骤 4：设置结束后，单击“确定”按钮退出对话框，完成数据库用户的创建。

3. 权限设置

步骤 1：依次展开“student”｜“安全性”｜“用户”节点，右击“new_User”子节点，在弹出的快捷菜单中选择“属性”。

步骤 2：在打开的“数据库用户”对话框中将目标基本表“student_table”填入对话框下方的对象栏中。

步骤 3：根据任务要求对其进行权限设置。授予其修改“student_table”表中数据的权限，拒绝其向“student_table”表中添加数据的权限。

步骤 4：设置结束后，单击“确定”按钮。

任务 12.3　角色管理

任务描述

044　角色管理

为了便于管理数据库中的用户的权限，SQL Server 提供了若干角色，这些角色用于分组其他用户的安全主体，类似 Windows 中的操作组。各个角色对应不同权限设置。SQL Server 对于某个角色权限的设置会影响该角色中的所有用户，以起到统一管理、便于管理的目的。

该任务首先创建一个新的数据库角色“new_role”。该角色权限为在现有角色“db_owner”的基础上，拒绝其删除 student_table 表中的数据。然后将任务 12.2 创建的用户“admin”添加到角色“new_role”中。

任务分析

角色是为了方便用户权限管理而设置的对象，各个角色是对应不同权限的。

完成该任务需要做到以下几点：

（1）创建角色并管理权限。

（2）添加现有用户到角色组中。

任务实现

1. 创建新数据库角色

步骤 1：启动 SSMS，依次展开“student”｜“安全性”节点，右击“角色”子节点，在弹出的快捷菜单中选择“新建”｜“新建数据库角色”，如图 12－16 所示。

图 12－16　选择“新建数据库角色”

步骤 2：在打开的“数据库角色 – 新建”对话框中对新角色的名称和权限等信息进行设置，如图 12 – 17 所示。根据任务要求在“角色名称”对话框中输入新角色名称“new_role”。

图 12 – 17 “数据库角色 – 新建”对话框

步骤 3：设置角色架构。新角色建立在现有角色“db_owner”上，所以在对话框中的“此角色拥有的架构”栏中选中“db_owner”角色。

步骤 4：选择“安全对象”选项卡，在新的窗口中设置该角色的权限，拒绝其对于“student_table”表中数据的删除权限。设置方法与前面任务中设置用户权限相同，不再赘述。

步骤 5：权限设置结束后，单击“确定”按钮，完成新角色的创建。

2. 添加用户到角色中

步骤 1：在 SSMS 中依次展开“student” | “安全性” | “用户”节点，右击“admin”子节点，在弹出的快捷菜单中选择“属性”，如图 12 – 18 所示。

步骤 2：在打开的“数据库用户 -admin”对话框中设置该用户的权限及角色组。选择“成员身份”选项卡，在“数据库角色成员身份”栏中选中新创建的角色“new_role”，将该用户添加到这个角色组中，如图 12 – 19 所示。

步骤 3：单击“确定”按钮完成设置。

友情提醒：“db_owner”角色是数据库的拥有者，具有对数据库操作的所有权限。

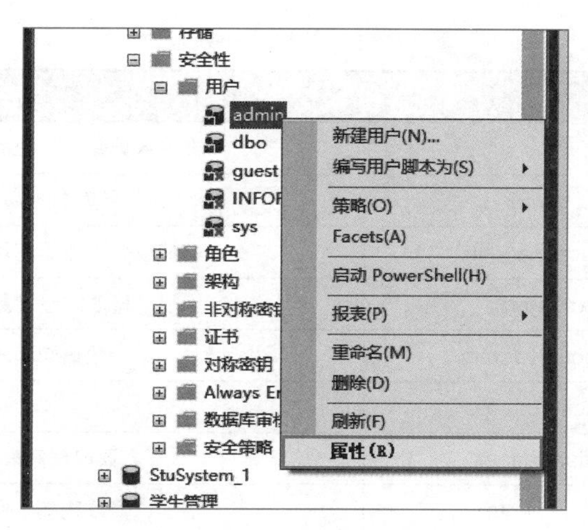

图 12－18　选择“属性”

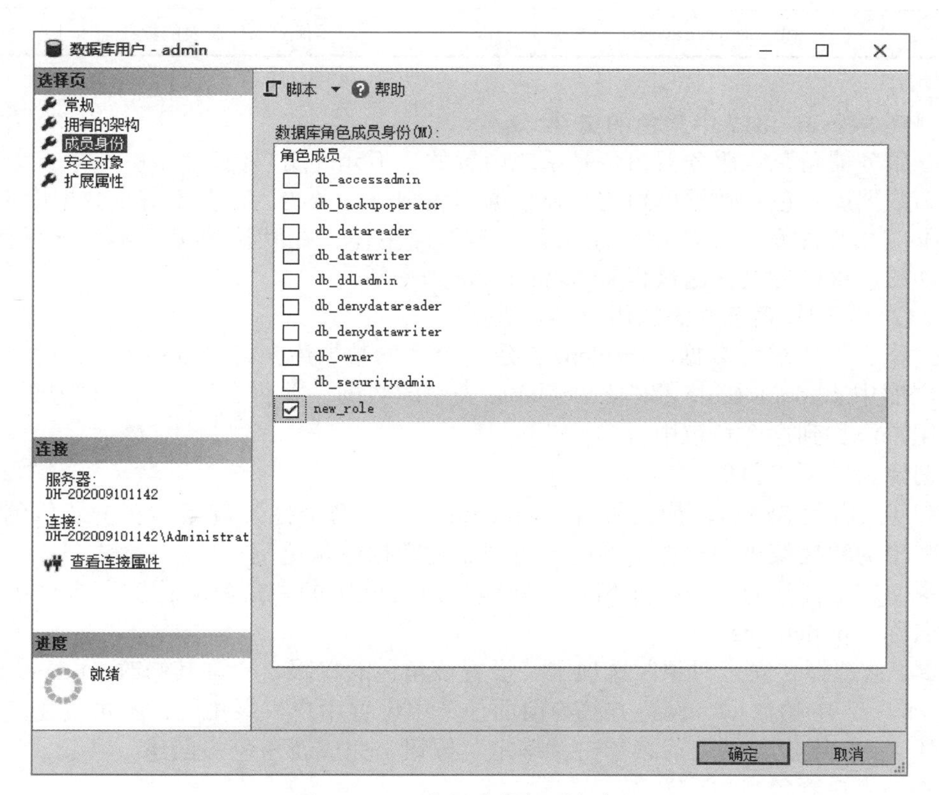

图 12－19　将用户添加到角色组

相关知识

1. 数据库角色权限

数据库角色权限见表 12－1。

表 12－1　数据库角色权限

序号	类型	说明
1	Public	维护数据库中用户的所有默认权限
2	db_owner	执行所有数据库角色的活动
3	db_accessadmin	增加或删除数据库用户、组和角色
4	db_ddladmin	增加、修改或删除数据库中的对象
5	db_securityadmin	分配语句和对象权限
6	db_backupperator	执行数据库备份操作
7	db_datareader	读取任意表的数据
8	db_datawrite	增加、修改或删除所有表中的数据
9	db_denydataerader	不能读取任意表的数据
10	db_denydatawriter	不能更改任意表的数据

2. SQL Server 2017 中角色的类别

（1）服务器角色：服务器角色是系统内置的，不允许用户创建。

（2）数据库角色：数据库角色是在数据库级别上定义的，存在于每个数据库中。

（3）应用程序角色：应用程序角色是数据库主体，在默认情况下不包含任何成员，并非活动的，可以通过存储过程 sp_setapprole 来激活。

【例 12-2】创建角色并添加用户。

本操作实例要求为数据库 student 创建一个新的数据库角色“ update_user”，允许其修改数据库中 student_table 和 Cscore_table 表中的数据，并将【例 12-1】建立的“ new_User”用户添加到这个角色中。

1. 创建新数据库角色

步骤 1：启动 SSMS，依次展开“ student” | “安全性”节点，右击“角色”子节点，在弹出的快捷菜单中选择“新建” | “新建数据库角色”。

步骤 2：在打开的“数据库角色－新建”对话框中的“角色名称”文本框中输入新角色的名称“update_user”。

步骤 3：选择“安全对象”选项卡，设置该角色的权限，允许其修改 student_table 和 Cscore_table 表中的数据。设置方法与前面任务中设置用户权限相同，不再赘述。

步骤 4：权限设置结束后，单击“确定”按钮，完成新角色的创建。

2. 添加用户到角色中

步骤 1：在 SSMS 中依次展开“student” | “安全性” | “用户”节点，右击“unew_User”子节点，在弹出的快捷菜单中选择“属性”。

步骤 2：在打开的“数据库用户－User”对话框中的“数据库角色成员身份”栏中，选中创建的新角色“update_user”，将该用户添加到角色组中。

步骤 3：单击“确定”按钮完成设置。

技能检测

一、填空题

1. 系统自动创建的 SQL Server 用户管理员是（　　）。
2. 很多个同类的用户归类成一组，称为（　　）。
3. 角色按照级别分为（　　）角色和（　　）角色。
4. Windows 用户和 SQL Server 用户中，安全性较高的是（　　）。
5. SQL Server 共有（　　）种登录审核方式。
6. 数据库角色中，专门用来读取数据的角色是（　　）。
7. 登录用户及数据库用户的管理通常在 SSMS 中相应的（　　）节点中完成。

二、选择题

1. 当服务器使用 Windows 验证模式时，用户在登录时需要填写（　　）。
   A. Windows 操作系统账号和密码
   B. 什么也不用填
   C. Windows 操作系统账号，不需要密码
   D. 以上的选项都对
2. 使用（　　），需要用户登录时提供用户标识和密码。
   A. Windows 身份验证时　　B. 超级用户身份登录时
   C. SQL Server 身份验证时　　D. 其他方式登录时
3. SQL Server 有（　　）种验证登录方式。
   A. 1　　B. 2　　C. 3　　D. 4
4. 表的拥有者的角色名称是（　　）。
   A. sa　　B. guest　　C. user　　D. owner
5. 下列（　　）选项不是权限类别。
   A. 授予　　B. 具有授予权限　　C. 拒绝　　D. 收回
6. 关于登录和用户，下列说法错误的是（　　）。
   A. 创建用户时必须存在一个用户的登录
   B. 一个登录可以对应多个用户
   C. 登录是在服务器级别创建的，用户是在数据库级别创建的
   D. 用户和登录必须同名
7. 下列关于服务器角色的说法，错误的是（　　）。
   A. 系统自动内置　　B. 不允许用户创建
   C. 权限可以配置　　D. 新建登录的默认角色为“Public”
8. 下列关于数据库角色的说法，错误的是（　　）。
   A. 建立在数据库级别上　　B. 不允许用户创建
   C. 每个数据库都有　　D. 权限最大的角色组是“db_owner”

三、判断题

1. 确保数据安全性应主要防范合法用户对象。（　　）
2. 登录用户创建好之后就可以访问数据库了。（　　）

3. 每个数据库用户的背后都有一个登录用户。(　　)

4. 每个用户的权限都是系统管理员给的。(　　)

5. 角色的权限一旦更改，其中的用户权限就会做出相应修改。(　　)

6. 每个数据库只有一个用户。(　　)

7. 同一个角色中的用户权限一定相同。(　　)

8. 数据库用户的名称可以与对应的登录用户名称不一致。(　　)

四、实操题

1. 简述 Windows 身份验证模式与混合身份验证模式的区别。

2. 为“student”数据库创建一个名为“Insertuser”的用户，并且设定该用户的权限为可以对“student_table”和“Cscore_table”表进行添加操作。

3. 为“student”数据库创建一个名为“Deleterole”的用户，授予其可以删除“student_table”表中数据的权限。

4. 将“Insertuser”用户添加到“Deleterole”角色中。

参考文献

［1］王珊，萨师煊．数据库系统概论［M］．5版．北京：高等教育出版社，2018.

［2］卢扬，周欢，张光桃．SQL Server 2017 数据库应用技术项目化教程［M］．北京：电子工业出版社，2019.

［3］Abraham Silberschatz，Henry F Korth，S Sudarshan. 数据库系统概念［M］．杨冬青，李红燕，唐世渭，译．北京：机械工业出版社，2012.

［4］王岩，贡正仙．数据库原理、应用与实践（SQL Server）［M］．北京：清华大学出版社，2016.

［5］安东尼·莫利纳罗．SQL 经典实例［M］．刘春辉，译．北京：人民邮电出版社，2018.

［6］张延松．SQL Server 2017 数据库分析处理技术［M］．北京：电子工业出版社，2019.

［7］Jeffrey D Ullman，Jennifer Widom. 数据库系统基础教程［M］．岳丽华，金培权，万寿红，译．北京：机械工业出版社，2010.

［8］明日科技．SQL Server 从入门到精通［M］．3版．北京：清华大学出版社，2020.

［9］Ryan Stephons，Arie D Jones，Ron Plew. SQL 入门经典［M］．6版．郝记生，王士喜，译．北京：机械工业出版社，2020.

图书在版编目（CIP）数据

SQL Server 数据库 / 朱文龙，黄德海主编. -- 北京 ：
中国人民大学出版社，2022.1
21 世纪技能创新型人才培养系列教材. 计算机系列
ISBN 978-7-300-30089-4

Ⅰ. ① S… Ⅱ. ①朱… ②黄… Ⅲ. ①关系数据库系统
－教材 Ⅳ. ① TP311.132.3

中国版本图书馆 CIP 数据核字（2021）第 259618 号

"十四五"新工科应用型教材建设项目成果
21 世纪技能创新型人才培养系列教材 · 计算机系列
SQL Server 数据库
主　编　朱文龙　黄德海
副主编　杨双双　崔连和　刘　明
参　编　张春才　王淑波　高　洁　于淑秋
SQL Server Shujuku

出版发行　中国人民大学出版社
社　　址　北京中关村大街 31 号　　邮政编码　100080
电　　话　010－62511242（总编室）　　010－62511770（质管部）
　　　　　010－82501766（邮购部）　　010－62514148（门市部）
　　　　　010－62515195（发行公司）　　010－62515275（盗版举报）
网　　址　http://www.crup.com.cn
经　　销　新华书店
印　　刷　天津鑫丰华印务有限公司
规　　格　185 mm × 260 mm　16 开本　　版　　次　2022 年 1 月第 1 版
印　　张　17　　印　　次　2022 年 1 月第 1 次印刷
字　　数　406 000　　定　　价　45.00 元

版权所有　侵权必究　　印装差错　负责调换